权威·前沿·原创

皮书系列为

“十二五”“十三五”“十四五”时期国家重点出版物出版专项规划项目

智库成果出版与传播平台

北极地区发展报告（2022）

REPORT ON ARCTIC REGION DEVELOPMENT (2022)

主　编／刘惠荣
副主编／陈奕彤　张佳佳

社会科学文献出版社
SOCIAL SCIENCES ACADEMIC PRESS (CHINA)

图书在版编目(CIP)数据

北极地区发展报告.2022 / 刘惠荣主编.--北京：社会科学文献出版社，2023.12
（北极蓝皮书）
ISBN 978-7-5228-3067-4

Ⅰ.①北… Ⅱ.①刘… Ⅲ.①北极-区域发展-研究报告-2022 Ⅳ.①P941.62

中国国家版本馆 CIP 数据核字（2023）第 247726 号

北极蓝皮书
北极地区发展报告（2022）

主　　编 / 刘惠荣
副 主 编 / 陈奕彤　张佳佳

出 版 人 / 冀祥德
责任编辑 / 黄金平
责任印制 / 王京美

出　　版 / 社会科学文献出版社 · 政法传媒分社（010）59367126
地址：北京市北三环中路甲 29 号院华龙大厦　邮编：100029
网址：www.ssap.com.cn
发　　行 / 社会科学文献出版社（010）59367028
印　　装 / 天津千鹤文化传播有限公司

规　　格 / 开 本：787mm × 1092mm　1/16
印 张：23　字 数：343 千字
版　　次 / 2023 年 12 月第 1 版　2023 年 12 月第 1 次印刷
书　　号 / ISBN 978-7-5228-3067-4
定　　价 / 188.00 元

读者服务电话：4008918866

《北极地区发展报告（2022）》
编　委　会

主　　编　刘惠荣

副 主 编　陈奕彤　张佳佳

参加编写人员　（排名不分先后）

丁晓晨　于敏娜　王金鹏　吕海洋　刘惠荣
闫鑫淇　孙小涵　孙　凯　李小涵　李　玮
李泳诗　李凌志　沈嫣然　张志军　张佳佳
张　亮　张洁芳　张　笛　陈奕彤　周文萃
徐金兰　郭宏芹　郭培清　黄　雯　董　跃
盛健宁

中国海洋大学极地研究中心简介

中国海洋大学极地研究中心始于2009年，依托法学和政治学两个一级学科，建立极地法律与政治研究所，专注于极地问题的国际法和国际关系研究。2017年，极地法律与政治研究所升格为教育部国别与区域研究基地（培育），正式成立中国海洋大学极地研究中心。2020年12月，经教育部国别与区域研究工作评估，中心被认定为高水平建设单位备案I类。

中心致力于建设成为国家极地法律与战略核心智库和国家海洋与极地管理事业的人才培养高地；就国家极地立法与政策制定提供权威性的政策咨询和最新的动态分析，提出具有决策影响力的咨询报告；以极地社会科学研究为重心建设国际知名、中国特色的跨学科研究中心；强化和拓展与涉极地国家的高校、智库以及原住民等非政府组织的交往，通过二轨外交建设极地问题的国际学术交流中心。

主编简介

刘惠荣 中国海洋大学法学院教授、博士生导师，中国海洋大学极地研究中心主任、中国海洋大学海洋发展研究院高级研究员、中国海洋法研究会常务理事、中国太平洋学会理事、中国太平洋学会海洋管理分会常务理事、中国海洋发展研究会理事、最高人民法院“一带一路”司法研究中心研究员、最高人民法院涉外商事海事审判专家库专家、第六届山东省法学会副会长及学术委员会副主任。2012 年获“山东省十大优秀中青年法学家”称号，2019 年获“山东省十大法治人物”称号。主要研究领域为国际法、南北极法律问题。2013 年、2017 年分别入选中国北极黄河站科学考察队和中国南极长城站科学考察队。主持国家社科基金“新时代海洋强国建设”重大专项（20VHQ001）、国家社科基金重点项目“国际法视角下的中国北极航线战略研究”、国家社科基金一般项目“海洋法视角下的北极法律问题研究”等多项国家级课题，主持多项省部级极地研究课题，并多次获得省部级优秀社科研究成果奖。2007 年以来，在极地研究领域开展了一系列具有开拓性的研究，代表作有《海洋法视角下的北极法律问题研究》（著作获教育部社会科学优秀成果奖三等奖和山东省社会科学优秀成果奖三等奖）、《国际法视角下的中国北极航线战略研究》、《北极生态保护法律问题研究》、《国际法视野下的北极环境法律问题研究》等。

摘 要

2022 年初发生的俄乌冲突在全球范围内产生了重大影响，国际安全形势发生变化，国际社会进入合作特殊时期和动荡调整期。北极地区未能例外，其安全态势也受到波及，俄罗斯与以美国为首的西方国家的军事对抗越发激烈，北极低政治议题呈现“泛安全化”趋势。除了安全问题之外，科技发展与经济开发是2022 年度北极治理的核心议题。在气候变化、经济全球化与地缘政治态势变革的影响下，北极地区正面临前所未有的挑战与机遇。

本书总报告对俄乌冲突在北极地区的地缘外溢情况进行了全面梳理和分析。在地缘价值上北极地区逐渐演变为“潜在战略竞争走廊”，在地缘力量上围绕北极进行地缘博弈的行为体意图越发明确。维护全球领导地位是美国在北极地区的核心国家利益，俄罗斯高度重视和维护其在北极地区的大国地位，加拿大和北欧五国的战略意图相对保守，俄乌冲突背景下北极扮演了美欧联盟黏合剂的角色。与此同时，人工智能技术在北极这一“战略新疆域”发挥的作用凸显，并逐渐对北极的安全态势产生新的影响。人工智能被广泛地用于北极的军事监视，其发展也加速了自动化武器系统在北极地区的使用。在北极安全新态势下，域外国家更加积极地参与北极治理，人工智能也给北极环境安全、人类生存安全带来新机遇。

在科技方面，2022 年度北极科技治理机制呈现国际行为体多元并存、国际合作分阵营进行、全球性议题重要性上升的新变化，也面临着新双边科技治理机制出现、多边治理平台停摆、重点议题亟待协商的发展趋势。北极国家开展北极科学外交主要集中在科学基础设施、科学教育合作、具体领域的科学合作三个方面。受制于当前北极地区复杂的地缘政治环境，一些具体合作项目进度缓慢，部分科学合作甚至中断，北极国家之间缺乏科学合作的信任基础，科学外交受到阻碍。由于北极地理位置和气候环境的特殊性，在北极地区开展科研活动非常依赖以破冰船、通信系统、实验设备为代表的先进科技装备的支持，这使得北极科技装备的竞争正在成为各国北极竞争的重要环节。

在经济方面，新形势下北极国家能源政策受世界能源格局大背景的影响，产生了重要调整。各国加速可再生能源技术研发和提高清洁能源利用效能，短期内通过增加化石能源的开采以缓解能源供应紧张局势，而俄罗斯继续将能源经济作为国家发展的重要战略支撑。北欧国家的可再生能源政策在减少北极地区碳排放方面发挥了积极作用，有助于引领北极航运部门的绿色转型，也推动了北极理事会关注氢能源等新型能源技术，同时为北欧国家参与相关国际规则制定奠定了话语权基础。北极渔业资源的开发前景及鱼类种群的分布变化给北冰洋沿海国带来了新的发展机遇，海洋环境保护、渔业资源养护和可持续利用等理念也影响着北冰洋沿海国的渔业治理法律和政策。

在国别动态和社会发展方面，美国拜登政府出台《北极地区国家战略》报告，主要讨论了安全、气候、经济、合作四大议题。该报告凸显了拜登政府所秉持的重塑美国全球同盟体系，聚焦大国竞争时代的国家安全等外交理念。拜登政府北极战略的实施将有效弥补特朗普政府所导致的美国北极影响力损失，其秉持的进攻性北极安全战略无疑会对北极地缘政治产生深远影响。作为非国家本位下的非传统安全概念，北极地区人的安全概念涉及个人层面的人身安全、社群层面的成员安全以及国家层面的公民安全，并逐渐成为北极国家重新界定北极地区安全的重要内容。

科学研究是北极域外国家参与北极事务和实现北极利益的重要途径，为了应对全球变暖并合理利用北极地区蕴藏的丰富资源，北极域外国家亟须增强对北极的了解，获取有关北极的科学知识。科学外交的开展不仅有利于增强北极域外国家对北极的认知，也将加深域外国家与北极国家的合作关系，增强其在北极地区的存在。在北极科技治理出现新发展趋势的局面下，中国作为北极事务的重要利益攸关方，在开展北极科学外交的过程中应细化北极科研战略、关注原住民利益、完善北极科学外交开展机制，探索开展科学合作的多种形式，以技术、设备和资金优势发展国际合作关系，依托多边平台参与重点议题，积极拓展新的双边对话机制；以此维护自身在北极地区的合法权益并推动北极地区的“善治”。

关键词： 北极法律　科学外交　北极治理　北极战略　北极政策

目 录

Ⅰ 总报告

B.1 国际合作特殊时期的北极安全新态势：挑战与机遇
…………………………………………… 张佳佳 董 跃 盛健宁 / 001

Ⅱ 北极科技发展篇

B.2 北极科技治理机制的新变化与发展趋势……… 李 玮 张志军 / 023
B.3 北极国家科学外交的发展动态和中国应对……………… 周文苹 / 044
B.4 域外国家视角下的北极科学外交：动因、特点和启示
…………………………………………………… 郭宏芹 孙 凯 / 066
B.5 北极科技装备的发展趋势与中国对策………………… 张 亮 / 092
B.6 2022年新奥尔松区域内科学考察站的年度运行情况报告
…………………………………………………… 刘惠荣 张 笛 / 106

Ⅲ 北极经济开发篇

B.7 新形势下北极国家能源政策调整与能源供给结构的变化
…………………………………………………… 刘惠荣 张洁芳 / 126

B.8　北方海航道运输面临的新困境与展望 ………… 刘惠荣　丁晓晨 / 156

B.9　新形势下北极渔业治理的新发展及其启示…… 于敏娜　徐金兰 / 181

B.10　推进北极地区能源转型：北欧国家的可再生能源政策及实践 …………………………………………… 李小涵 / 199

Ⅳ　北极国别区域篇

B.11　美国全球战略视角下的拜登政府北极政策前景分析 ………………………………………………… 闫鑫淇　张佳佳 / 232

B.12　格陵兰参与北极双边合作新进展 …………… 王金鹏　孙小涵 / 247

B.13　欧盟北极政策的调整及对中国的启示 ……… 黄　雯　李泳诗 / 270

Ⅴ　北极社会发展篇

B.14　北极原住民的权利保护与绿色殖民主义 …… 李凌志　郭培清 / 285

B.15　北极人的安全问题：治理与中国进路 …… 吕海洋　孙　凯 / 301

附　录　2022北极地区发展大事记 …………………………… / 317

Abstract …………………………………………………………… / 331

Contents …………………………………………………………… / 335

皮书数据库阅读**使用指南**

总报告

General Report

B.1

国际合作特殊时期的北极安全新态势：挑战与机遇*

张佳佳　董　跃　盛健宁**

摘　要： 俄乌冲突的地缘政治效应外溢到北极地区。以美俄为首的北极八国在冲突发生之后纷纷围绕北极地区展开新的战略部署，北极治理最重要的合作机制——北极理事会也一度陷入停摆状态。北极安全新态势表现为军事对抗升级，航道、科研、能源利用等低政治议题“泛安全化”。与此同时，人工智能技术在北极这一“战略新疆域”发挥的作用日益凸显，并逐渐对北极的安全态势产生新的影响。虽然，国际合作特殊时期北极地区的合作总体面临一系列挑战，但也给域外国家参与北极治理、北极原住民权益保

* 本文为教育部人文社会科学研究青年项目“美国北极战略演变的逻辑及中国应对研究”（23YJCGJW010）和中国博士后科学基金第74批面上资助项目“‘海洋命运共同体’理念下中国北极话语权构建研究”（2023M743335）的阶段性成果。

** 张佳佳，中国海洋大学国际事务与公共管理学院讲师、中国海洋大学海洋发展研究院研究员；董跃，中国海洋大学法学院教授；盛健宁，中国海洋大学法学院硕士研究生。

护、国际合作等带来新的契机。

关键词： 北极地区　国际合作　北极治理　人工智能

2022 年初发生的俄乌冲突在全球范围内产生了重大影响，国际安全形势发生变化，国际社会进入合作特殊时期和动荡调整期，北极地区未能例外，其安全态势也受到波及，俄罗斯与以美国为首的西方集团的军事对抗越发激烈、北极低政治议题呈现“泛安全化”趋势。与此同时，人工智能技术的迅猛发展给北极地区的安全与稳定带来一系列新的挑战与机遇。2023 年 5 月，挪威担任北极理事会轮值主席国，北极理事会结束了长达一年的停摆状态，北极各国如何在新形势下加强国际合作，促进北极这一“新疆域”的和平与稳定，是值得反思的现实问题。

一　俄乌冲突在北极地区的地缘外溢

2022 年 2 月俄乌冲突爆发，形势至今依然胶着。俄乌冲突持续发酵的背后是俄罗斯与北约长期以来的地缘政治博弈，由此，原来隐身或半隐身于背后的各大国直接走上了冲突前台，[①] 深刻影响了世界秩序和地缘政治格局。北极在俄乌冲突中首当其冲，北极域内外国家加紧在该地区的战略部署。美国拜登政府 2022 年 10 月新出台的《北极地区国家战略》报告中称“俄罗斯对乌克兰发动的战争使得美俄在未来十年都不太可能在北极地区合作”[②]。俄罗斯则打出“组合拳”以维护其北极大国地位。与此同时，北约加强北极地区的集体防御，芬兰和瑞典改变以往中立立场申请加入北约；北约秘书长斯托尔滕贝格（Jens Stoltenberg）于 2022 年 8 月对加拿大北极地区

① 张佳佳、王晨光：《地缘政治视角下的美俄北极关系研究》，《和平与发展》2016 年第 2 期。

② “National Strategy for the Arctic Region,” https://www.whitehouse.gov/wp-content/uploads/2022/10/National-Strategy-for-the-Arctic-Region.pdf.

进行了首次访问等。这些举措不但反映了俄乌冲突在北极地区的外溢，也标志着北极地区地缘政治的回潮和治理进程的放缓。

（一）在地缘价值上北极地区逐渐演变为“潜在战略竞争走廊”

北极地区由于其特殊的地理位置和气候条件曾一度被视为“废地-边缘”，直到20世纪初被地缘政治学者定义为蕴藏巨大价值的“地中海”。[①]俄乌冲突发生后，北极因为其独特的军事、资源价值被放大而逐渐演变为“潜在战略竞争走廊”。具体来看，军事上，在冷战的大部分时间里，美国和苏联认为北极是核竞争的关键，它是两国之间最短的路线，战略轰炸机和洲际弹道导弹越过北极是美苏威慑对方的捷径，因而成为美国与苏联对抗的前沿阵地。俄罗斯远东地区与阿拉斯加也“近在咫尺”，仅隔着白令海峡，被美国视为对本土安全极大的威胁。北冰洋还是最好的核潜艇隐藏地和最安全的水下弹道导弹发射点。北冰洋被厚厚的冰层覆盖且浮冰破裂发出巨大噪声，卫星和声呐都无法准确侦察到隐藏其下的核潜艇，只要核潜艇一浮上冰面，北半球所有目标都在弹道导弹的射程以内。资源上，受全球气候变暖和人类科技进步的双重影响，北极航道的利用率提升，成为海运新走廊。北极能源储备丰富，蕴藏着900亿桶石油、1669万亿立方英尺天然气、440亿桶液态天然气，以及丰富的煤、铜、铁、金、镍等战略性矿产资源。[②] 2022年俄乌冲突发生后，俄罗斯与以美国为首的北约集团将北极的地缘价值进一步放大并在军事上针锋相对。

（二）在地缘力量上围绕北极进行地缘博弈的行为体意图越发明确

俄乌冲突以来，北极八国的战略意图得以延续并更加明确。就北极的地理力量而言：美俄的战略意图明显，加拿大和北欧国家相对保守。

---

① Vilhjalmur Stefansson, *The Northward Course of Empire*, Harcourt, Brace and Company, 1922, p. 168.

② 《北极地区油气资源勘探开发现状》，中华人民共和国自然资源部网站，https：//www. mnr. gov. cn/dt/kc/201707/t20170714_2322077. html。

1. 维护全球领导地位是美国在北极地区的核心国家利益

围绕着这一目标美国制定了全球战略和区域政策。美国北极政策从属于美国的总体对外决策，服务于美国的全球战略，是美国全球霸权野心的映射。两次世界大战期间，美国地理学家、政治学家对北冰洋的战略地位非常重视，他们认为美国与苏联、加拿大等国家在北极地区共处，必须刻不容缓地面对它们的挑战，这成为美国重视北极地缘战略地位的思想渊源。冷战开始初期，国际关系学者们纷纷指出北极是美苏的“心脏地带”，[①] 也是两大军事集团争夺空中优势的“中心-枢纽”区域，[②] 更是全球军事的“制高点”。[③] 此后，安全议题始终是美国北极政策的优先议题（见表1）。2022年10月7日，拜登政府出台《北极地区国家战略》报告，主要讨论了安全、气候、经济、合作四大议题。该战略文件凸显了拜登政府所秉持的重塑美国全球同盟体系，聚焦大国竞争时代的国家安全等外交理念。

表1　美国北极议题重心转变

时期	冷战时期	冷战结束后	奥巴马政府	特朗普政府	拜登政府
议题排序	1. 军事安全 2. 科研 3. 其他	1. 军事安全 2. 环境保护 3. 其他	1. 安全 2. 气候变化 3. 其他	1. 安全 2. 经济开发 3. 其他	1. 安全 2. 气候变化和环境保护 3. 经济持续发展

2. 俄罗斯高度重视和维护其在北极地区的大国地位

俄罗斯在北极地区的领土、领海面积和人口都位居北极八国前列，其作为首屈一指的北极大国，对北极地区的重视程度远超其他国家。2013年乌克兰危机发生以来，俄罗斯通过成立北方舰队联合战略司令部、批准俄新版海洋学说、强化北极基础设施、在北极海岸线建立新的军事基地、量身打造

① Hans W. Weigert, Vilhjalmur Stefansson, *New Compass of the World: A Symposium on Political Geography*, New York: The Macmillan Company, 1949, pp. 86-89.

② Alexander P. Seversky, *Air Power: Key to Survival*, New York: The Simon and Schuster, 1950.

③ Rechard Boyle, Waldo Lyon, "Arctic ASW: Have We Lost?" United States Navel Institute, 1998, Vol. 124, p. 31.

适应北极地区的军事装备等措施，持续加强自身在北极地区的存在。2020年3月，俄罗斯总统普京签署《2035年前俄罗斯联邦北极地区国家基本政策》，强调巩固俄罗斯主导地位，继续重申其航道主张，增强俄罗斯在北极地区的经济和军事存在。[①] 2022年俄乌冲突发生后，俄罗斯进一步“北向”，维护其在北极地区的大国地位。

3. 加拿大和北欧五国的战略意图相对保守

2022年以来，加拿大及北欧五国更加积极地参与北约在北极地区的部署。加拿大是北极地区领土面积仅次于俄罗斯的第二大北极国家，其首要关注的议题是主权安全，积极倡导以“扇形原则”划分北极地区水域和岛屿的主权。加拿大政府于2019年9月10日颁布了新的北极政策——《加拿大北极与北方政策框架》，声称“随着北极环境的快速变化和国际竞争的激增，加拿大必须表现出新的北极领导能力”[②]。北欧五国历史文化相似，地理位置相近，在北极地区的利益诉求也大同小异，更关注气候变化、原住民权利等低政治议题。2022年俄乌冲突发生以来，挪威、加拿大等国频繁表态，与北约一同增强了其在北极地区的集体防御能力和威慑能力。

（三）俄乌冲突背景下北极扮演了美欧联盟黏合剂的角色

冷战结束后，北极国家寻求将北极定位为“合作、低紧张、和平解决争端、尊重国际法”的地区，[③] 随着开发北极地区石油、天然气、矿产资源门槛降低，北极国家以及近北极国家加剧了对北极资源的争夺。俄乌冲突发生后，围绕北极博弈的政治地理力量本质上是美俄之间的地缘对抗，裹挟了欧洲地理力量的参与。美俄互相威慑的意图较强，其他行为体自卫的意图明显。北极是美国与北约盟友加强军事合作的重点区域，美国与北约的联盟和

---

① 赵隆：《试析俄罗斯“北极2035”战略体系》，《现代国际关系》2020年第7期。

② “Canada’s Arctic and Northern Policy Framework,” https://www.rcaanc-cirnac.gc.ca/eng/1560523306861/1560523330587#s8.

③ “Changes in the Arctic: Background and Issues for Congress,” https://sgp.fas.org/crs/misc/R41153.pdf.

防务合作是其在北极地区的战略优势，它们在北极地区的合作可以实现优势互补，集体威慑的有效性在北极地区得以体现。对北极地区战略资源的争夺是对俄乌冲突的重要战略补充，在北极地区进行战略部署可实现在北方对俄罗斯的战略围堵。因而美俄在乌克兰的对抗、美欧在俄乌冲突中表现出的团结都外溢到北极地区。

二 北极安全新挑战：现状与表现

在俄乌冲突产生地缘外溢效应、北极地理特征特殊、地理力量复杂等多重因素的影响下，美国、俄罗斯、北欧国家都重新审视北极地区的地缘价值，两大阵营在北极地区针锋相对、剑拔弩张。俄罗斯新版的《俄罗斯联邦海洋学说》将美国和北约在北极的活动确定为“主要安全威胁”。美国2022年出台的《北极地区国家战略》报告中则断言：“美俄在未来十年都不太可能在北极地区合作”[①]。具体而言，对北极地区的地缘安全影响表现在政治、制度和低政治议题三个方面。

（一）政治上美俄分立

1. 以美国为首的北约在北极地区战略挤压俄罗斯

美国借俄乌冲突之际拉拢北约，尤其是北约中的北欧国家，形成了北大西洋-北冰洋包围带，战略挤压俄罗斯。北极八国中，除俄罗斯外的其他六国都与美国关系紧密，其中加拿大、丹麦、挪威和冰岛更是美国的北约盟国。[②] 2022年5月18日，瑞典和芬兰也放弃传统的中立政策，申请加入北约，其中芬兰拥有世界领先的破冰船设计师，设计了世界上80%的破冰船，[③]

① “National Strategy for the Arctic Region,” https://www.whitehouse.gov/wp-content/uploads/2022/10/National-Strategy-for-the-Arctic-Region.pdf.

② 信强、张佳佳：《特朗普政府的北极“战略再定位”及其影响》，《复旦学报（社会科学版）》2021年第5期。

③ Robin Forsberg, “Finland's Contributions to NATO: Strengthening the Alliance's Nordic and Arctic Fronts,” https://www.wilsoncenter.org/article/finlands-contributions-nato-strengthening-alliances-nordic-and-arctic-fronts.

俄罗斯在北极面临以一抵七的局面。在北极主要域外国家中，英国、日本、韩国等也是美国的亲密盟友，2022 年 6 月，日韩领导人应邀出席了北约峰会。就具体举措而言，美国采取的措施如下。

首先，调整北极政策，加强对北极的关注。美国国防部发布的《2022 年国防战略》称“国防部将通过改善预警能力，与加拿大合作增强北美空防司令部能力，并与盟国合作提高海上主权意识，阻止来自北极地区对美国本土的威胁”[①]。美国通过新出台《北极地区国家战略》、发布《2022 年美国海岸警卫队战略》[②]、成立北极战略与全球复原力办公室（ASGRO）[③]、设立北极大使一职代替北极事务协调员[④]等进一步明确将北极作为“国防要务”的路线图，美国的北极政策调整呈现重视北极、加大北极外交力度以削弱俄罗斯影响力的特点。

其次，重视北极装备的发展和智能化水平。在破冰船方面，美国已有 40 年未曾建造过破冰船，目前仅有 1 艘可以在北极长期航行的极地破冰船，即“北极星”号。“北极星”号属于美国海岸警卫队，长期以来担负美国南北极考察的运输任务。该船于 1976 年入列，长 121.6 米，早就超出了服役年限，但 2022 年底还远赴南极参加了美国的“深度冻结行动 2023”（Operation Deep Freeze 2023）。美国海岸警卫队还拥有一艘名为“希利”号的中型破冰船，该船于 2022 年 10 月初抵达北极点，这是该船自 1999 年投入使用以来，第三次前往北极。在通信设备方面，美国进展积极。2022 年 5 月，美国北方司令部司令格伦·D. 范赫克（Glen D. Van Herck）在阿拉斯加表示，整合商业卫星和军事网络用于战术和战略通信的新实验将在年内完

---

① “2022 National Defense Strategy of the United States,” https://media.defense.gov/2022/Oct/27/2003103845/-1/-1/1/2022-NATIONAL-DEFENSE-STRATEGY-NPR-MDR.PDF.

② “United States Coast Guard Strategy,” https://wow.uscgaux.info/content.php? unit=AUX60&category=uscg-strategies.

③ “DOD Establishes Arctic Strategy and Global Resilience Office,” https://www.defense.gov/News/News-Stories/Article/Article/3171173/dod-establishes-arctic-strategy-and-global-resilience-office/.

④ 2020 年 7 月，特朗普政府任命资深职业外交官吉姆·德哈特担任美国北极事务协调员。

成。这项实验耗资5000万美元，是为了增强北极地区的通信能力。同时，美国还计划使用高空气球来完善其北极地区的通信系统。[①] 此外，美国也在大力拓展与其盟友在通信设施方面的合作。加拿大开展了“北极监视”项目，以升级“北方预警系统”并研发远程通信、超视距雷达系统。挪威计划发射2颗高纬度轨道通信卫星，实现北纬65°及以上区域的宽带通信。这些北极基础设施方面的合作计划将增强美国及其盟友在北极的军事等能力。

最后，北约频繁在北极地区进行军事演习以加强协同作战能力。2022年4月，北约主要大国法国也通过发布首个极地战略报告——《平衡极地：2030年前法国极地战略》[②] 以强调对北极地区政治安全的关注。美国与北欧国家通过加强军事合作以进行集体防御。挪威、丹麦先后与美国签署军事合作协议，其中挪威允许美国将拥有无条件进入和使用4个由美国、挪威和其他盟国共同用于军事目的的有限区域的权利。在这些地区，美国可以进行训练和演习，部署部队和存储设备、物资和其他装备。[③] 丹麦则允许美国军队和军事装备驻扎在其领土。为改善与格陵兰的关系，美国空军部与格陵兰公司签订图勒空军基地新的维护合同，拨付39.5亿美元用于基地的运营和维护服务。[④] 芬兰、挪威、瑞典三国国防部部长签署了加强北部地区的防务合作最新的三边意向声明。[⑤] 以美国为首的北约未止步于“纸上谈兵”，北极军事演习的规模扩大。2022年3~4月，北约在北极举行“寒冷反应—

---

① “Solving Communications Gaps in the Arctic with Balloons,” https://cimsec.org/solving-communications-gaps-in-the-arctic-with-balloons/.

② “éQUILIBRER LES EXTRêMES Stratégie polaire de la France à horizon 2030,” https://www.gouvernement.fr/sites/default/files/document/document/2022/04/strategie_polaire_de_la_france_a_horizon_2030.pdf.

③ “New Norway-USA Defense Agreement Allows Extensive US Authority in the North,” https://www.highnorthnews.com/en/new-norway-usa-defense-agreement-allows-extensive-us-authority-north.

④ “Contracts For Dec. 16, 2022,” https://www.defense.gov/News/Contracts/Contract/Article/3249030/.

⑤ “Defence Ministers of Finland, Norway and Sweden Signed an Updated Trilateral Statement of Intent,” https://www.government.se/press-releases/2022/11/defence-ministers-of-finland-norway-and-sweden-signed-an-updated-trilateral-statement-of-intent/.

2022”军事演习，25 个北约成员国以及瑞典和芬兰 2 个非北约国家参演。美军也在北极首次演练检验北极地区防御能力的空防一体化作战，美国陆军、空军和其他几个军种都参加了该行动，强化了盟军协同作战能力，希冀在未来的地缘博弈中占据优势。

2. 俄罗斯构筑北方地区的战略长城

首先，加强军事战略部署和投入。过去 10 年，俄罗斯军队特别是北方舰队已经大大拓展了在北极地区的实际存在。俄罗斯第三艘 22220 型核动力破冰船“乌拉尔”号于 2022 年 10 月 14 日下水试航，将肩负开辟通往中国的北方海航线，也就是北冰洋航线的历史性任务。俄罗斯第四艘 22220 型核动力破冰船“雅库特”号的下水仪式于 2022 年 11 月 22 日在坐落于圣彼得堡的波罗的海造船厂举行，预计 2024 年服役。俄罗斯第五艘 22220 型核动力破冰船“楚科奇”号预计于 2026 年服役。① 在“雅库特”号下水当天，俄罗斯又决定继续增加两艘 22220 型破冰船的订单，这两艘船预计造价为 589 亿卢布（合 7.62 亿美元），计划 2024 年 5 月和 2025 年 10 月在波罗的海造船厂开工。此外，俄罗斯的新一代 10510 型核动力破冰船也已开始建造。

其次，加速北极经济开发进程。俄罗斯新版海洋学说将北极地区定位为“经济和能源发展的战略资源基地”②，推出“北极一公顷”计划（Arctic hectare program）③、包含 150 多个项目的《2035 年前北方海航道开发计划》将北极地区划为自由贸易区，通过关税优惠鼓励国内投资。加大破冰船开发力度，以保证北极能源运输。俄罗斯著名的天然气生产商诺瓦泰克公司（Novatek）将 3 艘国际上最为先进的 10 万吨级 LNG 运输船派遣到北极穿越了北极海冰，证明了俄罗斯的能源运输能力。俄罗斯还在其北极地区建设新

---

① “Russia's ATOMFLOT Orders 4th & 5th Project 22220 Nuclear-Powered Icebreakers,” https://www.navalnews.com/naval-news/2019/08/russias-atomflot-orders-4th-5th-project-22220-nuclear-powered-icebreakers/.

② http://static.kremlin.ru/media/events/files/ru/xBBH7DL0RicfdtdWPol32UekiLMTAycW.pdf.

③ “Russian Nationals now Eligible to Claim one Free Arctic Hectare of Land—The European Russia Opportunities,” https://www.russia-briefing.com/news/russian-nationals-now-eligible-to-claim-one-free-arctic-hectare-of-land-the-european-russia-opportunities.html/.

的经济基础设施，以开发矿产和渔业资源。

最后，增强了对北方海航道（也称北方航道）的主权控制。2022 年 8 月，俄罗斯成立北方航道管理总局，以提高对北方海航道的管控，并提高这一重要区域的航行安全。

（二）制度上美国主导孤立俄罗斯

国际制度在一定程度上是地缘博弈的投射和工具，其自主性受到权力政治的影响。美国与北欧国家制度相近、地缘相亲，在国际制度中更容易达成一致行动。俄乌冲突发生后，一方面美国利用与北欧国家的地缘亲近关系，“制度孤立”俄罗斯，形成北极治理的“A7”集团，主张以“北欧+”（Nordic Plus）[①] 的形式展开合作；另一方面美国追求在北极治理机制中的领导地位，在《北极地区国家战略报告》中称“将维持北极理事会和其他北极机制的运转，并将扩大美国参与和领导”。[②]

1. 北极理事会一度陷入停摆，俄罗斯受到排挤

北极理事会作为北极治理最重要的制度平台承担了提供信息渠道、组织集体行动、确立行为规范等功能，目前发挥着不可替代的作用。俄罗斯于 2021~2023 年担任北极理事会的轮值主席国，其优先计划中强调要“改进北极理事会”“进一步加强北极理事会与北极经济理事会、北极海岸警卫队论坛和北极大学的协作”。[③] 但是北极理事会其他 7 个正式成员国甩开俄罗斯发表联合声明称俄罗斯“违反北极理事会有关尊重主权和领土完整的核心原则，俄罗斯的做法阻碍北极等地区合作”，“七国将不会前往俄罗斯参

① Sanna Kopra, “The Ukraine Crisis is a Major Challenge for China's Arctic Visions,” https://www.thearcticinstitute.org/ukraine-crisis-major-challenge-china-arctic-visions/.

② “National Strategy for the Arctic Region,” https://www.whitehouse.gov/wp-content/uploads/2022/10/National-Strategy-for-the-Arctic-Region.pdf.

③ “Russian Chairmanship 2021-2023: Responsible Governance for a Sustainable Arctic,” https://www.arctic-council.org/about/russian-chairmanship-2/.

加北极理事会会议，并将暂停参加其附属机构的所有会议”。[①] 七国联合声明实质上架空了俄罗斯作为轮值主席国的地位，使北极理事会陷入停摆，俄罗斯作为轮值主席国的计划安排将无法实现，北极治理制度的碎片化无法进一步整合。俄罗斯外交部巡回大使兼北极理事会高级官员委员会主席尼古拉·科尔丘诺夫表示：“如果北极理事会不能满足2035年前俄罗斯北极地区发展战略中规定的国家利益，那么俄罗斯将重新评估北极合作的形式。”[②]

2023年2月，俄罗斯总统普京签署了俄罗斯北极政策修正案，强调俄罗斯在该地区的国家利益，并删除了北极多边区域合作框架，包括北极理事会、北冰洋沿岸五国和巴伦支海欧洲-北极圈理事会的具体提法。[③] 虽然北极八国于2023年5月11日在俄罗斯召开北极理事会第十三届会议，达成《北极理事会宣言》（Arctic Council Statement），北极八国在《北极理事会宣言》中达成承认、保护北极理事会的共识，宣布挪威接替俄罗斯担任北极理事会轮值主席国。[④] 但是北极理事会内部的合作进程受到影响，挪威外交大臣在接受采访时说“不可能像以前那样与俄罗斯坐在同一张桌子旁”[⑤]。

2.“A7”在其他北极治理机制和论坛中逼俄罗斯“退群”

2022年2月，瑞典驻渥太华大使馆以及芬兰驻渥太华大使馆表示两国将不会出席第三届“北极360”（Arctic 360）北极基础设施投资年度会议。[⑥]

---

① “Joint Statement on Arctic Council Cooperation Following Russia's Invasion of Ukraine,” https://www.state.gov/joint-statement-on-arctic-council-cooperation-following-russias-invasion-of-ukraine/.

② “Николай Корчунов: Россия может пересмотреть форматы международного сотрудничества в АрктикеПодробнее,” https://severpost.ru/read/139156/?utm_source=yxnews&utm_medium=desktop&utm_referrer=https%3A%2F%2Fyandex.ru%2Fnews%2Fsearch%3Ftext%3D”.

③ “Russia Amends Arctic Policy Prioritizing ‘National Interest’ and Removing Cooperation within Arctic Council,” https://www.highnorthnews.com/en/russia-amends-arctic-policy-prioritizing-national-interest-and-removing-cooperation-within-arctic.

④ “Arctic Council Statement,” https://oaarchive.arctic-council.org/bitstream/handle/11374/3146/SPXRU202_2023_Final-Draft-AC-Statement.pdf?sequence=1&isAllowed=y.

⑤ “All Arctic States Behind Joint Arctic Council Statement,” https://www.highnorthnews.com/en/all-arctic-states-behind-joint-arctic-council-statement.

⑥ “Sweden, Finland Pull out of Arctic 360 Conference in Toronto Where Russian Diplomats Scheduled to Attend,” https://thebarentsobserver.com/en/arctic/2022/02/sweden-finland-pull-out-arctic360-conference-toronto-where-russian-diplomats.

3月，巴伦支海欧洲-北极圈理事会等区域合作组织纷纷以俄乌冲突为由政治站队。随后，北极科学高峰周（ASSW）在挪威的特罗姆瑟以线上线下相结合的方式举行，拒绝代表俄罗斯机构、组织和企业的个人参与。4月"遇见北极研讨会"（Arctic Encounter Symposium）在安克雷奇召开，俄罗斯未派代表参加。北极经济理事会也决定将年度大会从圣彼得堡转为线上召开。俄罗斯不甘示弱，主动宣布退出欧洲委员会、"北方维度"和巴伦支海欧洲-北极圈理事会。

（三）北极低政治议题的"泛安全化"

北极地区传统安全回潮，大国追求针对对手的绝对安全，低政治议题凸显"泛安全化"特征。航道议题上，航道利用与航道主权维护的矛盾升级。最新科学研究表明，北极的变暖速度是全球其他地区变暖速度的4倍，北极某些地区的变暖速度甚至可以达到全球其他地区变暖速度的7倍。① 得益于此，西北航道北线基本开通，2022年，西北航线的冰面积已经到了加拿大冰务局分析的加拿大北极海冰状况55年记录中的第四低。② 但是俄罗斯和加拿大将进一步加强对北极东北航线和西北航线的主权把控，增加对北极航线通行权的限制，北极航线对外开放的进程将进一步放缓。如，俄罗斯正将东北航道建立成一个内部水域。科研议题上，政治边界扩张给北极科研议题披上了"安全"外衣。北极国家在北极的科研活动增加了军事色彩。2022年6月，丹麦为确保地区情报安全与其海外自治领地法罗群岛达成协议，在北极和北大西洋周围建立一个用于监测冰岛、挪威和英国之间空域活动的雷达系统。③ 2022年12月，美国国家科学技术委员会等多个部门联合向国会

---

① Evan T. Bloom, "After a 6-month Arctic Council Pause, It's Time to Seek New Paths forward," https://www.arctictoday.com/after-a-6-month-arctic-council-pause-its-time-to-seek-new-paths-forward/.

② https://nsidc.org/arcticseaicenews/2022/10/no-sunshine-when-shes-gone/.

③ "Faroe Islands Agree to Install Radar to Boost Arctic Surveillance," https://www.courthousenews.com/faroe-islands-agree-to-install-radar-to-boost-arctic-surveillance/.

提交报告，要求在北极完善观测网络以应对安全、气候威胁。[①] 能源开发议题上，北极地区的“能源战争”拉开序幕。俄乌冲突爆发后，西方对俄罗斯的制裁导致用于生产不锈钢和电动汽车电池的镍价格上涨了1倍多。而俄罗斯供应了全球约10%的镍，其98%的镍产量都在北极地区。在以上背景下，杰夫·贝索斯和比尔·盖茨等亿万富翁联合成立的矿产勘探公司开始在格陵兰勘探镍、铜、钴和铂等金属。美国能源部不仅成立了专门的北极能源办公室，还出台《美国能源部北极战略》，提到“努力确保获得位于北极地区的关键矿产和基础设施”“美国可能在北极或阿拉斯加地区部署核能”。[②] 北极人的安全议题上，气候变暖、资源开发带来的环境破坏、粮食短缺等都给北极原住民的安全权益保护带来新的泛安全难题。

三　北极安全新要素：人工智能技术

军事安全作为硬安全的核心部分，在北极安全中占据主导地位。俄乌冲突发生后，北极长期以来的和平稳定局面被打破，尽管北极地区尚不至于爆发军事冲突，[③] 但在北极军事演习中，人工智能已广泛用于网络攻击、无人机、其他非正规部队和战术的协作中，已成为现代“多元化”战争的一部分。在以技术为驱动力的领域，人工智能技术正在逐渐受到关注，并对北极安全构成了多方面的挑战。

（一）人工智能加速北极地区的军事化进程

1. 人工智能被广泛地用于北极的军事监视

为保护本国领土免受外国入侵，美国、俄罗斯、加拿大等北极国家纷纷

① https://www.iarpccollaborations.org/uploads/cms/documents/usaon-report-20221215.pdf.

② “U.S. Department of Energy Arctic Strategy,” https://www.energy.gov/sites/default/files/2022-11/DOE_Arctic_Strategy_202211_1.pdf.

③ “Predicting the Future Arctic: Views from an Arctic Expert Survey,” https://www.arcticcircle.org/journal/predicting-the-future-arctic-views-from-an-arctic-expert-survey.

开发启用人工智能用于军事监视，加强对北极地区的态势感知。在政策部署层面，监视技术和实践既以防御为导向又以安全为导向，具有“双重用途”特征。[①] 在现实实用层面，军民两用的人工智能监视技术有助于维护本国主权而不至于引发挑衅的军事风险；同时，北极态势感知技术较之其他国防投资成本更低，财政压力更小，民营企业与当地政府的融合程度更高。

人工智能技术为北极国家进行信息整合从而全域感知北极大陆防御动态态势提供助力。加拿大研发了先进的海域感知软件，使用人工智能技术监测异常的船舶并执行皇家空军的监视任务，在此基础上启动了北极开发监视技术计划（ADSA 计划）和北方监视技术示范项目（NWTDP）。[②] 通过与企业和其他北极国家合作，加拿大着眼于人工智能技术突破，以便为北极的监视挑战提供新的解决方案。受到大国竞争的影响，美国对监视和情报的关注开始由“全方位北极主导地位”转向“由技术优势完全控制战斗环境的物理和电磁领域”。美国海军和海岸警卫队为加强在极地地区监视和侦察通信系统的使用能力，采取了一系列行动满足北极地区通信、监视与侦察的需求，[③] 实时或近实时地了解该地区发生的军事和其他活动。美国国防部高级研究计划局（DARPA）和北美空防司令部（NORAD）的战略都强调要加强监视和情报能力，并指出传感对于提供北极完整的态势感知非常重要，支撑北美空防司令部的战略理论也从全频谱主导更敏锐地延伸到传感领域。

2. 人工智能加快了北极自动化武器的部署

人工智能的发展不仅使作战的逻辑发生了根本性的转变，也加速了自动化武器系统在北极地区的使用。具体来说，北极国家在北极地区武器部署的重点是提升在使用阈值内（核武器以下）武器的威力，人工智能技术解决了其时间、空间和探测问题。

---

① B. T. Johnson, “Sensing the Arctic: Situational Awareness and the Future of Northern Security,” *International Journal* 76 (3) (2021): 404-426.

② “The Need for Underwater Surveillance in the Arctic,” https://vanguardcanada.com/the-need-for-underwater-surveillance-in-the-arctic/#_edn1.

③ “Changes in the Arctic: Background and Issues for Congress,” https://sgp.fas.org/crs/misc/R41153.pdf.

加拿大武装部队研制了由机器人和自主处理系统（Robotic and Autonomous Systems，RAS）组成的完全无人系统。主要军事强国都在大力投资生产各种RAS平台，并创建新型作战部队。① RAS可以控制各种类型的无人设备协同工作，在复杂的北极山脉、苔原、深海环境中运行，几乎不需要人力支持。无人两栖漫游车可以轻松穿过苔原，经过湖泊或海洋到达偏远的岛屿，并监测开辟海上航线的船只通过无线电联系RAS控制的无人破冰船打碎海冰；在北极群岛巡逻的无人机可以控制漫游车移动到指定区域监控搜索空中、地面和海上活动；此外，快速移动的无人水下潜航器可以搜索领海深处航行的船舶或潜艇。无人潜艇可以将其发现的加密数据传输给无人机加以储存，以便在数据运营中心进行处理。

美国也以保护国土安全为由，利用人工智能系统在阿拉斯加布置远程雷达和导弹防御系统，防止未来高超音速导弹和巡航导弹的袭击。此外，美国连同北约盟友在北极建设了Andoeya Space监视和传感项目，并配备了大量用于军事监视的卫星、无人机、无人船和无人潜艇，与北约盟国分享敌方船只、飞机和潜艇的实时数据。② 俄罗斯翻新了冷战时期的北极战斗机基地，部署了防空武器并进行了大型军事演习。除了恢复北美空防司令部防空识别区的远程轰炸机飞行外，俄罗斯还正在开发高超音速巡航导弹和滑翔飞行器等进攻性武器。据报道，俄罗斯开发了一种核动力水下自主鱼雷和命名为Klavesin-2的远程无人水下航行器。这有可能会引发军备竞赛和地缘政治紧张局势，增加发生冲突的风险。发达国家开始将人工智能技术应用在武器中，使武器变得"智能化"，这意味着军事武器可以自主决定攻击对象。而国际法并没有禁止在北极高纬度地区部署武器的条约，因此美国、俄罗斯、加拿大等北极国家频繁派遣部队和作战车辆以支持领土主张并增强军事威慑力。③

---

① "Caf Arctic Operations with Remote Autonomous Systems Major Matthew Jokela," https://www.cfc.forces.gc.ca/259/290/22/192/Jokela.pdf.

② "Insight: NATO Allies Wake up to Russian Supremacy in the Arctic," https://www.reuters.com/world/europe/nato-allies-wake-up-russian-supremacy-arctic-2022-11-16/.

③ Y. A. Raikov, "Russia and the United States in the Arctic: From Competition to Confrontation," *Herald of the Russian Academy of Sciences* 92 (Supple 2), 2022, pp. 148-154.

（二）人工智能引发新安全问题

1. 人工智能技术加速了对北极环境的破坏

人工智能技术加快了北极地区勘探、开采、运输各类资源的速度。采矿活动产生的甲烷等温室气体加剧了北极变暖和冰川融化。北极地区的采矿以及石油和天然气开发项目的建设需平整大面积的土地，这也导致了动植物栖息地的丧失，燃煤发电产生的汞物质也损害人类及动植物健康。在进一步使用化石燃料的情况下，北极的经济发展对原住民的生存、生物多样性保护构成了较大的风险，超出了人类适应环境变化的速度。正如国际冰冻圈气候倡议（ICCI）在其科学报告中表示，允许开发北极资源的条件“也会放大风险和社会破坏”。[①] 这种深远的不利影响几乎会让夏季北极无冰所带来的任何暂时的经济效益黯然失色。[②]

2. 人工智能技术对原住民的冲击

首先，人工智能技术的应用加快了国际社会对北极资源的开发，资源的快速开采更加暴露了北极原住民对气候变化的敏感性和脆弱性。气候变化和以往的殖民历史引发了复杂、相互关联且快速演变的法律问题和环境问题，人工智能也对原住民应有的“气候正义”与“环境正义”造成了潜在损害，使北极的资源开发、基础设施投资、航运等问题日趋复杂。其次，人工智能扩大了北极原住民社区信息和通信网络的覆盖面，原住民社区既有的传统生活习惯以及价值观受到人工智能技术的冲击，进一步拉大了原住民与其他居民间的数字鸿沟。最后，人工智能可能加剧针对北极原住民的“结构型民族主义”倾向，[③] 人工智能程序的设计者很有可能将其对原住民的刻板印象预设在算法系统中，并在医疗、司法等领域应用，使原住民遭受不平等的对待。

---

① “State of the Cryosphere Report 2022,” https://iccinet.org/statecryo22/.

② “Russia’s Next Standoff with the West Lies in the Resource-Rich Arctic,” https://www.bloomberg.com/graphics/2023-owns-north-pole-arctic-sea-bed-claims/?leadSource=uverify%20wall#xj4y7vzkg.

③ “How AI and New Technologies Reinforce Systemic Racism,” https://www.ohchr.org/sites/default/files/documents/hrbodies/hrcouncil/advisorycommittee/study-advancement-racial-justice/2022-10-26/HRC-Adv-comm-Racial-Justice-zalnieriute-cutts.pdf.

四　北极安全新态势下的机遇与影响

第一，域外国家更加积极地参与北极治理。北极安全态势恶化激发了域外行为体维护北极和平、安全与发展的动力，在外交层面更加灵活主动地参与北极事务，如印度、法国、欧盟都出台了新的北极政策以彰显其参与北极事务的决心和能力。2022 年 3 月，印度发布北极战略——《印度的北极政策：建立可持续发展伙伴关系》，将科学研究作为其北极政策的支柱之一。印度开展北极科研活动的目标包括维持北极研究站的全年运行并增强其观测能力、将印度北极科研活动整合到北极理事会和国际北极科学委员会共同发起的斯瓦尔巴北极地球综合观测系统（Svalbard Integrated Arctic Earth Observing System）和北极可持续观测网络中、结合北极优先事项开展科学研究、提高破冰船建造能力、在国家层面建立系统的科学资助系统、加大在北极理事会内部的工作开展力度等。[①] 2022 年 4 月，法国政府发布首个极地战略，建立了专门负责极地事务的部际委员会，并支持在国际层面与欧盟等行为体开展长期北极科研合作。[②] 科学、研究、创新和科技是欧盟北极政策和行动的核心，通过开展科学外交，欧盟旨在推动北极地区的多边合作。为了增强极地科考能力，了解气候变化的区域和全球影响，截至 2022 年 4 月，英国商业、能源和产业战略部在推动极地设施现代化领域累计资助 6.7 亿英镑，为促进英国与国际伙伴的合作，发挥英国在环境保护领域的领导地位奠定了物质基础。[③] 2022 年 10 月 15 日，德国北极办公室、冰岛研究中心（The Icelandic Centre for Research）和国际北极科学委员会共同在冰岛雷克雅未克举行的北

① Government of India, "India's Arctic Policy," https://www.moes.gov.in/sites/default/files/2022-03/compressed-SINGLE-PAGE-ENGLISH.pdf.

② 《法国发布首个极地战略》，中国科学院科技战略咨询研究院网站，http://www.casisd.cn/zkcg/ydkb/kjzcyzxkb/kjzcxkb2022/zczxkb202207/202209/t20220927_6517814.html。

③ UK Research and Innovation, "UK Invests to Modernise Polar Science," https://www.ukri.org/news/uk-invests-to-modernise-polar-science/.

极圈论坛大会上组织了一次关于资助国际北极科学的会议。①

第二，挪威担任北极理事会轮值主席国或将其主张北极可持续发展的理念继续融入北极理事会的议程。2023 年 5 月，挪威接替俄罗斯担任北极理事会轮值主席国并发布了其在任期间的优先议程，作为“小国”将承担“重任”，释放出积极的政策信号。自 2003 年挪威组建的专家委员会发布《奥海姆报告》以来，挪威政府日渐重视北极治理，先后出台了 7 份官方北极政策文件，包括 3 份北极战略和 4 份北极政策报告及白皮书。挪威基于其北极实践对北极治理形成了比较系统的认知和成熟的政策取向，包括致力于维护北极地区的国际法治、引领北极知识建设、致力于北极地区的安全与和平。挪威基于第一个《北极理事会战略发展计划（2021～2030）》（Arctic Council Strategic Plan 2021-2030）② 发布其优先议程，将海洋、气候与环境、经济可持续发展、人作为其优先关注事项，既是北极理事会以往优先事项的延续，又具有鲜明的挪威特色。2023 年挪威再次担任北极理事会轮值主席国将给其带来发挥的空间。挪威发布的优先事项中延续其尊重北极知识、致力于北极和平与合作的传统，因此，基于挪威释放出的积极政策信号和目前的合作动态，北极安全态势或将得到缓和。

第三，新态势下北极人的安全成为北极治理的焦点之一。原住民是北极发展中的利益攸关方和重要参与方，北极原住民的权利由北极国家、区域和全球三个层面予以确立。③ 在全球变暖和人类活动的双重作用下，北极地区发生的一系列生态风险事件不断增多。北极地区的环境变化包括气温升高、海冰融化、降水模式变化、河流和湖泊冰层异常破裂、永久冻土解冻、洪水和溪流变化、海岸侵蚀、入侵物种以及更频繁的极端天气事件，如强烈风暴、山体滑坡和野火。上述变化既对北极环境造成了破坏，又给北极地区的

---

① German Arctic Office, “Funding International Arctic Science,” https://www.arctic-office.de/en/forums-and-events/funding-international-arctic-science/.

② “Arctic Council Strategic Plan 2021-2030”, https://oaarchive.arctic-council.org/server/api/core/bitstreams/118e0bce-9013-460a-81e0-1dbd0870ee05/content.

③ 阮建平、瞿琼：《北极原住民：中国深度参与北极治理的路径选择》，《河北学刊》2019 年第 6 期。

基础设施带来一定风险，也对当地居民的日常生活构成了严峻的威胁。[①] 其中，水、粮食与基础设施的安全风险成为当前北极地区居民所面临的三大重要风险。北极地区原住民群体在“北极失语”的状态下安全需求也长期处于被忽视的状态。2022 年，基娅拉·切尔瓦西奥（Chiara Cervasio）和伊娃-努尔·雷普萨德（Eva-Nour Repussard）在一份北极人的安全访谈调查报告《北极地区人民优先：降低人的安全风险的八项政策建议》中指出，北极国家决策者在制定北极政策时往往缺乏对北极地区原住民的世界观的了解，并且用制度化的格言来掩盖对北极原住民世界观的不了解，这对北极原住民尤其有害，因为他们觉得自己的土地和动物没有得到保护，这也随着气候变化和经济投资监管不力而面临越来越大的风险。[②] 2023 年 6 月，加拿大北极安全工作会议在努纳武特地区首府伊魁特召开，此次会议以“关键基础设施：北方的考虑因素和优先事项”为主题，重点讨论了北极地区人的安全问题。北方联合先遣部队指挥官里维埃（Rivière）在会议上表示，此次会议并不是仅仅在讨论军事防御意义上的安全，也关系到北极地区人民的生存与生活安全、网络安全、气候变化、发电等民事问题。努纳武特地区长官阿奇高克（P. J. Akeeagok）在会议中认为，真正的北极安全只能通过缩小北极地区的基础设施差距来实现，通过气候行动、改进技术以及依靠人民的力量，才能实现基本的人类安全，以塑造一个更加安全和有适应力的北方。[③]

第四，人工智能给北极环境安全、人类生存安全带来新机遇。首先，人工智能的应用为北极环境安全提供了重要支撑。开发人工智能模型可准确预测北极海冰融化速率。北极地区受气候变化影响严重，北极航行的船舶可能

---

① Chiara Cervasio and Eva - Nour Repussard, “Prioritising People in the Arctic,” https://basicint. org/wp-content/uploads/2022/10/BASIC-Prioritising-People-in-the-Arctic. pdf.

② Chiara Cervasio and Eva - Nour Repussard, “Prioritising People in the Arctic,” https://basicint. org/wp-content/uploads/2022/10/BASIC-Prioritising-People-in-the-Arctic. pdf.

③ Tom Taylor, “Arctic Security Working Group Gathering in Iqaluit Tackles Climate Change, Power Production and More,” https://www. nunavutnews. com/news/arctic-security-working-group-gathering-in-iqaluit-tackles-climate-change-power-production-and-more/.

会面临冰层不定时融化的风险，多个研究团队和研究机构都开发了用以监测北极海冰融化的人工智能模型，例如约翰·霍普金斯大学应用物理实验室（APL）的研究团队创建的机器学习模型，可以生成长达 7 天、分辨率为 1 公里的每日海冰预报。[①] 其次，人工智能还有助于保护北极生物多样性。[②] 人工智能技术有助于帮助专家使用无人机估计北极保护动物的数量和探测动物的位置，降低了北极熊与人类危险接触的风险，使用大型无人机可统计北极熊、海象等大型动物数量，小型无人机可用于勘探北极熊居住的洞穴。[③] 阿拉斯加渔业科学中心也开发了人工智能系统，用以监测在北极海冰航测期间拍摄的海豹、北极熊和其他哺乳类海洋动物，大大降低了图像存储需求，使北极哺乳动物种群评估更快、更有效。最后，人工智能在北极的应用有助于保障北极人的生存安全，不仅可以优化供应链，帮助解决粮食安全问题，还有助于扼制北极地区的犯罪行为。人工智能可以通过资源分配确定和识别相关的犯罪模式，例如综合警车或步行巡逻、物理路障、警报、紧急服务和急救人员的响应时间等安排，形成最合理的预防犯罪方案。此外，人工智能可以增强北极地区的执法能力，人工智能视觉工具可以用于帮助美国海岸警卫队规划海军任务，分析海上图像，海岸警卫队和林肯实验室联合开发的寒冷地区成像和监视平台（CRISP）[④] 增强了打击非法捕鱼和恐怖主义的有生力量。

---

① "New AI Promises Ships Safer Passage While Traversing Arctic Seas," https://www.jhuapl.edu/news/news-releases/230602-artificial-intelligence-model-promises-ships-safer-passage-through-arctic-seas.

② https://www.arcticwwf.org/the-circle/stories/blending-indigenous-knowledge-and-artificial-intelligence-to-enable-adaptation/.

③ "Expert: Artificial Intelligence May be Used for Biodiversity Conservation in Arctic," https://oananews.org/content/news/expert-artificial-intelligence-may-be-used-biodiversity-conservation-arctic.

④ "A New Dataset of Arctic Images Will Spur Artificial Intelligence Research," https://www.ll.mit.edu/news/new-dataset-arctic-images-will-spur-artificial-intelligence-research.

五　结语

2022 年，俄乌冲突之后北极的地缘外溢、人工智能新技术的发展与应用都为北极安全和北极治理注入了不稳定因素。虽然北极安全形势越发紧张，但是也应看到一些积极信号，如俄罗斯寻求与域外国家的合作、新任北极理事会轮值主席国挪威寻求推动北极合作等。北极作为“新疆域”，其走向关系到世界各国的共同命运。中国在地缘上是近北极国家，是陆上最接近北极圈的国家之一。北极的自然状况及其变化对中国的气候系统和生态环境有着直接的影响。追溯至 1999 年 7 月，中国北极科学考察队乘“雪龙”号极地科考船从上海出发，开启了对北极的探索任务。[①] 目前，我国已跻身极地考察大国的行列，形成了“两船、六站、一飞机、一基地”的支撑保障格局。2023 年是中国成为北极理事会正式观察员国 10 周年、发布《中国的北极政策》白皮书 5 周年的时间点，中国始终秉持着参与者、建设者和贡献者的姿态，积极为北极地区的可持续发展贡献知识和力量。值得注意的是，在俄乌冲突及其加速北极地缘对抗的过程中，西方国家对中国参与北极事务出现两种论调。一种论调将中俄再度捆绑，回归冷战思维，强行制造“中俄同盟”假想敌并夸大对北极的威胁。美国在其新北极战略中再度抹黑中国“试图通过扩大经济、外交、科学和军事活动来增加其在北极的影响力”。[②] 美国 2023 年度国防预算报告中称“中国是主要战略竞争对手和挑战”。[③] 另一种论调建议将北极作为分化中俄的“楔子”，主张西方国家先发制人地与亚洲接触来孤立俄罗斯，并激励亚洲国家与北极理事会的西方成员

---

① 高悦：《中国北极考察二十年》，https://www.mnr.gov.cn/dt/hy/202007/t20200717_2533261.html。

② “NATO Foreign Ministers End Meetings in Bucharest with Focus on China, More Support for Partners,” https://www.nato.int/cps/en/natohq/news_209493.htm.

③ “United States Department of Defense Fiscal Year 2023 Budget Request,” https://comptroller.defense.gov/Portals/45/Documents/defbudget/FY2023/FY2023_Budget_Request.pdf.

国合作。[①] 未来，中国应“全面摸清家底”与“把脉地区局势”双管齐下，在充分分析我国的极地利益、极地科考实力、自身资源禀赋、国际局势发展趋势的基础上，找准参与北极治理的重点，加大投入，进一步增强我国在极地科研等领域的实力和话语权，促进北极治理的可持续发展。

① Nima Khorrami，Andreas Raspotnik，“Forced to Look East? Russia，China，India，and the Future of Arctic Governance，” https：//gjia. georgetown. edu/2022/09/16/forced-to-look-east-russia-china-india-and-the-future-of-arctic-governance%EF%BF%BC/.

北极科技发展篇

Arctic Science and Technology Development

B.2

北极科技治理机制的新变化与发展趋势*

李 玮 张志军**

摘 要： 在气候变化、地缘政治利益、日渐活跃的北极科学组织的驱动下，北极科学的发展速度比以往任何时候都快。2022年随着俄乌冲突持续影响北极地区，当前北极科技治理既呈现国际行为体多元并存、国际合作分阵营进行、全球性议题重要性上升的新变化，也面临着新双边科技治理机制出现、多边治理平台停摆、重点议题亟待协商的发展趋势。科学研究是北极域外国家参与北极事务和实现北极利益的重要途径，在北极科技治理出现新发展趋势的局面下，中国应当探索开展科学合作的多种形式，以技术、设备和资金优势发展国际合作关系，依托多边平台参与重点议题，积极拓展新的双边对话机制。

---

* 本文为中国博士后科学基金第73批面上资助项目（项目编号：2023M733352）的阶段性成果。

** 李玮，中国海洋大学法学院博士研究生；张志军，中国海洋大学海洋发展研究院讲师、师资博士后。

关键词： 北极 科技治理 科学研究 国际合作

北极多层次治理格局由北极理事会等国际行为体与北极域内外国家行为体共同参与，存在以北极理事会为核心的多个北极治理机制。随着北极事务领域逐渐拓展，北极地区在政治、军事、环境、科技等多领域发展呈现议题交织、机制复合的特征。北极治理机制呈现多样化、碎片化的特征。北极科技治理既包括北极科学考察，也涉及北极环境保护、航运治理、资源开发多个领域，例如，北极治理多领域采用基于科学信息做出决策的方式就体现了北极科技治理的重要性。

2022 年 2 月俄乌冲突爆发以来，北极安全治理率先受到严重威胁，北极军事化水平增强，俄罗斯与西方国家在北极的军事集团对抗趋势明显。西方国家对俄罗斯的各项制裁和脱钩措施及俄罗斯的回击行动导致北极政治、军事、科技、资源开发等多领域治理受到全面影响，北极能源、渔业、科学领域治理中的国际合作进程受阻，俄罗斯与其他域内国家的国际合作全方位被中止。自北极七国联合发表声明后，俄罗斯作为北极理事会轮值主席国的权力被架空，2022 年北极理事会几乎处于停摆状态，北极治理正常节奏完全被打乱。作为回应，俄罗斯宣布退出北极部分治理机制。北极理事会、北极经济理事会、巴伦支海欧洲-北极圈理事会先后谴责俄罗斯对乌克兰采取的军事行动，俄罗斯已宣布退出欧洲委员会、“北方维度”和巴伦支海欧洲-北极圈理事会。

在地缘政治新变化和全球气候变化的驱动下，北极科技治理面临着新形势，北极科技治理的未来走向具有不确定性。就北极科技治理而言，一方面国际科学合作继新冠疫情后再受重创，多边北极科技治理平台陷入俄罗斯与其他北极七国对立互不支持的困境；另一方面北极治理需要快速增进对北极问题的科学认知，气候变化、海洋保护区等北极新兴重点议题迫切需要科学数据和研究分析。鉴于此，本文聚焦参与北极科技治理的多类型国际行为体，梳理北极科技治理中的新兴问题、国际合作、制度安排，基于北极地区新态势及北极科技治理现状分析北极科技治理机制的发展趋势，提出中国深入参与北极科技治理的路径。

一 北极科技治理的国际机构和会议机制

近年来，北极域外国家纷纷加入北极科技治理的主体队伍中，参与北极科技治理主体数量越来越多。国际行为体是域内外国家参与北极科技治理的重要协商平台，以北极理事会、国际北极科学委员会、北极科学部长级会议为核心的北极科技治理机制组织开展一系列的北极科研活动，参与科学考察和研究、知识产出、议题生成、协商对话、制度安排的治理过程。现有北极科技治理国际行为体大致可以分为：（1）北极区域机构主导的科技治理机制，例如北极理事会和国际北极科学委员会；（2）北极区域会议治理机制，例如北极科学部长级会议和北极科学高峰周；（3）为北极专门领域提供科学建议的全球性国际组织，例如国际海洋考察理事会和联合国政府间气候变化专门委员会。在科学组织和网络中进行的科学合作方法有两种：一是设立专项科研小组，小组成员来自成员国，专项科研小组隶属于国际组织，北极理事会是采用这种科学合作形式的代表；二是依托多边治理平台倡议、发起、实施国际合作计划，例如北极科学部长级会议和国际北极科学委员会。

（一）北极理事会

在北极科技治理体制中，北极理事会是最成熟的北极科技治理机制。北极理事会依托北极理事会内设工作组和任务组形成的科学合作机制成果颇丰。北极理事会下设六个工作组，分别为北极污染物行动计划工作组、北极监测与评估计划工作组、北极动植物保护工作组、突发事件预防准备和响应工作组、北极海洋环境保护工作组和可持续发展工作组。工作组成果涉及动植物保护、区域管理、核安全、气候变化、油污管理、法律与政策、海洋管理、环境管理、生物多样性、社会发展、能源、航运等多方面的北极事务。

工作组负责实施北极理事会的具体工作和项目，从科学技术角度为北极理事会提供参考建议，对北极政策制定具有重大影响。但是，工作组的管理委员会成员均来自北极八国和土著居民代表，作为北极理事会观察员国的中国在北极的科研权限是严格受限的。工作组下设以项目为导向的专家工作组，由各领域专家组成的工作组是北极理事会进行北极区域科技治理的关键组群。北极理事会任务组在完成自己的历史使命后便解散，2022 年北极理事会下没有存续的任务组。在最初的北极理事会科技治理机制形成之后，北极理事会于 2017 年通过了《加强北极国际科学合作协定》（Agreement on Enhancing International Arctic Scientific Cooperation），这一协定不仅增强了北极国家内部的科技合作与信息垄断程度，还进一步抬升了非北极国家获取北极科学信息的门槛。北极国家在参与北极治理的过程中强调“北极是北极国家的北极”的理念，并通过制度建设将“门罗主义”的理念确立在北极理事会等治理机制中。[①] 北极域内国家在北极理事会中拥有较高的领导权和决策权，北极理事会也为北极国家垄断北极科学研究提供了条件。《加强北极国际科学合作协定》加剧了北极八国内部之间科学考察和信息的垄断，同时也大大提高了北极域外国家参与北极科学考察和共享科技信息的难度。

《北极理事会战略发展计划（2021~2030）》重申：“北极理事会将仍然是主导性的政府间北极合作平台，因为它将继续推动关于地区重要议题的知识、理解和行动，并且继续支持应用于本地区的强有力的法律框架。”[②] 俄乌冲突爆发之后，除俄罗斯之外的北极七国发表联合声明，北极理事会陷入停摆。直至俄罗斯结束轮值主席国任期前，北极理事会工作组都未发布任何新文件，在往年一个工作组要发布数个技术标准类文件和研究报告文件。可以说，在俄乌冲突爆发后的俄罗斯轮值主席国任期内，北极理事会工作组的科学研究和知识产出无实质性进展。

---

① 潘敏、徐理灵：《超越“门罗主义”：北极科学部长级会议与北极治理机制革新》，《太平洋学报》2021 年第 1 期。

② Arctic Council, “Arctic Council Strategic Plan 2021 to 2030,” https://oaarchive.arctic-council.org/bitstream/handle/11374/2601/MMIS12_2021_REYKJAVIK_Strategic-Plan_2021-2030.pdf.

（二）国际北极科学委员会

国际北极科学委员会（International Arctic Science Committee）隶属于国际科学委员会，同时是北极理事会的观察员。国际北极科学委员会是一个非政府的国际科学组织，聚焦北极地区的国际合作。国际北极科学委员会的功能主要有以下几方面：第一，发起、协调和促进科学活动；第二，提供独立的科学建议；第三，保护北极科学数据和信息的获得和交换；第四，促进北极区域的国际开放；第五，与相关科学机构互动促进两极合作。自 2020 年起，国际北极科学委员会开始发布北极科学状况报告。截至 2022 年，国际北极科学委员会已经更新了两次北极科学状况报告。在最新版的北极科学状况报告中，国际北极科学委员会确定了北极研究新兴问题、北极现有研究优先事项、北极研究和数据方面的差距以及国际科学合作中的新兴事项（见表 1）。

表 1　国际北极科学委员会北极科学状况报告的主要内容

北极研究新兴问题	北极现有研究优先事项	北极研究和数据方面的差距	国际科学合作中的新兴事项
· 耦合北极系统 · 污染源及影响 · 观测、预报、预测 · 与社会相关的研究	· 北极系统在全球系统的功能 · 气候动态及生态响应 · 环境和社会脆弱性、韧性和可持续发展	· 时空覆盖范围 · 跨学科数据交换 · 研究方法和基础设施 · 自然和人类系统的转变	· 科学规划与协调 · 资金 · 访问权限 · 法律框架

资料来源："The International Arctic Science Committee's 2022 State of Arctic Science Report," https://iasc.info/about/publications-documents/state-of-arctic-science。

国际北极科学委员会在北极科技治理中发挥着重要的协调功能。其一，国际北极科学委员会将于 2025 年举办第四届北极研究规划国际会议。该会议将讨论北极科学现状，并且研究确定未来十年北极研究的优先事项。会议地点在美国科罗拉多州博尔德市，由美国多校组成的联盟主办。国际北极科学委员会将于 2026 年出具最后报告，并开始实施北极研究重点，为 2032~2033 年国际极地年开发北极地区的研究主题。其二，国际北极科学委员会在《海洋十年——北极行动计划》的筹备过程中发挥了至关重要的作用，其领导着

《海洋十年——北极行动计划》任务组和未来“北极海洋十年”的实施路线图任务组，从“北极海洋十年”的发展趋势来看，国际北极科学委员会可能在“北极海洋十年”的治理和协调中发挥重要作用。其三，自 1999 年起，国际北极科学委员会每年定期组织北极科学高峰周，北极科学高峰周历届会议地点既包含北极八国，又在部分年份选择在域外国家举办会议，例如 2005 年在中国昆明举办，2011 年在韩国首尔举行，2015 年在日本富山举行。

（三）北极科学部长级会议

由于域外国家和国际组织参与北极治理的需求超出了北极理事会赋予观察员身份和相应权限的能力范围，北极科学部长级会议（Arctic Scientific Ministerial，ASM）于 2016 年应运而生，成为北极区域治理新助推器、北极科学领域的新机制。2021 年，北极科学部长级会议广泛吸纳了 8 个北极国家和另外 17 个北极域外国家（包含中国）、欧盟以及北极原住民组织代表（见表 2）。北极科学部长级会议不同于北极理事会的最大特点是参与这个平台的所有国家之间是平等的，有平等的发言权和决策权。北极科学部长级会议每两年举办一次，截至 2023 年 6 月已经举办了三次会议，并发布联合声明。2016 年在美国华盛顿举办第一届会议，2018 年在德国柏林举办第二届会议，2021 年在日本东京举办第三届会议。北极科学部长级会议有助于加强北极科学研究的国际合作，也有利于北极圈以外国家和行为体更加积极地参与北极地区的治理。

根据第二届北极科学部长级会议的倡议，北极科学资助者论坛（Arctic Science Funders Forum）于 2020 年 3 月 30 日正式成立。论坛受北极科学部长级会议和国际北极科学委员会支持，鼓励参与北极科学部长级会议的供资机构进行合作，根据北极科学部长级会议联合声明制订双边和多边研究资助方案。论坛对各国政府和 6 个北极原住民组织代表开放，北极科学资助者论坛在北极科学高峰周期间举行。[①] 由此可见，北极

① “Working Procedures for the Arctic Science Funders Forum:” https://iasc.info/images/arctic-funders/Working_Procedures_Arctic_Science_Funders_Forum_October_2021.pdf.

区域治理的新助推器——北极科学部长级会议机制发展迅速，相关供资机制正在形成。

表2 《第一届北极科学部长级会议联合声明》《第二届北极科学部长级会议联合声明》《第三届北极科学部长级会议联合声明》内容对比

	《联合声明》签署方	增进合作的领域
ASM 1	·8个北极国家 ·14个北极域外国家（中国、法国、德国、印度、意大利、日本、韩国、荷兰、新西兰、波兰、新加坡、西班牙、瑞士和英国）以及欧盟、北极原住民组织代表。	·北极挑战及区域和全球影响 ·北极观测和数据共享 ·北极科学认知，建立恢复力 ·公民利用北极科学
ASM 2	·8个北极国家 ·15个北极域外国家（奥地利、比利时和葡萄牙新加入，印度和新西兰退出，其他国家不变）以及欧盟、北极原住民组织代表	·北极变化的区域和全球动态 ·北极观测、数据和基础设施共享 ·评估北极环境脆弱性，建立恢复力
ASM 3	·8个北极国家 ·17个北极域外国家（捷克新加入，印度重新加入，其他国家不变）以及欧盟、北极原住民组织代表。	·认知和预测北极环境和社会系统及全球影响 ·观测网络及数据共享 ·可持续发展，脆弱性和韧性评估 ·能力建设、教育

资料来源："Joint Statement of Ministers on the Occasion of the First White House Arctic Science Ministerial," https://obamawhitehouse.archives.gov/the-press-office/2016/09/28/joint-statement-ministers; "Joint Statement of Ministerson on the Occasion of the Second Arctic Science Ministerial," https://www.arcticscienceministerial.org/arctic/shareddocs/downloads/asm2_joint_statement.pdf?__blob=publicationFile&v=1; "Joint Statement of Ministers on the Occasion of the Third Arctic Science Ministerial," https://asm3.org/library/Files/ASM3_Joint_Statement.pdf。

（四）全球性国际组织

联合国环境规划署（The United Nations Environment Programme）、大陆架界限委员会（The UN Commission on the Limits of the Continental Shelf）、国际海事组织（International Maritime Organization）、联合国粮食及农业组织（Food and Agriculture Organization）等机构分别在北极环境保护、大陆架划界、航道

利用、渔业开发等问题中扮演着重要角色。国际海事组织、世界气象组织（World Meteorological Organization）、联合国开发计划署（The United Nations Development Programme）、联合国环境规划署是北极理事会的观察员。

政府间气候变化专门委员会（Intergovernmental Panel on Climate Change）是联合国负责评估气候变化的机构，在北极气候治理中处于科学权威的核心地位。政府间气候变化专门委员会定期报告是气候变化领域的科学信息源，其不断充实并不断得到验证的气候变化信息形成了强大的全球舆论场，为推动国际谈判铺平了道路。政府间气候变化专门委员会批准并接受《气候变化中的海洋和冰冻圈特别报告》，关注气候变化中海洋和冰冻圈的相关科学问题以及北极海冰减少和多年冻土融化等现象。

国际海洋考察理事会（International Council for the Exploration of the Sea）是参与北极渔业治理的重要治理支撑和治理主体。国际海洋考察理事会成立于 1902 年。国际海洋考察理事会根据成员国、国际组织和地区组织的请求，为其提供公正且非政治性的科学建议、信息和报告。国际海洋考察理事会下属的科学委员会承担科学考察工作，国际海洋考察理事会下属的咨询委员会特别负责针对渔业和海洋生态系统的现状提供专业性咨询意见。国际海洋考察理事会与多个北极治理机构建立了合作关系，合作方包括北极理事会及其下设的 6 个工作组，以及第三届北极研究规划国际会议等。国际海洋考察理事会北极渔业工作组是理事会参与北极渔业治理最为直接的工作平台，北极渔业工作组于每年 4 月召集来自挪威、俄罗斯、加拿大和其他欧盟国家的 20~25 名渔业科学家参加工作组会议。国际海洋考察理事会本质上从事科学研究，宗旨是对海洋知识、渔业种群情况进行调查和评估，理事会相关建议不具备法律上的约束力，也无法直接参与各国、各区域性渔业组织的北极渔业政策制定，因此无法发挥更重要的治理作用。俄乌冲突爆发后，国际海洋考察理事会投票决定暂停所有俄罗斯联邦代表、成员和专家参加活动。俄罗斯联邦渔业局局长伊利亚·谢斯塔科夫（Ilya Shestakov）曾表示，如果不恢复所有俄罗斯联邦代表、成员和专家的资格，那么国际海洋考察理事会将实质性成为一个伪科学组织，俄罗斯将退出国际海洋考察理事会，并且拒绝与它合作。

至于俄罗斯渔业领域的国际合作，俄罗斯将寻找机会与那些签署了科研领域合作协议的国家合作。①

二　现阶段北极科技治理的国际合作和制度安排

北极航运、能源开发、环境保护领域的决策都离不开科学和技术。科学家的研究成果输出为科学知识，基于相同科学知识的认知共同体据此治理。比如国家和国际行为体协同海冰研究和航运应用，在具有破冰能力的 LNG 超级运输船领域寻求技术突破，才能为北极航运治理开发更广阔的海域。

（一）北极科技治理的国际合作

1. 北极科学合作的主要形式

北极科学研究国际合作加速了北极科技治理进程，为人类积累了大量北极科学知识。国际极地年的北极科学研究国际合作框架是建立在国际组织定期组织的合作活动基础之上，各国自行决定是否参加。截至 2022 年底进行的 4 次国际极地年活动实现了人类对北极科学认知的阶段性突破。在北极地区，北极域内国家、域外国家和原住民依托特定研究领域和项目、国际组织、区域多边论坛、科学基础设施开展国际科研合作。北极理事会通过工作组开展研究，北极其他组织，例如国际北极科学委员会和北极大学，也支持国际研究合作。此外，国家间的合作也通过正式的大规模研究计划进行，如国际地球物理年和国际极地年倡议。在正式的研究计划和项目之外，科学合作也可以表现为共享研究站等基础设施的形式。北极科学合作的形式主要有三种，分别为：第一，在特定科学领域开展科学合作；第二，在国际组织和网络中进行国际合作；第三，通过共享基础设施的形式开展科学合作。根据 2022 年的最新研究，各国优先考虑在特定科学领域进行合作，北极八国开展国际研

---

① "Russia may Leave International Council on Exploration of the Sea," https://interfax.com/newsroom/top-stories/90409/.

究合作意愿的九个领域分别为教育、经济/能源、原住民知识、研究成本、环境和气候、非北极国家合作、健康、海洋治理、性别平等。[①] 其次考虑在国际组织和网络中进行。域内外国家和国际行为体为应对北极科技治理新兴问题开展科学合作，比如气候变化问题和微塑料污染问题。

气候变化是北极地区面临的最大挑战之一。在过去50年中，北极地区的变暖速度是世界其他地区的3倍。近年来，气候变化对北极地区的影响不断加剧，在北极治理中的重要性显著提升。气候变化给北极地区带来的变化具有复杂性，温度上升带来海冰融化，海冰融化影响北极海洋生态系统和北极航运，海冰和永久冻土的变化还会改变生物多样性，引发野火。科学分析北极地区气候变化影响、开展国际科学合作交流是极地国家和不同国际机制应对气候变化的必经之路。目前，政府间气候变化专门委员会关于气候变化中的海洋和冰冻圈特别报告提供了气候变化的关键数据，北极理事会各工作组关于污染、化学品和气候变化的报告提供了重要科学信息。生态系统服务政府间科学政策平台、“联合国海洋科学促进可持续发展十年（2021~2030）”、“海底2030”倡议等合作活动正在发挥作用。北极科学部长级会议将支持《2030可持续发展议程》、《巴黎协定》和《生物多样性公约》下2020年后生物多样性框架在北极地区的实施。

微塑料污染是环境污染问题中的新问题，对微塑料污染的防控、治理、监督和评价都缺乏成熟的技术，亟须加强国际合作，并运用科学研究的成果促进法律法规和政策措施的制定。在北极微塑料和海洋垃圾治理方面，北极理事会发挥主导作用，北极理事会下设6个工作组中的5个工作组都涉及海洋垃圾问题。北极理事会北极监测与评估计划工作组制定了北极微塑料和垃圾全面监测计划和技术准则。北极理事会北极动植物保护工作组监测了海鸟体内的塑料含量及其影响。北极理事会北极海洋环境保护工作组已经制订了处理北极海洋垃圾的第一个区域行动计划。北极微塑料和海洋垃圾治理的最新

① K. Everett & B. Halašková, “Is it Real? Science Diplomacy in the Arctic States' Strategies,” *Polar Record* 58（2022）：1-14.

动态是冰岛担任北极理事会主席国的2021年期间主办的北极和次北极地区塑料问题国际研讨会。该研讨会参会方有保护东北大西洋海洋环境委员会、国际北极科学委员会、国际海洋考察理事会、北极理事会北极海洋环境保护工作组、联合国教科文组织代表以及多国代表。

在国际机构、会议机制以及各国的推动下，多项北极大型国际科学合作计划进行中：（1）迄今为止国际最大的北极科学考察计划——北极气候研究多学科漂流冰站计划（Multidisciplinary Drifting Observatory for the Study of Arctic Climate，MOSAiC）由来自17个国家的300多名科学家使用最先进的科考设备对人类无法涉足的北冰洋中央区域进行为期一年的连续观测，重点研究引起北极气候变化和受到北极气候变化影响的天气过程、海洋和海冰物理过程、生物地球化学循环过程和生物生态过程，以及各个过程之间的相互作用。（2）为了配合联合国在国际层面上推进“联合国海洋科学促进可持续发展十年（2021~2030）”计划，“北极海洋十年”计划正在筹备中。北极工作组于2020年启动《海洋十年——北极行动计划》，于2021年5月定稿。《海洋十年——北极行动计划》在2021年6月正式发布。2022年3月，在挪威特罗姆瑟举行的北极科学高峰周上，各方探讨区域性北极计划的建议。研讨会后，国际北极科学委员会和“北极可持续观测网络”（SAON）进行合作，以推进北极地区的行动计划，并确保共同推进相关的“海洋十年”北极行动。下一步北极海洋十年工作组将制定“北极海洋十年”的路线图，设置北极区域科学优先事项，并发起新的科学合作项目。值得一提的是，由中国牵头组织的“多圈层动力过程及其环境响应的北极深部观测”（Arctic Deep Observation for Multi-sphere Cycling，ADOMIC）国际合作研究计划于2022年6月正式获批，这是2022年度“海洋十年”申请中获批的第一个中国项目。该计划由中国自然资源部第二海洋研究所联合美国阿拉斯加大学、德国阿尔弗雷德·魏格纳极地研究所、俄罗斯全俄地质研究所、挪威奥斯陆大学、加拿大纽芬兰纪念大学、斯里兰卡水生资源研究与发展署、塞舌尔蓝色经济部、新加坡南洋理工大学和中国海洋基金会共同申请。（3）由世界气象组织提出和21个国家参与的极地预报年计划正在实施，有望推进从小时、季节到气候尺度的极区无缝隙预报。（4）北冰洋中央区域综合生态系统评估工作组（Working Group on Integrated Ecosystem Assessment for the Central Arctic Ocean）项目由国际海洋考察理事会、北太平洋海洋科学组织和北极海洋环境保护工作组共同推动。（5）北极可持续观测网络建设计划，由北极理事会与国际北极科学委员会合作推动北极可持续观测网络建设，强化北极地区的国际科学合作。

（二）北极科技治理的制度安排

科学信息知识生产指引着北极治理新规则生成。2021 年北极理事会发布了《北极理事会战略发展计划（2021～2030）》。在该计划中，北极理事会强调利用现有的最佳科学证据，在政策层面提出有针对性的具体建议，为决策者提供参考。科学家在极地议程制度中起到重要作用，把科学信息转化为制定法律和国际协定的依据。[①] 并且，北极科学合作中存在制度歧视与垄断。《加强北极国际科学合作协定》的附件一规定了协定的适用范围包括北冰洋公海区域及协定缔约方行使主权、主权权利和管辖权的区域。这一协定是对北极科考活动影响明显的最新法律规定，这一新制度的建立标志着北极理事会科技治理机制进入了“门罗主义”制度垄断的新发展阶段。协定文本写明以促进科学合作、减少合作障碍为目标，在可科考区域进入、科研数据共享等方面达成了新合意，但协定给予的科考便利只限于 8 个北极域内国家，北极域外国家无成为该协定成员的可能。由此，北极理事会建立的科技治理机制显示出了强烈的排外倾向，北极域内和域外国家的身份区别拉开了北极理事会科技治理中两类国家话语权和影响力的差距。

科技治理是北极治理中极其重要的组成部分，适用于北极地区科技治理的国际法包括全球性、区域性条约、协定及其附件。北极科技相关国际法主要分为如下三个部分：第一部分是对海洋科学研究的主要方面做出规定的《联合国海洋法公约》；鉴于海洋航行活动伴随整个北极科学考察全程，第

① 于宏源：《知识与制度：科学家团体对北极治理的双重影响分析》，《欧洲研究》2015 年第 1 期。

二部分是对海洋航行权和相关义务做出规定的国际海事条约；北极科学考察活动中需要遵守环境保护义务，因此第三部分是规定北极海域环境保护的国际公约。

《联合国海洋法公约》第三部分“海洋科学研究”对海洋科学研究做出了原则性规定，赋予各国进行海洋科学研究以及开展科学合作的权利，并规定了海洋科学研究的一般原则，针对不同海域的科学研究做出了具体的规定。北极科学考察活动涉及海洋航行权利和相关义务，对海洋航行权利和相关义务作出规定的国际海事条约主要有《国际海事组织公约》《国际海上避碰规则公约》《国际海上人命安全公约》《国际救助公约》等。

1989 年发生在阿拉斯加海域的“埃克森·瓦尔迪兹”号油轮事故促使国际社会开始关注北极海域的环境保护，为了防范北极海冰覆盖的特殊水文气象条件带来的航行安全和环境风险，国际海事组织陆续出台了许多关于冰区船舶航行的建议性准则、指南等文件，以期保障船舶在北极冰区的海事安全。近年来，国际海事组织在引领北极航运规则拟定方面发挥了重要作用，尤其是 2017 年初开始生效的《国际极地水域船舶操作规则》（International Code for Ships Operating in Polar Waters，以下简称《极地规则》）在北极地区航运治理中具有极为突出的地位。北极理事会的北极海洋环境保护工作组在《极地规则》生效后相继发布北极航运报告和北极噪声知识状态报告；北极理事会的黑碳和甲烷专家组就北极黑碳治理做出了卓有成效的开创性工作；俄罗斯和加拿大两国对国际海事组织在《极地规则》生效后的新动向做出了不同的反应。国际海事组织最近已经启动了有关实施《极地规则》以及继续提高环保措施的下一阶段工作计划，以求采取进一步举措来弥补《极地规则》的漏洞和不足。[①]

① 陈奕彤、王业辉：《〈极地规则〉生效后的新进展及对北极航运治理的影响》，载刘惠荣主编《北极地区发展报告（2019）》，社会科学文献出版社，2020，第 216~233 页。

三　北极科技治理机制的发展趋势

北极科技治理作为北极低政治敏感度的领域，既广泛吸纳域外国家共同参与、共同治理，又呈现明显优待域内国家的制度歧视性特征。在俄乌冲突持续影响北极地区的新态势下，北极科技治理原先的进程受阻，北极理事会等北极科技治理行为体内的两方对峙形势与行为体促进北极科学合作的理念宗旨背道而驰，北极科技治理机制受到地缘政治挑战。但北极科技治理的多层次格局框架未受到根本冲击，现有主要区域治理机制不会解体，合作对象和方式可能会发生转变。北极科技治理仍将围绕重点议题进行，国际北极合作可能会分散到更多的双多边平台，北极科技治理机制中国际行为体的功能可能会变动。

（一）多边机制陷入僵局，俄罗斯有望发展新域外双边机制

俄乌冲突爆发后，北极七国对俄罗斯参与北极治理进行封锁，俄罗斯科学家和科研机构被踢出北极科学合作研究项目，俄乌冲突切断了俄罗斯国内外研究人员在许多科学领域的伙伴关系。同时，俄罗斯禁止北极七国的科研人员入境，外国科学家无法再获取关键数据。

俄罗斯几乎参与了北极科学的所有领域，俄罗斯拥有一半以上的北冰洋海岸线、一半以上的北极永久冻土。位于俄罗斯境内的科考站记录着北极气候变化的关键数据。俄乌冲突爆发之前，挪威科学家有进入俄罗斯科考站的权限，俄罗斯将关键数据共享给挪威。俄乌冲突爆发之后，俄罗斯禁止挪威科学家进入俄境内的科考站。俄罗斯科学家被禁止参与海上调查和科学会议等方面的国际合作，俄罗斯科学家研究北极熊、鲸鱼、海象、鲑鱼等的伙伴关系都被冻结，俄罗斯的永久冻土研究数据被切断。俄乌冲突导致的国际合作中断使科学数据产生空白，影响科研项目的成果。

在北极科学诸多研究领域之中，北极气候科学研究受到的影响格外大。北极的气候研究依赖于国际组织、科考区域的可进入性、持续监测、数据共享，只有这样才能理解和有效应对气候危机。俄罗斯境内融化的海冰、融化的永久

冻土和大规模的野火都是气候科学研究需要监测的对象。俄罗斯科学家对北极气候的最大贡献来自永冻层研究。永冻土覆盖了俄罗斯60%以上的土地；随着气温的升高，它的解冻速度加快，并向空气中释放出更多的热捕获气体，如甲烷，进一步加剧了全球变暖。俄罗斯以外的科学家可以通过遥感技术搜集他们所需要的一些相关信息，但很少有卫星能可靠地跟踪北极的甲烷排放。①

俄罗斯于2023年卸任北极理事会轮值主席国。未来两年挪威担任轮值主席国，预计俄罗斯很难恢复其与其他北极七国在北极理事会下的科学研究合作，即便俄乌冲突结束，俄乌冲突造成的地缘政治紧张局势和国家间信任危机也将会影响北极科技治理机制的有效性。北极理事会、国际北极科学委员会、北极科学部长级会议等北极主要多边科技治理行为体都发布声明表达对俄罗斯的谴责，并且以不允许俄罗斯参加会议、暂停国际合作等多种方式于平台中抵制俄罗斯参与北极科技治理。对俄罗斯而言，其他北极七国在北极理事会发布的联合声明宣判了俄罗斯与其他北极国家无法达成国际科学合作。就目前形势来看，俄罗斯与北极七国原有的友好科学伙伴关系不复存在，进行中的科学合作项目受到很大冲击，由于科考区域封闭，关键科学数据不再共享，很可能降低北极科研质量。

2023年俄罗斯修订的新版北极政策删除了俄罗斯与北极理事会合作的内容，并删除“多边区域合作模式框架”，代之以“在双边基础上发展与外国的关系”。俄罗斯不再寄望于迅速恢复其在北极多边科技治理机制中的国际合作，而是转向发展新的双边科技治理对话机制，中国等北极域外国家是俄罗斯潜在的合作对象。

（二）多边协商机制数量增多，共同推动科技治理进程

在新形势下，受域内外国家推动，北极治理机制纷纷寻求变化。以美国为首的北极七国强调北极多边治理平台的重要性。由美国、加拿大、丹麦、

---

① “Russia’s War in Ukraine Forces Arctic Climate Projects to Pivot,” https://media.nature.com/original/magazine-assets/d41586-022-01868-9/d41586-022-01868-9.pdf.

冰岛、瑞典五国代表，以及来自阿留申国际协会、北极阿萨巴斯卡人理事会、哥威迅人国际理事会、因纽特人北极圈理事会和萨米理事会的原住民代表于 2023 年举行会议，美国代表、参议员穆尔科斯基表示“除北极理事会外，北极地区议员常设委员会也是一个非常重要的机构”①。俄罗斯在结束北极理事会轮值主席国任期后，对北极理事会等其他北极七国参与的治理机制态度冷淡，期望发展新的双边国家行为体关系。2023 年 5 月，挪威从俄罗斯手中接过北极理事会轮值主席国的位置，北极治理或有可能迎来新转机。挪威将在未来两年加强与北极经济理事会、北极海岸警卫队论坛（Arctic Coast Guard Forum）的合作，且北极理事会、北极经济理事会和北极海岸警卫队论坛在 2023~2025 年的轮值主席国均为挪威，通过 3 个国际行为体的协作，挪威将在海洋划区管理工具、气候变化、可持续经济发展等优先领域推进北极治理进程。例如北极地区议员常设委员会、极地科学亚洲论坛、北方论坛、北极圈论坛。

北极地区议员常设委员会（Standing Committee of Arctic Parliamentarians）由北极国家的代表和欧洲议会议员参会。自 1998 年以来，其在北极理事会拥有观察员地位。近年来北极地区议员常设委员会关注到了北极科学问题。北极议员常设委员会在 2022 年 3 月俄乌冲突爆发后，曾发布声明表示由于俄罗斯对乌克兰的军事行动决定暂停近期计划，但俄罗斯对此表示反对。

《极地研究国际合作参与方案谅解备忘录》（The International Cooperative Engagement Program for Polar Research Memorandum of Understanding）于 2020 年 11 月 27 日生效。该谅解备忘录确立了适用于从基础研究到开发、测试以及评估的一般规定，以提高合作伙伴在极地地区进行安全有效运行的能力。参与方包括加拿大国防部、丹麦国防部、芬兰国防部、新西兰国防军、挪威国防部、瑞典政府和美国国防部。该备忘录创立了一个覆盖南冰洋及北极地区的合作论坛，7 个参与国可以在此发起、开展和管理极地研究项目，安排配套物资和设备共享。该备忘录还将促进信息交流，以协调参与国所提出的

① “Murkowski Hosts SCPAR Conference, Emphasizes U. S. Role as an Artctic Nation,” https://www.murkowski.senate.gov/press/release/murkowski-hosts-scpar-conference-emphasizes-us-role-as-an-arctic-nation.

国防和国家安全要求，并更好地确定今后合作的计划。

极地科学亚洲论坛于 2004 年 5 月由中国、日本、韩国的极地研究机构在上海共同组织发起，旨在加强亚洲国家在极地科学考察和研究方面的合作与交流，提升亚洲国家在极地科学考察和研究方面的国际地位。截至 2022 年底，已有中国、日本、韩国、印度、马来西亚和泰国 6 个正式成员国，以及澳大利亚、印尼、菲律宾、越南、土耳其等观察员国。近几年来，极地科学亚洲论坛一直致力于提高其国际地位。2016 年，它与国际北极科学委员会和南极研究科学委员会签署了三方协议。

（三）全球性议题重要性上升，促使科技治理机制转型

气候变化对北极地区的影响日益突出，北极地区亟须运用最新的科学认知应对气候变化带来的挑战，气候变化问题是北极科技治理的重中之重。此外，《国家管辖范围以外区域海洋生物多样性条约》（以下简称《公海条约》）将对北冰洋公海治理提出新要求，《公海条约》的缔约方大会可能会与北极现有治理机制进行协调与衔接，基于科学数据的北冰洋区域治理将进入新阶段。

1.《公海条约》推动北极科技治理机制下划区管理工具议题发展

除俄乌冲突外，2023 年 3 月落下帷幕的国家管辖范围以外区域海洋生物多样性养护和利用的新协定政府间谈判宣告了国家管辖范围以外区域海洋生物多样性养护即将进入新阶段，对于北极地区而言，北冰洋公海区域将适用新的《公海条约》，北极治理多行为体高度关注北极地区海洋划区管理工具议题的发展，北极理事会轮值主席国挪威明确将“海洋”作为未来两年北极理事会的优先事项之一，并将“进一步发展北极地区合作，以开发能够适应气候变化的海洋管理工具，开发一个数字环境图集用以分析海洋环境数据”“将采取措施以更好保护依赖冰雪的物种及生态系统，并且发展北极海洋保护区网络及其他划区管理工具”，[①] 预计北极划区管理工具相关议题将会快速发展。

① “Norway's Chairship-Arctic Council 2023-2025,” https://oaarchive.arctic-council.org/items/7f64630d-cc5f-4d38-baa4-178c72a63293.

2. 气候变化等全球性议题给域外国家参与北极治理的机会

北极地区变暖的速度几乎是全球其他地方的近 4 倍，[①] 气候变暖对北极的影响是全方位的。积雪融化、永久冻土融化和海冰迅速融化增加了北极及其资源的可及性。北极地区变暖还对北极脆弱的生态系统产生了不利影响，从而影响北极原住民的生活方式。例如，北极气候变化会影响驯鹿的饲养模式，牧民需要在日常放牧中纳入多种适应策略，北极气候适应措施与原住民生活方式及文化之间的协调成为北极治理中的新问题。[②] 在塑料污染问题方面，继 2021 年 3 月冰岛和北欧部长理事会成功主办首届北极和次北极地区塑料问题研讨会后，冰岛于 2023 年 11 月举办第二届北极和次北极地区塑料问题研讨会。研讨会将评估北极和亚北极地区塑料污染的现状和性质，并讨论其对生态系统和社区的影响，并重点讨论可能缓解的方法及其实施方式，并为正在进行的塑料污染国际协议谈判做出贡献。[③]

受 2021 年联合国气候变化格拉斯哥大会及《格拉斯哥气候协议》出台、北极国家新发布的北极战略对气候变化议题重视等多方面因素的影响，气候变化议题再度成为北极治理的核心议题之一。相较于俄乌冲突给北极科学合作带来的阻碍，人类社会所面临的气候变化及其给北极地区乃至整个地球所带来的挑战才是更为根本性的问题，应对北极气候变化的挑战需要国际社会所有利益攸关方的共同行动。挑战往往伴随着机遇，气候变化给国际社会提供了合作共赢的机会，基于北极问题的特性和北极治理的需求，国际合作是应对北极地区挑战的唯一出路，域外国家基于气候变化问题的全球性影响从而获得参与北极应对气候变化治理的机会。[④]

---

① 《北极变暖速度近 4 倍于世界其他地方》，http：//kjc. cqu. edu. cn/info/1103/10176. htm。

② “Vulnerability in the Arctic in the Context of Climate Change and Unceraintty，” https：//www. thearcticinstitute. org/vulnerability-arctic-context-climate-change-uncertainty/.

③ “Second International Symposium on Plastics in the Arctic and Sub-Arctic Region，” https：//www. arctic plastics. is/about.

④ 陈奕彤、刘惠荣、王晨光：《在地缘博弈与全球治理之间的北极》，载刘惠荣主编《北极地区发展报告（2021）》，社会科学文献出版社，2022，第 20 页。

四　当前形势下中国参与北极科技治理的建议

北极科学认知是我国参与北极国际治理的基础和前提，我国只有加快提升北极综合科学认知能力，发挥自身优势，以参与北极科技治理为切入点，才能深度参与北极治理。正如《中国的北极政策》白皮书中所说："北极问题已超出北极国家间问题和区域问题的范畴，涉及北极域外国家的利益和国际社会的整体利益。"① 其一，掌握北极前沿科学共识，有助于提早为相关议题国际规则制定做好准备。其二，借助科技优势生成北极知识，有助于借助科技创新优势参与北极区域国际规则制定。

（一）抓住与俄罗斯开展双边科学合作的时机，注意参与多边科技治理广度和深度

2023 年 3 月 20～22 日，中国国家主席习近平应俄罗斯总统普京邀请，对俄罗斯进行国事访问。会见后，两国元首签署《中华人民共和国和俄罗斯联邦关于深化新时代全面战略协作伙伴关系的联合声明》（以下简称《联合声明》）。《联合声明》指出："双方将继续加强在海洋科学研究、海洋生态保护、海洋防灾减灾、海洋装备研发等领域合作，持续深化在极地科学研究、环境保护和组织科考等方面务实合作，为全球海洋治理贡献更多公共产品。"②

《加强北极国际科学合作协定》使北极国家形成了科学垄断同盟，北极理事会为北极国家垄断北极科学研究提供了制度保障。中国作为《加强北极国际科学合作协定》的非缔约方，其科研权限较北极八国有明显的差

① 《中国的北极政策》，中国政府网，https://www.gov.cn/xinwen/2018-01/26/content_5260891.htm。

② 《中华人民共和国和俄罗斯联邦关于深化新时代全面战略协作伙伴关系的联合声明》，中国外交部网站，http://www1.fmprc.gov.cn/wjb_673085/zzjg_673183/xws_674681/xgxw_674683/202303/t20230322_11046188.shtml。

距，在科考区域开放、科考设备和基础设施获取、科研成果共享方面均遭受到了北极八国的排挤。中国在北极理事会科技事务中的话语权提升受到北极理事会权力结构的阻碍，中国不享有《加强北极国际科学合作协定》赋予的科技优势。面对北极科技治理“门罗主义”的趋势，中国加强与北极国家的合作显得格外重要。中国科学家在北极理事会任务组及工作组的人员数目、提案数量、参与次数普遍偏少，影响力有待提升。北极国际合作计划对我国北极考察向纵深发展具有重要意义。中国在开展与俄罗斯双边科学合作的过程中，可以充分利用“雪花”国际北极站（Snowflake International Arctic Station）。“雪花”国际北极站是俄罗斯莫斯科物理技术学院（Moscow Institute of Physics and Technology）主导运行的科研项目，该科考站完全由可再生能源（氢能）运行，俄罗斯正利用该科考站积极寻求国际合作。

（二）拓展开展科学合作的科学考察、资金资助和数据共享渠道

中国参与北极治理以科学先行，在北极治理新态势的局面下，中国应拓展以科学考察、资金资助和数据共享为切入点的多渠道科学合作方式。第一，开展联合科学考察。中国与其他国家组团进行北极联合科考，有助于在短时间内形成规模优势，以减弱北极科学合作制度歧视可能造成的不利后果，缩小与北极八国科研梯队的差距。第二，为北极国际科研活动提供资金资助，特别考虑资助冰岛、丹麦、瑞典、芬兰等北欧国家。中国可以考虑利用与其他国家联合举办的一系列论坛探讨以资金参与北极科学合作的方式，比如中加北极论坛、中美北极论坛、中国—北欧论坛。另外，中国应重点关注在北极科学部长级会议倡议下新设立的北极科学基金论坛这一多边平台。第三，依托项目和研究站、破冰船等基础设施实现共享科学数据的合作方式。例如，加拿大高纬度北极研究站（Canadian High Arctic Research Station）欢迎来自世界各地的科学家，丹麦的格陵兰气候研究中心、马尼托巴大学和奥胡斯大学参与北极科学伙伴关系，冰岛战略提出建立“与阿克雷里大学相关的国际北极中心”。瑞典所有研究船的探险活动都向国际研究

人员开放，而且大多数考察是与其他国家合作进行的。芬兰的大学和研究机构开放合作机会，并且提供可以选择的筹资方案。丹麦海洋研究中心（Danish Centre for Marine Research，DCH）为丹麦皇家海军的船舶租赁和所有海洋研究考察提供支持，以促进和加强丹麦海洋研究为目标。丹麦海洋研究中心对申请人的公民身份、研究机构的注册地址或研究活动的地理区域没有要求，评估申请的依据是该项目是否有利于丹麦的海洋研究。[①] 中国分别于 2004 年和 2018 年在挪威和冰岛建立了北极黄河站和中-冰联合考察站。自 2013 年以来，中冰岛联合北极科学天文台（CIAO）、中北欧北极研究中心（CNARC）、中芬兰北极空间观测联合研究中心已经建立和开发了数据共享服务。中国若能进一步依托基础设施和共享数据与北极域内国家达成合作，在一定程度上可以消解《加强北极国际科学合作协定》的“门罗主义”影响。

五 结语

北极航道治理、能源开发利用、环境保护等北极治理多领域离不开科学研究和技术创新。科学研究成果是北极政策和法律生成的重要依据，认知共同体将基于相同的科学认知对相关议程进行制度安排。科学技术创新能够扩展治理地域范围，比如核动力破冰船技术扩大了北极航运治理的地域范围。在俄乌冲突持续、气候变暖、科技快速发展的新形势下，参与北极科技治理的新主体数量增多，而原有多边协商平台有效性有待观察，北极科技治理很可能将发展出由俄罗斯主导的新双边对话机制。

① “International Collaboration and Cooperation Opportunities,” https://asm3.org/library/Files/ASM3_International_Opportunities.pdf.

B.3

北极国家科学外交的发展动态和中国应对*

周文萃**

摘　要： 全球气候变暖、海平面上升等问题仍在持续，国际社会参与北极治理的意愿日益上升。然而俄乌冲突影响北极地区的安全稳定态势，北极理事会也因此陷入停滞状态，北极域内国家形成了“七对一”的对抗格局，北极区域治理面临巨大挑战。科学外交作为低敏感度的领域，对北极国家来讲不失为实现北极可持续发展、重启北极合作的优先选择。北极国家开展北极科学外交主要集中在科学基础设施、科学教育合作、具体领域的科学合作三个方面。受制于当前北极地区复杂的地缘政治环境，一些具体合作项目进度缓慢，部分科学合作甚至中断，北极国家之间缺乏科学合作的信任基础，科学外交受到阻碍。中国作为地理位置上的近北极国家，有必要梳理北极国家科学外交的最新动态，把握北极地区科学研究前沿，从而为日后开展北极科学外交、参与北极治理制定符合中国国情的外交战略。

关键词： 北极国家　科学外交　科学合作　北极治理

外交是主权国家以和平方式通过对外活动实现其对外政策目标、维护

* 本文为国家社科基金“海洋强国建设”重大专项课题（20VHQ001）的阶段性成果。

** 周文萃，中国海洋大学法学院国际法专业博士研究生。

国家利益、扩大国际影响和发展同各国关系的行为。外交在不同时代有不同的内涵和表现方式，传统外交是以主权国家为主体，通过正式代表国家的机构与人员对外行使主权、处理国际关系和参与国际事务的官方行为；而在全球治理大变革的时代，外交的参与主体从国家行为体拓展至非政府组织、跨国公司甚至是有影响力的个人，外交领域也扩展至文化、科学和社会等领域，形成了“二轨外交”[①] 的局面。科学外交是国家总体外交的重要组成部分，是国家国际战略的体现。[②] 英国皇家学会在《科学外交的新领域》中将科学外交划分为三种类型：一是外交中的科学，即为外交政策目标提供科学建议；二是为促进国际科学合作而进行外交；三是利用科学合作改善国家间的关系。[③] 北极科学外交是对北极地区传统外交的细化和发展，它反映了全球治理日益深化背景下北极地区外交实践的多元化。虽然学界并未对北极科学外交进行明确、统一的界定，但北极域内外国家在参与北极事务的过程中逐渐形成了多层次、多领域的科学外交政策与实践，涉及气候变化与环境保护、基础设施建设、能源开发等多个方面。

然而由于北极特殊的地缘环境，对北极地区独特的气候环境、自然资源及其发生机理进行科学研究往往是北极国家社会经济发展的自我需求，也是北极域外国家参与北极事务的优先选择。在当前俄乌冲突、国际合作环境面临巨大压力与挑战的形势下，大多数北极国家在其北极战略中仍支持通过开展国际合作以促进北极地区的可持续发展。[④] 中国在地理位置上是“近北极

① “二轨外交”是从外交行为实践体的角度对外交进行的分类，是一种特殊的非官方外交。如果将政府间的官方渠道定义为“一轨外交”、官方外交，那么“二轨外交”是指通过学者、退休官员、公共人物、社会活动家、非政府组织等多种渠道进行交流，通过民间友好往来加强相互信任，待政治氛围成熟后，进一步将民间成果和经验向官方外交的轨道转化，从而推动真正影响大局的“一轨外交”的顺利进行。

② 张蛟龙：《科技外交：发达国家的话语与实践》，《亚太安全与海洋研究》2023 年第 2 期。

③ “New Frontiers in Science Diplomacy：Navigating the Changing Balance of Power，” https：//royalsociety. org/.

④ K. Everett，B. Halašková，“Is it Real? Science Diplomacy in the Arctic States’ Strategies，” *Polar Record*，58（2022）：1.

国家”，参与北极事务历史悠久，科学研究一直是中国参与北极事务的优先事项。在全球治理格局变化的背景下，本文将立足2022年并回溯近年来北极域内主要国家有关科学外交的政策和实践，并结合中国实际，为中国如何在北极地区以科学外交为契机参与北极事务提出建议。

一　北极国家科学外交现状及发展态势

通过研究北极国家2020～2022年发布的北极战略，可以发现北极科学外交主要有三种不同形式，分别是：科学基础设施建设；政府或议会间的科学或教育组织网络；具体领域的科学合作。[①] 这三种形式涵盖了能源开发、气候变化和环境保护、原住民权益等领域。这种分类是以具体表现形式为标准开展的分析，是从微观视角切入，重在分析具体政策和实践。而前述英国皇家学会是以科学外交的目的为分类标准，从宏观角度出发，侧重对科学外交的定性分析。相比而言，以具体表现形式为标准的分类更能体现当前北极地区科学外交的发展态势。

（一）北极国家的科学外交现状

1. 科学基础设施建设

科学基础设施是北极国家开展科学外交的必要条件，2020年以来北极国家在科学基础设施建设方面开展多项行动：丹麦与俄罗斯、瑞典等国家共用破冰船开展大陆架研究项目；在格陵兰建立NunaGis系统，将数字地图中收集的格陵兰岛的基本信息接入国际空间数据基础设施系统。[②] 俄罗斯国家科学中心北极和南极研究所为俄罗斯与欧洲其他国家的联合考察提供基础设

---

① K. Everett, B. Halašková, “Is it Real? Science Diplomacy in the Arctic States' Strategies,” *Polar Record*, 58 (2022): 1.

② “Denmark, Greenland, and the Faroe Island: Kingdom of Denmark Strategy for the Arctic 2011-2020,” https://www.uaf.edu/caps/resources/policy-documents/denmark-strategy-for-the-arctic-2011-2020.pdf.

施，以高纬度北极考察队为主要力量对北极偏远地区和高纬度岛屿的气象站和漂流浮标进行水文气象观测；2020 年俄罗斯建设了配备 15 个科学实验室的“北极”号防冰自行式平台，能够满足全年开展研究的需求；[①] 2021 年俄罗斯筹划建造的“雪花”国际科考站预计将于 2024 年正式启动并成为国际研究中心。芬兰建立了覆盖北极地区的国际外来入侵物种门户网站，以改善相关信息的获取并加强对北极外来物种的研究；2020 年以来芬兰致力于改善遥感和卫星导航在北极区域范围的覆盖能力，推动电信、监测气候变化和环境以及北极运输等领域的基础设施建设，确保在北极地区提供高性能的电信网络和数字服务。[②] 瑞典破冰船“奥登”号多年来一直与加拿大、美国和德国进行联合科考，目前瑞典也在规划建设同“奥登”号具有相同功能、可替代性的极地研究平台。[③]

2022 年 2 月以来，受俄乌冲突影响，科学基础设施的建设与共享受到阻碍，主要体现为北极七国与俄罗斯之间的相互对抗。俄罗斯暂停了“北纬通道”铁路建设，原定于 2024 年交付使用的“雪花”国际北极站由于建设进度缓慢面临交付困难。除此之外，非官方合作也受到影响，俄罗斯拒绝美国科学家使用俄罗斯科考船。但同时北极八国在俄乌冲突的影响下开始各寻出路，俄罗斯开放北极 Tiksi 港口以刺激北方海航道的运营，[④] 并计划在 2023 年继续推进与越南在“俄罗斯—越南热带研究和技术中心”的生化联合实验室建设以解决海洋水域的二噁英等问题。[⑤] 美国在俄罗斯核动力破冰船的压力下开始建造“极地哨兵”号新破冰船，并且在 2023 年 5 月将俄罗

① Nina Lavrenteva University of Liège, “Polar Research in Russia,” https://www.europeanpolarboard.org/fileadmin/user_upload/October2021_V1_Russian_Polar_research_Report_Lavrenteva.pdf.

② Finnish Government, “Finland’s Strategy for Arctic Policy,” https://www.europeanpolarboard.org/fileadmin/user_upload/Finland_Arctic_Strategy_2021.pdf.

③ Government Offices of Sweden, “Sweden’s Strategy for the Arctic Region,” http://regstat.regeringen.se/contentassets/667c519d7b8042e9bfe4e5f5d0a13255/swedens-strategy-for-the-arctic-region-2020/.

④ 《北极 Tiksi 港向外国船只开放，以刺激沿北方航道的投资》，极地与海洋门户网，http://www.polaroceanportal.com/article/4704。

⑤ 《俄罗斯和越南计划在北极科学站进行联合研究》，极地与海洋门户网，http://www.polaroceanportal.com/article/4620。

斯核动力破冰船公司 FSUE Atomflot 列入制裁名单。[①] 北极地缘政治格局的变化给科学基础设施的建设与共享带来了阻碍。

2. 政府或议会间的科学或教育组织网络

开展北极科学教育合作是各国科学外交的重要途径，当前各国之间仍在延续或启动一些教育合作。2020 年以来加拿大加强了对北极理事会常设秘书处的资助、增加了北极大学在加拿大北部的活动和规划，以扩大北方人民参与北极理事会和北极研究的机会，为北方和北部地区青年提供国际学习机会；在努纳武特建立高北校园研究站，吸纳世界各地的科学家参与北极研究；支持包括原住民知识持有者在内的极地研究人员开展国际科学和研究合作项目。[②] 丹麦目前使用的仍然是 2011 年颁布的北极战略，但其具体的科学外交实践一直在延续。丹麦十分重视在北极以知识为基础的成长和发展，丹麦联合北极大学为北极学生提供丰富课程；格陵兰与美国、加拿大以及欧盟开展了教育、语言等方面的国际培训与合作交流，每年从欧盟获得资金用于社会需求最大的特殊教育活动；在康克鲁斯瓦格和西格陵兰岛迪斯科岛北极站举办暑期研究学校教授地质学、生物学等科学课程；哥本哈根大学和一些中国大学的合作集中在自然科学领域，丹麦工业大学和哈尔滨工业大学开展了北极技术方面的初步合作。[③] 俄罗斯在《2021 俄罗斯北极研究》中提到俄罗斯国家科学中心北极和南极研究所与土耳其极地研究所签署谅解备忘录以在极地地区开展科学和后勤工作；俄罗斯科学院、尤梅夫大学北极研究中心等机构与中国的大学签署框架协议建立了广泛的合作关系，自 2012 年起中国科学院即与俄罗斯水文科学院联合开展“北极漂浮大学”项目；莫斯科物理技术研究所在北极理事会可持续发展工作组启动了“北极氢能应用与示范”

---

① 《俄罗斯国家核动力破冰船公司被列入美国制裁名单》，极地与海洋门户网，http://www.polaroceanportal.com/article/4672。

② Government of Canada, “Canada’s Arctic and Northern Policy Framework,” https://rcaanc-cirnac.gc.ca/eng/1560523306861/1560523330587.

③ Ministry of Foreign Affairs of Denmark, “Denmark, Greenland, and the Faroe Island: Kingdom of Denmark Strategy for the Arctic 2011-2020,” https://www.uaf.edu/caps/resources/policy-documents/denmark-strategy-for-the-arctic-2011-2020.pdf.

项目；在摩尔曼斯克地区建立跨学科科学和教育实地站网络。① 芬兰自2021年起在国内培养了大量高质量北极研究者，并依靠“地平线欧洲”计划、欧盟结构基金和北欧研究资助科学研究。② 冰岛的阿库雷里大学是北极大学的一部分，2021年该大学同极地法研究所合作开设极地法硕士课程，由冰岛和挪威外交部共同资助设立北极研究客座教授。③ 瑞典重视利用各种平台和网络开展北极研究和国际教育合作，2020年以来在俄罗斯、美国、加拿大、丹麦、挪威范围内由五所大学组成了以北极可持续发展、教育和创新为目的的高等教育网络；积极参与北极大学在全球范围内开展的加强北极相关研究和教育合作的项目；与加拿大、俄罗斯和其他北欧国家开展旨在促进北极八国学生和研究人员交流的南北交流计划；与欧盟合作寻求北极研究的高等教育资金。④ 挪威的一些大学和机构与美国的研究机构和行政机构有长期的、充满活力的合作项目，积极推动以知识为基础的北极国际辩论。⑤

俄乌冲突爆发以来，各国根据北极形势变化也采取了不同的行动：美国在2022年《北极地区国家战略》报告中鼓励政府培育跨部门联盟和创新理念来应对北极的机遇和挑战；联合国内外私营、学术和非政府部门整合有关气候变化和环境保护的知识和资源；建立私营部门联盟，鼓励学术界和公民联合州和地方部落积极创新，利用泰德·史蒂文斯北极安全研究中心等机构设立政府间教育网络，推进北极领域专业知识与合作。⑥ 加拿大极地知识组

---

① Nina Lavrenteva University of Liège, “Polar Research in Russia,” https://www.europeanpolarboard.org/fileadmin/user_upload/October2021_V1_Russian_Polar_research_Report_Lavrenteva.pdf.

② Finnish Government, “Finland's Strategy for Arctic Policy,” https://www.europeanpolarboard.org/fileadmin/user_upload/Finland_Arctic_Strategy_2021.pdf.

③ Government of Iceland Ministry for Foreign Affairs, “Iceland's Policy on Matters Concerning the Arctic Region Parliamentary Resolution 25/151,” https://www.government.is/library/01-Ministries/Ministry-for-Foreign-Affairs/PDF-skjol/Arctic%20Policy_WEB.pdf.

④ Government Offices of Sweden, “Sweden's Strategy for the Arctic Region,” http://regstat.regeringen.se/contentassets/667c519d7b8042e9bfe4e5f5d0a13255/swedens-strategy-for-the-arctic-region-2020/.

⑤ Norwegian Ministries, “The Norwegian Government's Arctic Policy—People, Opportunities and Norwegian Interests in the Arctic,” https://faolex.fao.org/docs/pdf/nor203001.pdf.

⑥ The White House, “National Strategy for the Arctic Region,” https://www.whitehouse.gov/wp-content/uploads/2022/10/National-Strategy-for-the-Arctic-Region.pdf.

织拟在 2023 年利用加拿大高纬度北极研究站进一步创造和传播知识，进行跨学科的科学研究和技术开发以应对北方快速的环境变化；到 2025 年将该组织建设成为国际极地研究界在加拿大的关键联络点以吸引国际人才，为加拿大参与极地规则的制定提供知识产品。俄罗斯为发展北极航道、寻求合作伙伴，开始在莫斯科国际关系学院开设汉语课程等。尽管当前北极地缘政治环境并不稳定，但科学教育合作一般由大学、科研机构等非官方机构组织开展，与其他科学外交形式相比受地缘局势变化的冲击较小。

3. 具体领域的科学合作

北极国家科学外交最直接的表现就是在各具体领域的科学合作，受新冠疫情影响，自 2020 年起一些领域的合作进度缓慢，但目前正在有序恢复并推进：美国在 2021 年与加拿大合作升级了包括卫星、地面雷达和空军基地在内的北美航空航天防御计划，这一计划在美国《2022 年国防战略》中仍然被重点强调，并且相关合作一直在完善；在拜登政府重拾气候变化议题后，美国自 2021 年开始收集有关气候变化和区域极端事件的数据，同国际社会开展了永久冻土融化造成的潜在排放和健康威胁问题研究；① 美国在《2022 年美国能源部北极战略》中提到将与北极国家开展学术合作以推进北极能源的开发利用。② 加拿大根据《北极和北方政策框架》，自 2020 年开始为气候变化和环境保护提供研究资金，关注北极原住民群体的利益，强调在国际极地和科学研究合作中充分纳入原住民知识以维护原住民权利；倡议在北极和北方地区开发和部署可再生能源和替代能源技术。③ 瑞典在 2020 年与加拿大、丹麦等国在极地研究和物流方面开展国际合作；与英国和美国联

---

① The White House, “National Strategy for the Arctic Region,” https://www.whitehouse.gov/wp-content/uploads/2022/10/National-Strategy-for-the-Arctic-Region.pdf.

② Department of Energy, “U.S. Department of Energy Arctic Strategy,” https://www.energy.gov/sites/default/files/2022-11/DOE_Arctic_Strategy_202211_1.pdf.

③ Government of Canada, “Canada’s Arctic and Northern Policy Framework,” https://rcaanc-cirnac.gc.ca/eng/1560523306861/1560523330587.

合开展冰川和海底方面的海洋研究。① 挪威在2020年参加了与欧盟“地平线欧洲”计划、“伊拉斯谟+”等项目相关的教育、培训、青年和体育项目；挪威还参与了包括伽利略和EGNOS卫星导航项目、哥白尼地球观测项目、GOVSATCOM卫星通信和空间态势感知等项目在内的欧盟空间方案。②

而自2022年2月以来，受俄乌冲突影响，一些具体合作项目被中断：美国暂停了和俄罗斯关于穿越阿拉斯加楚科奇海前往俄罗斯弗兰格尔岛的北极熊的联合科学研究；挪威国家石油公司、美国埃克森美孚石油公司暂停或终止了和俄罗斯的资源合作开发，涉及“北溪2号”“库页岛液化天然气2号”“萨哈林1号”等多个项目。俄罗斯船只不能访问阿留申群岛南部边缘的红鲑鱼渔业区等区域进行海上数据收集。瑞典、挪威等国踊跃参与欧盟“2023~2024地平线欧洲计划”。具体领域的科学合作呈现停滞与发展并存的局面。但与此同时北极国家还存留了一些合作，尽管2022年北极地缘环境较为特殊，加拿大仍然与俄罗斯就北极发展迅速变化的方面（如海冰减少、永久冻土融化和土地侵蚀等科学合作问题）重启了双边定期对话。

（二）北极国家科学外交发展态势分析

通过梳理北极国家近3年来的北极战略和具体实践可以看出，各国在其政策和实践中都不同程度地体现了科学外交，但是各国的侧重点和发展态势各不相同，主要有以下几个特点。

1. 科学基础设施的建设与共享相对薄弱

2020年以来，北极国家颁布的战略中几乎很少提到科学基础设施的共享，共享更多地体现在各国的具体实践中。在缺乏政策指导的情况下，各国之间的共享全凭意愿。以美国为例，美国在2022年《北极地区国家战略》报告中几乎未提到有关科学基础设施的共享。但美国自身的破冰船建设能力

① Government Offices of Sweden, “Sweden's Strategy for the Arctic Region,” http://regstat. regeringen. se/contentassets/667c519d7b8042e9bfe4e5f5d0a13255/swedens-strategy-for-the-arctic-region-2020/.

② Norwegian Ministries, “The Norwegian Government's Arctic Policy—People, Opportunities and Norwegian Interests in the Arctic,” https://faolex. fao. org/docs/pdf/nor203001. pdf.

相对落后，“北极星”号是美国现有的唯一的重型破冰船，新的极地破冰船建设面临迟延交付。[①] 美国也尚未建设容纳大型军事船只的北极深水港，唯一的港口位于格陵兰的图勒空军基地。而破冰船和深水港口作为开展北极科考的重要工具和设施，在如今与俄罗斯因俄乌冲突陷入对峙的局势下，美国与俄罗斯合作使用核动力破冰船、借靠俄罗斯北方深水港的可能性微乎其微。在科学基础设施的建设与共享方面，北极国家的合作还有待加强。

2. 科学或教育组织网络建设是北极国家科学外交的重点领域

借助科学或教育组织网络开展科学外交是对传统外交的突破，这种集合大学、科研机构等非政府组织参与的外交形式实质上是一种“民间外交”，是对官方外交的补充。受 2020 年新冠疫情的影响，北极科学合作受现实条件制约进展缓慢，俄乌冲突的爆发使北极国家之间的科学合作形势更加不容乐观。当前北极国家科学基础设施共享意愿低、具体领域的科学合作陷入低谷，但科学教育合作在各国教育机构的推动下仍在继续。2022 年以来，挪威生命科学大学和南丹麦大学合作开设了北欧化学和环境法医学课程；[②] 芬兰拉普兰大学资助了“萨米人和欧盟双边关系及其对欧盟环境法和政策的影响”项目；[③] 瑞典于默奥大学设置了生态学和环境科学的合作项目旨在了解、量化不同菌根植物如何影响北极苔原植物和土壤相互作用；[④] 挪威北极大学在 2022 年 9 月举办了“北极甲烷国际会议”旨在聚集从事北极甲烷及

---

① 《美国新破冰船推迟至 2027 年，俄罗斯订购第 6 和第 7 艘核破冰船》，极地与海洋门户网，http://www.polaroceanportal.com/article/4515。

② “Nordic Master's Programme in Chemistry with a Specialization in Arctic Environmental Forensics,” https://www.uarctic.org/news/2022/11/nordic-master-s-programme-in-chemistry-with-a-specialization-in-arctic-environmental-forensics/.

③ “Funding for a New Research Project, ‘The Evolving Relationship between the Sámi People and the European Union and Its Effects on the EU Environmental Law and Policy’,” https://www.uarctic.org/news/2022/12/funding-for-a-new-research-project-the-evolving-relationship-between-the-sami-people-and-the-european-union-and-its-effects-on-the-eu-environmental-law-and-policy/.

④ “Position Announcement: Postdoc in Plant-soil Interactions in Arctic Tundra,” https://www.uarctic.org/news/2022/9/position-announcement-postdoc-in-plant-soil-interactions-in-arctic-tundra/.

全球碳循环研究的科学家讨论目前甲烷对北极环境和气候快速变化的反应和影响。[①] 从这些具体实践可以预见，未来科学教育合作仍然是北极国家科学外交的热点领域。

3. 具体科学领域的合作涉及内容多元化

2022 年之前，北极国家的具体科学合作领域主要集中在航空航天防御、永久冻土融化、新能源开发、海洋物理学、气象观测、大陆架开发等自然科学领域。随着 2022 年北极地缘政治环境发生变化，上述自然科学领域的研究仍在持续，但应对气候变化和环境保护、能源开发是重点合作领域。与此同时，研究领域开始向社会科学拓展，美国在 2022 年《北极地区国家战略》报告中将原住民作为其北极活动目标之一，加拿大对原住民的关注也贯穿其北极战略的始终。在未来科研领域中，对北极原住民的关注将会是重点研究内容。

4. 开展国际科学合作仍然是各国参与北极事务的优先选择

全球新冠疫情大流行、俄乌冲突长期持续使北极地缘政治环境更加不稳定，北极国家之间甚至“以邻为壑”，但科学作为低敏感度的事项仍然是各国在北极开展国际合作的优选。2022 年度只有美国更新了北极战略，美国北极研究委员会颁布的《2023—2024 年北极研究目标报告》中第五个目标就是研究合作，鼓励美国北极研究人员更多地参与国际合作。[②] 瑞典在其北极战略中提到极地考察费用昂贵，在目前北极域内外国家都开展高水平研究的背景下，极地国际合作至关重要，瑞典希望极地周边国家更多地参与合作。[③] 可以预见，各国对在科学领域开展国际合作的热度将只增不减。

① “CAGE International Conference: Methane in a Changing Arctic,” https://www.uarctic.org/news/2022/5/cage-international-conference-methane-in-a-changing-arctic/.

② United States Arctic Research Commission, “Report on the Goals and Objectives for Arctic Research 2023-2024,” https://www.arctic.gov/uploads/assets/arctic-research-2023-2024.pdf.

③ Government Offices of Sweden, “Sweden's Strategy for the Arctic Region,” http://regstat.regeringen.se/contentassets/667c519d7b8042e9bfe4e5f5d0a13255/swedens-strategy-for-the-arctic-region-2020/.

二　北极科学外交的区域发展动态

在俄乌冲突的影响下，北极国家之间的对峙导致北极理事会“停摆”，但科学合作仍然在多边交往中被保留下来，科学外交在不稳定的局势下缓慢推进。

（一）北极理事会框架下的科学合作

北极理事会在治理中设立了北极污染物行动计划工作组、北极海洋环境保护工作组、北极检测与评估计划工作组等 6 个工作组，涉及北极气候变化和环境保护、生物多样性、能源开发和社会发展等诸多方面。北极理事会为各国开展科学外交提供了重要平台，尤其在 2017 年颁布的《加强北极国际科学合作协定》更是加强了北极国家的科学合作及信息垄断程度。北极理事会在《北极理事会战略发展计划（2021～2030）》中强调了在北极各领域开展科学合作的重要性，并鼓励北极地区青年积极参与理事会工作；北极理事会也将与北极大学等科研机构合作，尽可能地向北极居民提供优质教育；北极理事会重视知识的交流和共享，促进不同知识体系的知识联合生产，重视科学、传统知识和地方知识并酌情加以利用，鼓励在国际论坛讨论北极问题时及时交换信息和意见。①

从具体实践来看，2021 年俄罗斯担任北极理事会轮值主席国以来，其主要目标之一就是促进科学活动和国际科学合作。尽管 2022 年 2 月俄乌冲突发生后北极理事会陷入“停摆”状态、所有高级别会议被搁置，但在此期间俄罗斯继续执行相关议程，在没有其他 7 个北极国家的参与下组织召开北极科学部长级会议；2022 年在莫斯科国立国际关系学院的倡议下，签署了一项关于组建北极政治和法律研究大学间联合会的协议。此外，俄罗斯在

① Arctic Council, “Arctic Council Strategic Plan 2021 to 2030,” https://oaarchive.arctic-council.org/bitstream/handle/11374/2601/MMIS12_2021_REYKJAVIK_Strategic-Plan_2021-2030.pdf?sequence=1.

北方可持续发展论坛的框架内签署了关于建立俄罗斯—亚洲北极研究联合会的协议。① 2022 年加拿大拉瓦尔大学和魁北克北方学院执行了北极理事会可持续发展工作组秘书处的任务，为保护和改善北极地区原住民和社区环境、经济、社会和健康工作提供支撑。② 2022 年 3 月有挪威学者建议在北极理事会暂时搁置科学外交和联合科学工作的形势下，挪威可以考虑参与主办第四届北极科学部长级会议；③ 4 月俄罗斯举办了第四届北极科学部长级会议，之后与挪威完成了北极理事会轮值主席国的交接。

2023 年美国科学外交中心主席发布的关于保护北极理事会的声明中指出，当前北极地区缺乏传统外交，从第四届北极科学部长级会议的召开可以看出新的外交途径正在出现，北极地区开放科学和加强国际北极科学合作有利于为第五届国际极地年活动的开展提供机会。④ 挪威在 2023 年 5 月召开北极理事会部长级会议前夕表示，在担任轮值主席国期间将把重心放在处理气候变化的影响、可持续发展及提高地区人民福祉等核心问题上，除了发展北极观测系统等自然科学基础设施外，还将重点发展人文科学领域，尤其北极原住民文化可能会给北极科学决策提供建议。⑤ 挪威担任轮值主席国后北极理事会将重新运作，但不可否认的是，北极理事会在促进北极国家科学外交方面仍然面临严峻挑战。当前俄乌冲突尚未结束，其他 7 个北极国家在传统外交层面上与俄罗斯仍然存在不同程度的分歧，俄罗斯在北极域外国家中积极寻求科学合作伙伴。尽管科学外交是一种敏感度较低的新型外交方式，但北极国家的科学外交受上述因素影响势必会面临更多不确定的挑战。

---

① 《俄罗斯已将北极理事会轮值主席国职权移交给挪威》，极地与海洋门户网，http://www. polaroceanportal. com/article/4666。

② "Job Opportunity: Executive Secretary, Secretariat of the Arctic Council's Sustainable Development Working Group (SDWG)," https://www. uarctic. org/news/2022/11/job-opportunity-executive-secretary-secretariat-of-the-arctic-council-s-sustainable-development-working-group-sdwg/.

③ 《北极科学的国际合作：挪威或将参与主办下一届北极科学部长会议?》，极地与海洋门户网，http://www. polaroceanportal. com/article/4182。

④ 《美国科学外交中心主席关于保护北极理事会的声明》，极地与海洋门户网，http://www. polaroceanportal. com/article/4646。

⑤ 《2023-2025 年挪威北极理事会轮值主席国的优先事项》，极地与海洋门户网，http://www. polaroceanportal. com/article/4642。

（二）国际北极科学委员会主导的科研合作

国际北极科学委员会（International Arctic Science Committee，IASC）是隶属于国际科学委员会的非政府间国际组织，旨在关注北极地区的国际科学合作，国际北极科学委员会主要负责促进科学活动、提供科学建议、保护北极科学数据并促进信息获得与交换、促进北极区域的国际开放和与相关科学机构互动以促进合作。

IASC 联合北极国家开展了丰富的科学研究与合作。目前 IASC 颁布的《2022—2023 年战略工作计划》是根据第三届北极研究规划国际会议的优先事项和总体信息制定的，该战略以科学支柱为基础，为知识生产、交流和成果转化提供方向，吸引了美国、加拿大、芬兰、俄罗斯、英国、德国等北极域内外国家的广泛参与。在科学基础设施和具体的科学合作领域上，2022 年 IASC 在俄罗斯建立了特殊海冰平台，召集瑞典、丹麦、挪威、加拿大等国家成立碳足迹行动小组以降低碳排放；[①] 开展了阿拉斯加分层污染和化学分析项目、海冰和雪在极地气候和生态系统中的作用、北极陆地研究和检测网络等项目；[②] 在教育科学组织和网络方面，2022 年 IASC 组织召开了北极冰川网络会议、北极基础设施社区会议、北极遥感技术和观测主题峰会等科学会议；[③] IASC 联合海冰学校在加拿大高纬度北极研究站举行涉及海冰物理学、海冰光学等方面的科学论坛，[④] 与挪威、瑞典、芬兰的大学合作成立北极五校联盟。除此之外，IASC 还关注社会科学的发展，IASC 联合北极域内国家对北极原住民的权利开展法律保护。

IASC 计划联合美国北艾奥瓦大学、阿拉斯加费尔班斯克大学和太平洋

---

① “Our Work/Action Groups,” https://iasc.info/our-work/action-groups.

② IASC State of Arctic Science Report, “IASC State of Arctic Science Report 2022,” https://iasc.info/about/publications-documents/state-of-arctic-science.

③ “ASSW2022: 2nd Circular,” https://iasc.info/news/iasc-news/921-assw2022-2nd-circular.

④ “BEPSII Sea-Ice School 2022 14-23 May 2022, CHARS Station, Cambridge Bay, Canada,” https://iasc.info/news/iasc-news/959-bepsii-sea-ice-school-2022-14-23-may-2022-chars-station-cambridge-bay-canada.

大学等学校于 2025 年举办第四届北极研究规划国际会议，该会议每十年组织一次，为北极科学研究界提供论坛平台，讨论确定国际和多学科科学的优先事项。第四届北极研究规划国际会议将确定跨学科和知识系统的重要研究问题和优先事项，并需要新的创新思维与合作；在气候动力学和生态系统的观测与预测、北极环境的脆弱性和复原力等问题上建立合作。[①] IASC 虽然是非政府组织，但其在北极科学外交中发挥着助推器的作用。IASC 的科学合作内容丰富、参与主体广泛，这些具体的实践项目有效地整合、利用北极域内外国家不同的优势资源，在保证各国充分参与北极事务的同时又助推北极科学发展。同时 IASC 主动牵头制订科学发展规划、启动科研项目、寻找科学合作伙伴，可以说 IASC 为北极国家开展科学外交提供了新的平台。

（三）北极科学部长级会议的新机遇

北极科学部长级会议是由北极理事会派生出来的新的组织机构，它给北极域内外国家提供了平等参与北极事务的话语权。北极科学部长级会议每两年举办一次，截至 2023 年 4 月底俄罗斯与挪威交接北极理事会轮值主席国之际，北极科学部长级会议已经召开四届。

在俄罗斯与北极七国仍然对峙的背景下，2023 年 4 月俄罗斯召开了第四届北极科学部长级会议，这也是俄罗斯担任北极理事会轮值主席国期间活动计划的一部分。这次会议讨论了国际科学合作和一体化等事项：俄罗斯提到北极的可持续发展需要全面的科学措施、各研究团队的协调行动和有效利用科学基础设施；确定了监测气候变化对北极生态系统的影响、研究永久冻土的退化和碳平衡问题是国际科学合作的优先任务；强调了联合协调行动才能在北极取得最好的结果。这次会议将目前北极研究的主要焦点和成果，包括改善北极人口生活条件和环境、适应高纬度地区的气候变化、生物多样性

① IASC State of Arctic Science Report, "IASC State of Arctic Science Report 2022," https://iasc.info/about/publications-documents/state-of-arctic-science.

保护、各国和各组织资助研究的方法和主要举措，以及研究中使用的基础设施等问题的相关信息形成了完整的数据库供政府机构、国际组织、北极地区原住民和其他科学和公共组织访问，同时也提出要从北极原住民中培训科研人员。俄罗斯外交部巡回大使兼北极理事会高级官员委员会主席尼古拉·科尔丘诺夫表示，在俄罗斯担任北极理事会轮值主席国期间，俄罗斯国内北极研究的基础进一步加强，科学联系的地理范围也有所扩大，俄罗斯将继续优先加强与其他有兴趣在北极地区进行科学合作的国家建立联系。①

在北极理事会尚未完全恢复运作的情况下，第四届北极科学部长级会议的召开无疑是北极国家开展科学外交的助推器。在俄罗斯担任北极理事会轮值主席国期间，尽管其他 7 个北极国家先后在不同程度上暂停了与俄罗斯的科学合作，但是俄罗斯也借助北极科学部长级会议的平台与北极域外有意愿通过科学外交参与北极事务的国家建立了合作关系。不排除俄罗斯在未来继续加强与北极域外国家科学合作的可能，这对北极域外国家来讲是开展北极科学外交的机遇，但同时也不可避免地会让其他北极七国感受到挑战甚至是威胁，因此北极科学部长级会议对各国开展北极科学外交来讲仍然是机遇与挑战共存。

（四）北极大学助推民间外交

北极大学（The University of the Arctic）由大学、学院、研究机构和其他与北极有关的教育和研究组织组成，旨在通过教育科研和宣传提高人们在北极的活动能力。北极国家是北极大学的重要支持者，除此之外，北极大学在全球建立了伙伴关系，同时与北极理事会、北极经济理事会、“北极前沿”等组织机构也有密切联系。

北极大学在 2022 年开展了丰富的实践：北极大学成员北海道大学于

① “4th Ministerial Meeting on the Development of Science in the Arctic Addresses International Scientific Cooperation in Northern Latitudes,” https://arctic-council-russia.ru/en/news/mezhdunarodnoe_nauchnoe_sotrudnichestvo_v_arktike/mezhdunarodnoe_nauchnoe_sotrudnichestvo_v_severnykh_shirotakh_obsudili_na_iv_ministerskoy_vstreche/.

2022 年 6 月组织召开“第七届北极研究国际研讨会”，对北极地理空间、气候变化、海洋和冰川、极地政治法律问题进行讨论。[①] 北极大学暑期学校为全球联盟成员开设了“北极海洋中的塑料——从来源到解决方案”课程。[②] 同年 10 月斯蒂芬森北极研究所举办了 JUSTNORTH 气候项目研讨会以探索利益相关者为北极经济决策带来的价值。[③] 北极大学研究主席 Jeff Welker 主持的“北极碳-水相互作用”项目得到芬兰科学院跨学科联合体的资助。[④] 联合拉普兰大学北极中心召开保护格陵兰冰盖会议。[⑤] 除此之外，北极大学积极推动北极基础设施的建设与共享，重新开放了位于格陵兰岛的哥本哈根大学北端的气候研究站。

北极大学从本质上来讲是一种“民间外交”的方式，这种新型外交在 2022 年北极国家官方外交面临危机的情况下，发挥了推进科学合作、缓和北极紧张局势的重要作用。北极大学主导下的科学外交参与主体范围广、合作内容丰富，北极大学计划在 2023 年召开北极可持续发展会议，重点关注北极能源开发、原住民权益等问题；同时开放更多的实习生岗位培养北极研究人才，并计划在奥地利举办北极科学高峰周，整合北极社区的研究团队以促进北极发展。北极大学建立的伙伴关系是全球性的，它广泛吸纳世界各地的教育组织机构参与北极事务。对北极国家来讲，北极大学相较于其他北极

---

① “Call for Abstracts: Seventh International Symposium on Arctic Research (ISAR-7),” https://www.uarctic.org/news/2022/8/call-for-abstracts-seventh-international-symposium-on-arctic-research-isar-7/.

② “Postdoctoral Position Available: Mercury Dynamics from the Holocene to the Anthropocene,” https://www.uarctic.org/news/2022/9/postdoctoral-position-available-mercury-dynamics-from-the-holocene-to-the-anthropocene/.

③ “Registration Call: JUSTNORTH Conference,” https://www.uarctic.org/news/2022/9/registration-call-justnorth-conference/.

④ “UArctic Research Chair Jeff Welker and Colleagues Receive Funding for an Interdisciplinary Academy of Finland Consortium Project,” https://www.uarctic.org/news/2022/11/uarctic-research-chair-jeff-welker-and-colleagues-receive-funding-for-an-interdisciplinary-academy-of-finland-consortium-project/.

⑤ “UArctic Frederik Paulsen High Level Seminar among the Meetings on Active Conservation of the Greenland Ice Sheet,” https://www.uarctic.org/news/2022/10/uarctic-frederik-paulsen-high-level-seminar-among-the-meetings-on-active-conservation-of-the-greenland-ice-sheet/.

科学治理组织或机构，其敏感度低，为世界各国开展科学外交提供了相对稳定的平台，在地缘政治环境相对复杂的情况下仍能给国际合作带来希望。

三 中国开展北极科学外交的最新进展

2018 年中国发布了《中国的北极政策》白皮书，任命了外交部北极事务特别代表。中国作为地理位置上的“近北极国家”，北极地区气候变化等问题与中国的发展息息相关，中国始终以积极的态度开展北极外交、参与北极事务。孙凯教授将中国北极外交界定为：以中国政府以及外交部门和政府涉及北极事务相关单位为主体，包括涉及众多北极事务的次国家行为体等，以实现中国在北极地区的合法权益和北极地区善治为目标，参与北极地区的开发、治理和北极地区治理机制的构建等事务，在涉及北极事务的政治、经济、安全、科技、文化等领域进行的外交活动。① 作为北极重要利益攸关方，中国一直以来选择科学外交作为参与北极事务的重要途径，积极参与北极科学研究。

（一）中国北极科学外交的现状

自 2020 年至今，中国在北极的科学外交经历了“停滞—恢复—发展”的过程。2020 年新冠疫情发生后，各国开始限制人员流动，冰岛政府宣布取消举办 2020 年北极圈论坛，2020 年联合国海洋大会、第十届国际北极社会科学协会会议、中国—北欧北极研究合作研讨会、中俄北极联合考察活动等都被推迟，诸多科考合作陷入暂停状态。

2021 年在新冠疫情持续的情况下，国际社会开始缓慢恢复北极科学活动。中国参加了在冰岛雷克雅未克召开的北极圈论坛大会以及第十一届“北极：现状和未来”论坛和极地科学亚洲论坛等国际会议，中国外交部条法司司长贾桂德同法国极地和海洋事务大使达尔沃尔就北极形势和北极理事

① 孙凯：《中国北极外交：实践、理念与进路》，《太平洋学报》2015 年第 5 期。

会工作举行了视频磋商会议。中国队员参加了北极气候研究多学科漂流冰站计划，完成了冰区生态学、生物地球化学循环等具体项目。同年 7 月，中国派遣“雪龙 2”号极地考察船赴北极加克尔海脊等地区开展科学考察，监测、研究北极公海的海洋、冰、大气、微塑料和海洋酸化问题，中国自主研发的“探索 4500”自主水下机器人在观察探测浮冰、测量水体参数和勘查海底地形方面发挥了重要作用。在科学基础设施建设方面，中国交通运输部发布了关于建设新破冰船的计划说明，该计划被列入“十四五”规划的一部分；[①] 中国空间技术研究院和中山大学计划发射一颗科学试验卫星以监测北极航道冰情。2021 年中国紧跟国际社会脚步，缓慢、有序恢复北极科学外交活动。

2022 年俄乌冲突的爆发与升级导致北极地缘政治环境发生了巨大变化，俄罗斯与其他北极七国的对峙日益加剧，北极理事会的停摆也波及北极国家的科学合作，俄罗斯在被孤立的情况下转而向北极域外国家发出邀请。2022 年以来中国与俄罗斯之间的科学合作更加密切，在基础设施的共享方面，俄罗斯在中国发现了可用于北极 LNG-2 项目的涡轮机。[②] 由于缺乏自己的卫星覆盖系统，俄罗斯向中国寻求北方海航道数据，[③] 并计划与中国合作建造破冰船；中国投资者也为摩尔曼斯克液化天然气项目进行融资，[④] 目前中国正在建造第三艘极地破冰船，新的破冰船将配备载人和无人驾驶的深海微型潜艇，用于北极和南极水域进行海底作业。[⑤] 在科学或教育组织网络方面，十几所中国和俄罗斯的大学加入阿莫索夫东北联邦大

---

① 《中国将为北极地区建造新的重型破冰船和起重船》，极地与海洋门户网，http://www.polaroceanportal.com/article/3946。

② 《俄媒：在中国发现了可用于北极 LNG-2 项目的涡轮机》，极地与海洋门户网，http://www.polaroceanportal.com/article/4679。

③ 《由于缺乏自己的卫星覆盖，俄罗斯正在向中国寻求北方航道数据》，极地与海洋门户网，http://www.polaroceanportal.com/article/4597。

④ 《中国投资者可以为摩尔曼斯克液化天然气项目融资》，极地与海洋门户网，http://www.polaroceanportal.com/article/4708。

⑤ 《第三艘中国极地破冰船将携带深海潜水器》，极地与海洋门户网，http://www.polaroceanportal.com/article/4738。

学俄罗斯-亚洲北极研究联盟以及国际北极论坛等北方地区的国际组织。在具体的科学合作领域上，中国的科研活动集中在冰盖不稳定性和海平面变化、北极海-冰-气相互作用及其气候效应、北极地质过程和资源环境效应、北极生态系统的敏感性和脆弱性以及日-地耦合与北极地区大气圈相互作用等领域。①

（二）中国北极科学外交的发展动向

1. 中国的北极科学外交依然面临复杂国际关系的挑战

北极国家在对待北极事务的态度上存在“门罗主义”倾向，即它们认为“北极是北极国家的北极”，并且通过制度建设将这一理念确立在北极理事会等治理机制中。② 8 个北极国家中有一半国家在其北极战略中专门提到了中国。2019 年 6 月美国国防部发布的新北极战略中将中国视为“战略竞争者”，甚至声称中国目前所进行的科考活动、所掌握的性能强劲的破冰船，均有可能为未来的北极军事部署打下基础。在 2022 年发布的《北极地区国家战略》报告中，美国认为中国正通过扩大经济、外交、科学和军事活动来增加其在北极的影响力，中国还强调在北极治理方面发挥更大作用。过去十年中国在北极的投资翻了一番，重点投资关键矿物的开采，扩大科学活动并利用这些科学活动在北极进行情报或军事两用研究。中国扩大了破冰船编队规模，并首次派遣海军舰艇进入北极。③ 芬兰认为，在非北极国家中，中国对北极的自然资源、基础设施和运输路线表现出越来越大的经济和战略兴趣。中国的全球目标和在北极发挥更大作用的努力可能会造成利

---

① 《刘嘉玥等：我国极地科技创新工作进展》，中国海洋发展研究中心网，https://aoc.ouc.edu.cn/2021/1012/c9821a352702/page.htm。

② 潘敏、徐理灵：《超越“门罗主义”：北极科学部长级会议与北极治理机制革新》，《太平洋学报》2021 年第 1 期。

③ The White House, "National Strategy for the Arctic Region," https://www.whitehouse.gov/wp-content/uploads/2022/10/National-Strategy-for-the-Arctic-Region.pdf.

益冲突，特别是大国之间的利益冲突，这将加剧北极的紧张局势。[①] 瑞典认为中国已经表明希望在北极的发展中发挥更大的影响力，这可能会导致利益冲突。中国总体上支持国际法，但也在涉及中国核心利益的问题上有选择性地采取行动。目前中国在北极的军事行动有限，但中国正逐步建立包括潜艇在内的具有全球影响力的海军力量。因此需要重点关注中俄之间的军事合作，特别是针对北极地区可能进行的军事合作。[②] 挪威支持在尊重国际法的基础上、在现有合作机制框架内，与中国等非北极国家开展合作。同时支持中国参与北极理事会有关气候和环境问题的工作组，因为像中国这样的主要碳排放国在寻找解决这些问题的办法方面发挥重要作用。挪威也一直和中国的极地研究小组保持长期对话。[③] 可以看出，北极国家对中国参与北极事务、开展北极科学外交持中立、谨慎的态度。俄乌冲突尚未解决、北极国家的排外行为、北极七国与俄罗斯之间的竞争和对峙等一系列现实问题都使中国参与北极事务面临着复杂的国际关系的挑战。

2. 以“海洋十年”为导向参与北极科学外交

2021 年联合国开启了“联合国海洋科学促进可持续发展十年（2021—2030 年）”计划（以下简称“海洋十年”），在此框架下，北极区域的“海洋十年”计划（以下简称“北极海洋十年”）出台，之后《海洋十年——北极行动计划》在 2021 年 6 月正式发布，为北极的海洋研究、创新活动提供了一份指导性框架文件。该计划启动之初中国并未发挥推动作用，《海洋十年——北极行动计划》的贡献者名单中也没有中国的组织机构，在审核的多

① Finnish Government, “Finland’s Strategy for Arctic Policy,” https://www.europeanpolarboard.org/fileadmin/user_upload/Finland_Arctic_Strategy_2021.pdf.

② “Sweden’s Strategy for the Arctic Region,” http://regstat.regeringen.se/contentassets/667c519d7b8042e9bfe4e5f5d0a13255/swedens-strategy-for-the-arctic-region-2020/.

③ “The Norwegian Government’s Arctic Policy: People, Opportunities and Norwegian Interests in the Arctic,” https://faolex.fao.org/docs/pdf/nor203001.pdf.

项北极“海洋十年”行动中中国倡议的行动只有两项。[①]

2022年中国开始积极参与“海洋十年”相关活动。2022年8月，经国务院批准、自然资源部牵头协调有关部门，成立了“海洋十年”中国委员会来组织协调和实施“海洋十年”相关重点工作。成立会议上通过了《“海洋十年”中国行动框架（草案）》作为参与“海洋十年”的指导性文件，并计划成立专家咨询工作组，指导协调向联合国申报“海洋十年”行动的相关工作。[②] 中国21世纪议程管理中心在2022年9月受邀参加联合国“海洋十年”全球实施伙伴机构工作会议，自然资源部联合山东省和青岛市三方共建中国首个“海洋十年”国际合作中心。

在具体领域的参与方面，中国大洋事务管理局在深海大洋航次积累的典型生境的环境基线数据和西太平洋、印度洋中脊区域环境管理计划倡议和国际联合科考的基础上，提出了“数字化的深海典型生境”大科学计划，该计划旨在解决“海洋十年”中的第八项挑战“数字化的海洋”。这项计划在2022年联合国海洋大会期间发布国际合作倡议，同年11月被正式纳入“海洋十年”中国行动框架，在2023年6月被正式批准，这是中国在联合国框架下发起的首个深海生境领域的大科学计划。[③] 深圳也在2023年承担了“国际海洋黄昏带大科学计划”下的“西太平洋黄昏带生态系统研究计划”。

“北极海洋十年”在国际北极科学委员会、北极科学部长级会议和北极国家的推动下蓬勃发展，尤其是各国已经开始就相关事项召开研讨会、制定北极科学研究规则和详细的科学研究计划，这对推进“北极海洋十年”发展具有重要意义。“北极海洋十年”涵盖了科学基础设施、具体科学领域和科学教育合作、北极科学合作规则制定等诸多方面，这为中国的官方机构和非政府

① 刘惠荣、李玮：《“联合国海洋科学促进可持续发展十年”背景下的北极科技政策动向》，载刘惠荣主编《北极地区发展报告（2021）》，社会科学文献出版社，2022，第129页。

② 《“联合国海洋科学促进可持续发展十年”中国委员会成立会议在京召开》，国家海洋局极地考察办公室官网，http://chinare.mnr.gov.cn/catalog/detail?id=6fbdbbb48c19491da228bb9bd71373f5&from=zxdtmtdt¤tIndex=2。

③ 《中国大洋事务管理局牵头发起的联合国“海洋十年”大科学计划成功获批》，自然资源部东海局官网，https://ecs.mnr.gov.cn/zt/hykp/202307/t20230707_27443.shtml。

组织提供了参与的机会，对中国来讲是新机遇。中国作为北极域外国家，同时又被许多北极国家视为重要竞争对手，在这种情况下科学合作依旧是中国参与北极事务、开展北极科学外交的优先选择。就当下而言，中国应当继续以“北极海洋十年”为导向，扩大参与的具体科研领域，为日后在相关国际规则的制定中维护中国在北极的合法权益做好准备。

四 结语

当前，俄乌冲突尚未解决，未来是否会爆发新的争端尚不确定。随着芬兰加入北约，美国与俄罗斯之间的竞争和对峙升级，这进一步加剧了北极地缘政治环境的脆弱性，北极国家传统外交面临挑战，北极理事会是否还能发挥有效作用难以评估。气候变化仍在持续，全球变暖或许会使北极地区的资源更容易获取，这也决定了北极地区的竞争加剧不可避免。而北极科学外交作为突破传统外交的新渠道，能够尽可能地将北极国家联合起来共同促进北极的可持续发展。中国作为北极域外国家和北极重要利益攸关方，参与北极事务、开展科学外交有其正当性和合法性。尽管目前中国的极地科研水平显著提升，但与一些极地科研大国相比仍然存在差距。特别是在个别北极国家视中国为竞争对手的情况下，全面深入了解北极科学研究水平和发展态势，对于把握北极地区科学研究前沿动态、制定符合中国国情的北极科学外交政策和极地科考战略，特别是推动中国从北极科研大国向北极科研强国转变具有重要意义。

B.4

域外国家视角下的北极科学外交：动因、特点和启示

郭宏芹　孙凯*

摘　要： 为了应对全球气候变暖并合理利用北极地区蕴藏的丰富资源，北极域外国家亟须增强对北极的了解，获取有关北极的科学知识。科学外交的开展不仅有利于增强北极域外国家对北极的认知，也将加深北极域外国家与北极国家的合作关系，增强其在北极地区的存在。在应对北极气候变化、获取北极资源红利并提升在北极地区的话语权等多重动因的推动下，北极域外国家的北极科学外交历经20多年的发展，逐渐具备参与主体多元性、开展维度多重性和实施形式多样性的特点。随着北极蕴藏资源的显现以及国际局势的变化，北极域外国家开展的科学外交出现了新的发展态势，表现为域外参与者增加、机制化和区域化趋势增强以及灵活度提高等方面。中国作为北极域外国家之一，在开展北极科学外交的过程中应细化北极科研战略、关注原住民利益、完善北极科学外交开展机制，以此维护自身在北极地区的合法权益并推动北极地区的"善治"。

关键词： 科学外交　北极域外国家　北极政策

* 郭宏芹，中国海洋大学国际事务与公共管理学院国际关系专业硕士研究生；孙凯，中国海洋大学国际事务与公共管理学院教授、博士生导师。

引　言

20 世纪 90 年代以来，北极理事会的成立加之域外观察员席位的设立凸显了科学知识在北极治理进程中的价值。仅依靠北极八国难以应对北极地区的环境变化，北极域外国家依托其在其他地区的科考经验，通过开展科学外交，积极参与北极治理进程。对于科学外交的定义，学界存在不同观点。曾任美国国务卿科学和技术顾问的尼娜·费多洛夫（Nina Fedoroff）将科学外交定义为利用国家间的科学合作来解决 21 世纪人类面临的共同问题，并建立建设性的国际伙伴关系。① 2010 年英国皇家学会和美国科学促进会对科学外交的定义则扩大了科学外交的概念范围，即科学外交包含三个维度，分别是为了科学的外交（Diplomacy for Science），即促进国际科学合作的外交活动；为了外交的科学（Science for Diplomacy），即利用科学合作的外溢效应改善国家之间的关系；外交中的科学（Science in Diplomacy），即利用科学建议塑造并实现外交政策目标。② 2015 年沃恩·图雷基安（Vaughan Turekian）指出，科学外交是国家在国际舞台上代表自己及其利益的过程，科学外交的核心目的往往是利用科学促进一个国家的外交政策目标或国家利益，重点是国家利益，因此他提出了科学外交的新的分类方法：第一，旨在直接推进一国国家需求的行动，即从增强软实力到服务经济利益等；第二，旨在处理跨国界利益的行动；第三，旨在满足全球需求的行动挑战，即解决关于跨越国家管辖范围以外的边界和空间的共同挑战的全球利益。③ 虽然对科学外交的定义存在差异，但是促进国家利益是一国开展科学外交的初衷，不论是利用科学家群体的建议做出科学外交决策，开展国际科学合作改善国

① Nina V. Fedoroff, "Science Diplomacy in the 21st Century," *Cell*, 136 (2009): 9-11.

② The Royal Society, "New Frontiers in Science Diplomacy: Navigating the Changing Balance of Power," https://royalsociety.org/topics-policy/publications/2010/new-frontiers-science-diplomacy/.

③ Pierre-Bruno Ruffini, "Conceptualizing Science Diplomacy in the Practitioner-driven Literature: A Critical Review," *Humanities and Social Sciences Communications*, 124 (2020): 2-3.

际关系，还是利用外交手段促进国际科学合作，其根本目的在于提高一国科研软实力，营造良好的国际环境，区别在于是直接还是间接维护自身国家利益。中国学者张佳佳和王晨光将北极科技外交定义为“以一国政府中涉北极科技事务的部门及其他相关次国家、非国家行为体为主体，以实现北极利益、推进北极善治为目标，与北极国家、其他相关国家、国际组织等在北极科学研究、环境保护、经济发展等领域进行的科技交流、合作以及竞争、博弈等”①。这一定义较为全面地阐释了北极科技外交的涵盖主体、涉及领域及开展目的和形式。

北极域外国家受限于地理因素，长期处于北极治理进程的外缘地带，开展北极科学外交是其增强在北极地区存在的重要途径。几乎所有参与北极事务的域外国家均将开展科研活动作为其参与北极事务的起点，依托自身在其他地区长期积累的科研优势开展北极科学外交，在加强与北极域内外国家间关系的同时，也能降低北极域内国家对其参与北极治理进程的戒备心理，为其在北极地区开展更广泛的活动奠定基础。历经 30 多年的发展，北极域外国家尤其是北极理事会观察员国在北极开展的科学外交逐渐机制化并具有连续性，产生了良好的合作效益。面对目前仍存在的“中国北极威胁论”，中国有必要利用北极科学外交建立与北极域内外国家的信任机制，为自身参与北极治理营造一个良好的环境。

鉴于此，本文以北极理事会的 13 个观察员国为研究对象，通过分析各国出台的北极科研政策以及开展的北极科研活动，梳理北极域外国家开展科学外交的特点以及发展态势，并在此基础上为中国在北极更好地开展科学外交提出相应的建议，最终推动北极地区的“善治”。

一　北极域外国家开展北极科学外交的动因

虽然科学家群体本应是真理的寻求者，不受国家利益的束缚，但是鉴于

① 张佳佳、王晨光：《中国北极科技外交论析》，《世界地理研究》2020 年第 1 期。

在北极地区开展科研活动需要拥有强大物力和财力的国家支持，国家也需要依托科学家群体获取北极环境变化的前沿信息，科学外交作为科学与政治结合的产物，也承载了科学家群体和政治家的共同期许。

（一）应对北极气候变化

不同于世界其他地区，广阔的冰盖曾使北极地区有着较高的地表反射率，但是全球气候变暖及随之而来的冰盖融化则大大降低了北极地区的地表反射率，加速了北冰洋的变暖速度。与此同时，永久冻土层的融化进一步释放了大量的温室气体，在多种因素的综合作用下，目前北极地区的气候变暖速度为全球气候变暖平均速度的4倍。[①] 北极环境的变化不仅是北极区域的问题，同时也是全球性问题。北极冰雪融化的直接影响是全球海平面上升，间接影响则包括影响候鸟迁徙、鱼类洄游、季风变化等。为了降低北极气候变化对自身生存和发展利益的影响，北极域外国家需要了解北极、认识北极，应对北极气候变化。

虽然不同国家受到北极气候变化影响的强度存在差别，但无论是基于生存安全还是经济安全都需要开展北极科学合作。印度得以成为全球农业大国与其所处热带季风气候有着密不可分的关系，然而北极地区的气候变化将影响印度季风的强度，由此影响印度的降水量，进而影响该国的农业产量。作为世界第一人口大国，印度农业产量与其国民生计息息相关，为了维护自身的经济利益，更好地应对北极气候变化对本国农业的影响，印度需要研究北极气候和印度季风之间的联系，科学外交则能为印度开展这一活动搭建双边或多边平台，提高科研效率，创造科研环境。新加坡作为一个地势低洼的沿海国家，极易受到海平面上升的影响，维护国家的生存利益成为驱使新加坡积极开展北极科学外交的原始动力。为了应对海平面上升，新加坡致力于投资开发保护海岸线综合系统。对日本和韩国而言，通过开展科学外交应对北

---

① Mika Rantanen et al.,"The Arctic Has Warmed Nearly Four Times Faster Than the Globe Since 1979," https://www.nature.com/articles/s43247-022-00498-3.

极气候变化也是推动其在全球治理进程中发挥引领作用的关键。日本曾积极申请成为《联合国气候变化框架公约》（United Nations Framework Convention on Climate Change）第三次缔约方大会的主办方，促成 1997 年《京都议定书》在东京通过。2009 年 12 月在 COP 15 会议上，日本同丹麦共同宣布将为发展中国家应对气候变化提供资金支持。韩国则将北极气候议题纳入其“绿色增长”（Green Growth）战略框架下，这一概念于 2008 年 8 月由时任韩国总统李明博提出，2009 年韩国政府发布了“绿色增长”的国家战略，该战略的提出旨在推动韩国成为一个真正的全球参与者，在这个过程中，韩国期待在全球治理议题上发挥引领作用，北极则是其实现这一目标的重要领域。①

（二）获取北极资源红利

气候变暖背景下北极蕴藏的资源红利涵盖煤炭、石油、天然气等化石能源和稀土矿产资源、航运资源、渔业资源、旅游资源等，这些资源是当前全球经济发展的助推剂。根据《斯匹次卑尔根群岛条约》《联合国海洋法公约》等的规定，北极域外国家有权参与北极地区的经济活动。然而，北极严寒的气候和极其脆弱的生态环境要求各国在北极开展经济活动时需要考虑开发成本、开发技术以及对当地自然环境的影响，这些因素的评估都离不开科学家群体提供的数据信息，跨国科研合作在此背景下得到政策制定者的大力支持。

不同北极域外国家依托自身优势利用北极资源，发展本国经济。为了实现北极资源的可持续利用，由公司、研究机构、非政府组织和政府部门的代表于 2013 年建立了“荷兰北极圈”（Dutch Arctic Circle）组织，积极参与国际北极科学会议，协调荷兰政府的北极事务，推动荷兰北极战略的执行。②考虑到北极生态环境的脆弱性，荷兰在其北极战略中提及，北极稀土元素和矿物对荷兰能源转型至关重要，但是北极自然资源的开采必须遵循最严格的

① Aki Tonami, *Asian Foreign Policy in a Changing Arctic: The Diplomacy of Economy and Science at New Frontiers*, Springer Nature, 2016.

② “The Dutch Arctic Circle,” https://www.dac-netwerk.nl/wp-content/uploads/2022/07/DAC-poster-_dec2017.pdf.

环境和安全标准，在任何活动开展之前必须进行环境影响评估。[①] 域外国家与在北极有着同样资源利益的芬兰、瑞典、挪威开展北极科研合作，评估矿产资源开发的影响则是实现北极资源可持续开发的重要举措。北极航线的开通将为北极域内外国家创造巨大的经济机遇，但与此同时，极端和高度不可预测的天气条件、快速变化的冰况、有限的卫星覆盖范围以及缺乏港口基础设施使北极航线的利用依然面临重重挑战，而科学技术则在应对这些挑战的过程中发挥关键作用。日本对北极经济资源的关注始于1993年日本船舶和海洋基金会（Ship & Ocean Foundation）[②] 同挪威南森研究所（Fridtjof Nansen Institute）和俄罗斯中央船舶设计研究所（Central Marine Research and Design Institute）合作发起的为期6年的“国际北方海航道项目”（International Northern Sea Route Programme），该项目旨在评估北方海航道作为国际商用航道是否具备开通的技术可行性，项目的开展也使日本正式认识到科学和技术在其经济发展和外交中的作用，日本政府于1995年11月颁布了《科学和技术基础法》（Science and Technology Basic Law），且日本科学技术政策委员会（Council for Science and Technology Policy）于2004年支持开展地球观测战略（Promotion Strategy of Earth Observation），包括在极地实现长期、可持续的科研观测。[③]

（三）提升北极话语权

评价一国综合国力的指标不仅包括硬实力，也包括软实力。北极作为国际关系竞争和合作的新疆域，参与北极事务也可以彰显大国身份。对于北极域外国家而言，缺乏北极领土和北极域内国家的排斥使其难以参与北极规则

---

① “The Netherlands' Polar Strategy 2021-2025: Prepared for Change,” https://www.government.nl/documents/publications/2021/03/01/polar-strategy.

② 日本船舶和海洋基金会是2000~2015年海洋政策研究基金会（Ocean Policy Research Foundation），即笹川和平财团海洋政策研究所（Ocean Policy Research Institute, the Sasakawa Peace Foundation）的前身。

③ Aki Tonami, *Asian Foreign Policy in a Changing Arctic: The Diplomacy of Economy and Science at New Frontiers*, Springer Nature, 2016.

制定进程，而利用自身科研实力参与北极治理，提高在北极地区的话语权，不仅能够为其开展经济活动提供支持，增强其在北极地区的能力建设，也是彰显自身综合国力的契机。目前支撑北极域外国家参与北极治理的合法性和合理性基础较为薄弱，从最早的《斯匹次卑尔根群岛条约》到《联合国海洋法公约》，再到成为北极理事会的观察员国，北极域外国家虽然享有部分参与北极事务的权利，但仍处于北极治理体系的边缘地带，话语权薄弱，只能成为规则的遵守者。科学外交的开展有利于北极域外国家与北极域内国家建立信任机制，增强其在北极地区的实质性参与并提高话语权。北极理事会观察员国这一身份的获得也与这些国家有着较强的科研实力有关。

二　北极域外国家开展北极科学外交的特点

北极理事会的 13 个观察员国虽然分布在不同地区，但是基于共同的北极域外国家身份和相似的利益诉求，这些观察员国在开展北极科学外交的进程中呈现诸多相同点。北极议题的复杂性和交叠性使北极科学外交的参与主体具有多元性，北极环境的极端严寒使北极科学外交的开展维度具有多重性，北极治理的网络化和层次化使北极科学外交的实施形式具有多样性。

（一）参与主体具有多元性

北极议题涵盖政治、经济、军事、社会、环境等多个领域，对应的参与者也包括政治家、企业、原住民群体、科学家、非政府组织、高校等。鉴于科研能力是一国在北极开展活动的前提，不同领域的行为体或为获取北极资源红利，或为维护自身合法权益，也积极参与到北极科学外交进程中。原住民作为掌握传统北极知识且深受北极自然环境变化影响的群体，有权利也有能力参与到北极治理进程中；非政府组织作为信息的提供者和传播者，在搭建政府和公众之间的联系、普及北极科学知识方面发挥了重要的作用；企业在北极开展投资活动需要获取当地科学数据，包括永久冻土层融化对基础设施建设的影响、自然资源开发对当地环境的影响等，它们可以为政府发起北极科学外交提供资金支持；高校作为北极人才的培养基地和北极问题研究的专业场所，在开展北极科学外交的进程中也发挥着倡议性作用。

英国科研创新署（United Kingdom Research and Innovation）于2021年5月发起的“2021—2025年加拿大-英国因纽特努南迦特和北极区域研究项目”，参与主体包括加拿大因纽特团结组织（Inuit Tapiriit Kanatam）、加拿大极地知识组织（Polar Knowledge Canada）、加拿大国家研究理事会（National Research Council of Canada）以及魁北克研究基金会（Fonds de recherche du Québec），该项目将致力于研究北极生态系统的变化对因纽特社区的影响，并研发有利于当地居民适应气候变化、提高环境复原力的技术。[①] 原住民议题是加拿大北极战略的重点议题之一，英国将原住民群体纳入北极科学外交框架下，在巩固两国北极合作关系的同时，也凸显了其对北极居民切身利益的关注，是建构英国在北极良好形象的关键举措。2017年荷兰瓦格宁根大学发起的为期4年的“北极海洋垃圾项目”旨在通过与北极地区的利益攸关者和专家合作，确定北极垃圾污染来源及其对当地生物多样性的威胁，并寻找解决方案。该项目得到了荷兰外交部、荷兰基础设施与水利部、世界自然基金会丹麦分会、极地保护联盟等机构的资助。[②] 为了提高开展北极科学外交的效率，部分北极域外国家在国内为多元行为体搭建了研讨平台，就开展北极科研活动、经济活动等议题集思广益。2013年以来，德国北极办公室发起了一年两度的北极对话会议（Arctic Dialogue），至今已举办20届会议。该会议邀请来自政界、商界和科学界等不同领域的专业人士参与会议，探讨包括科研、经济发展、地缘政治等议题在内的德国北极政策，这间接为德国国内的多元行为体参与北极科学外交提供了发声平台。

---

① Government of Canada, "United Kingdom-Canada Inuit Nunangat and Arctic Region Research Programme will Support Inuit Self-determination in Research," https://www.canada.ca/en/polar-knowledge/news/2021/05/united-kingdom-canada-inuit-nunangat-and-arctic-region-research-programmewill-support-inuit-self-determination-in-research.html.

② Wageningen University & Research, "The Arctic Marine Litter Project: Knowing the Sources to Work on Solutions," https://www.wur.nl/en/research-results/research-institutes/economic-research/projects-economic-research/the-arctic-marine-litter-project.htm.

2022年11月29日，北极对话会议的主题是俄乌冲突对北极政治和北极科学研究的影响，德国联邦外交部安全政策主任多米尼克·穆特（Dominik Mutter）和阿尔弗雷德·魏格纳研究所（The Alfred Wegener Institute）主任安洁·博艾提乌斯（Antje Boetius）就如何调整科学与政治的关系以应对新挑战展开了讨论。① 日本北极研究网络中心（Japan Arctic Research Network Center）从2016年以来也举办了一系列北极公开研讨会（Arctic Open Seminar），参与机构和部门包括北海道大学北极研究中心（Hokkaido University Arctic Research Center）、北极环境研究中心（Arctic Environment Research Center）、北极气候与环境研究所（Institute of Arctic Climate and Environment Research）、日本北极环境研究联合会（Japan Consortium for Arctic Environmental Research，JCAER）等。② 包括JCEAR在内的研究机构在建立北极研究网络方面发挥着枢纽作用，通过发布各自的北极研究计划，它们不仅在日本北极科研软实力的提升方面发挥重要作用，也能通过与其他国家非政府组织开展合作建立信任机制。类似的会议还有英国一年一度的北极科学会议（UK Arctic Science Conference），将英国涉北极的自然科学家和社会科学家会聚在一起，探讨北极科研进展和规划。③

（二）开展维度具有多重性

1. 夯实物质基础

近年来，不论是英、法、德等欧洲国家，还是韩、日、印等亚洲国家，均将加强北极基础设施建设作为北极战略的重点内容，北极域外国家北极基础设施如表1所示。拥有极地破冰船和研究站不仅使一国具备独立开展科考的能力，也将为其开展北极科学外交提供合作平台。韩国于2009年正式运

---

① German Arctic Office, "Archive," https://www.arctic-office.de/en/forums-and-events/archive/.

② J-ARC Net, "First Open Seminar Presented by Japan Arctic Research Network Center," https://j-arcnet.arc.hokudai.ac.jp/news/open-seminar/page/2/.

③ ARCUS, "UK Arctic Science Conference 2019," https://www.arcus.org/events/arctic-calendar/29121.

行其第一艘破冰船——“Araon”号，此前韩国只能依托其他国家开展北极科学研究活动，例如1999年派遣两名韩国科学家与日本地质调查局共同开展北极海洋研究，并于同一年搭乘中国“雪龙”号破冰船在白令海和楚科奇海开展科考活动。印度在2022年发布的北极战略文件中提到，将维持已有北极研究站在北极地区的全年存在，增强其观测能力，建立新的北极研究站，并将提高自主建设破冰船和研究船的能力。①日本在2015年的北极战略中提到期望在美、俄等北极国家内部建立研究站，搭建一个数据共享框架以供研究组织和科学家获取信息，同时加快建造北极研究船，将其作为开展国际北极研究的平台。②韩国正在建造新的破冰船并计划于2026年建造完成。

空间技术不仅在北极海洋航行领域发挥着重要作用，也将提高各国在北极地区的沟通效率。俄罗斯国家原子能公司（Rosatom）表示正在寻求与中国在卫星系统建设领域的合作，2022年俄乌冲突的爆发使俄罗斯获取外国卫星图像的能力受到国际制裁的影响，而卫星数据对于导航北极航道和获取冰雪预报至关重要，与中国等北极域外国家的合作将有助于其摆脱这一困境。韩国也于2021年发布了韩国卫星导航系统项目（Korean Positioning System），旨在提高其在北极地区的行动能力，并为北极合作贡献力量。印度空间研究组织（India Space Research Organization）运行着一个巨大的卫星群，能够将其雷达成像卫星（Radar imaging satellite）部署在北极地区。此外，印度的区域导航卫星系统（Regional Navigation Satellite System）已成为国际海事组织全球无线电导航的一部分。印度依托其在空间技术领域的优势，与美国国家航空航天局联合开展的NISAR项目旨在帮助人们更好地理解地表变化的成因和影响。③

① Government of India, "India's Arctic Policy," https://www.moes.gov.in/sites/default/files/2022-03/compressed-SINGLE-PAGE-ENGLISH.pdf.

② The Headquarters for Ocean Policy, "Japan's Arctic Policy," https://www8.cao.go.jp/ocean/english/arctic/pdf/japans_ap_e.pdf.

③ Government of India, "India's Arctic Policy," https://www.moes.gov.in/sites/default/files/2022-03/compressed-SINGLE-PAGE-ENGLISH.pdf.

表 1　北极域外国家北极基础设施

国家	破冰船	研究站
英国	"大卫·阿滕伯勒爵士"号(RRS Sir David Attenborough)	UK Arctic Research Station(Harland-Cox Huset)
法国	"星盘"号(L'ASTROLABE)	AWIPEV Station Jean Corbel Station
德国	"极星"号(FS Polarstern) "极星 2"号(Polarstern Ⅱ)	AWIPEV Station
荷兰		Netherlands Arctic Station
瑞士		
中国	"雪龙"号 "雪龙 2"号	北极黄河站 中冰北极科学考察站
印度		Himadri Station
新加坡		
日本	"白濑"号(Shirase),"宗谷"号(Soya),"天盐"号(Teshio)	Ny-Ålesund Research Station
韩国	"Araon"号	Dasan Research Station
波兰		Arctowski
意大利	"劳拉·巴西"号(Laura Bassi),"探险"号(OGS Explora)	Dirigibile Italia
西班牙		

2. 加强制度保障

为了推动北极科学外交的机制化和专业化，提高北极科学外交开展的延续性，北极域外国家内部的制度保障必不可少，这包括机构设置和战略顶层设计两方面。在机构设置方面，北极域外国家基本在政府内部建立了专门的极地研究机构，或是在政府和独立科研机构之间建立了紧密的联系，旨在通过开展极地科考活动，为政策制定者提供科学信息，以供其在政策制定初期做出科学决策，同时与北极域内外其他国家的相关部门加强合作交流，直接参与双边或多边机制，协调各方合作。专门的极地研究机构是践行北极科学外交的关键主体。在德国联邦政府的协调下，阿尔弗雷德·魏格纳研究所暨亥姆霍兹极地和海洋研究中心设立了德国北极办公室（German Arctic Office）。[①] 该部门作为德国政界、科学机构、非政府组织和工业界的中心联络点，基于在北极地区的科学研究，就北极问题向德国政府提供建议，协助德国参与北极理事会的活动，向科学组织和利益攸关方提供德国北极政策、德国北极研究的相关信息。此外，该部门积极联合科学界、政界和工业界的合作伙伴发起国家层面的北极对话会议和活动，提高德国在北极规则制定进程中的话语权。英国自然环境研究委员会（Natural Environment Research Council）下设的北极办公室、韩国极地研究所（Korea Polar Research Institute）、西班牙极地委员会（Spanish Polar Committee）、瑞士极地和高海拔研究委员会（Swiss Committee on Polar and High Altitude Research）等在各北极域外国家开展北极科学外交的进程中均扮演着同样的角色（见表2）。

在战略顶层设计方面，北极域外国家不仅在其出台的北极战略中详细规划了科考活动和国际合作，还将其北极战略纳入本国更宏大的战略设计蓝图中，为北极科学外交的顺利开展保驾护航。北极域外国家的北极战略文件几乎都将“科学”议题作为重要目标，虽然“加强北极国际合作”也是重要目标，但这一目标的实现路径依然离不开科学合作。英国北极政策的重点领域之一是依托其领先的科学和技术，促进人们对北极气候变化的理解，维持全球影响力。[②] 荷兰的极地政策也基于三个关键概念，分别是可持续性、国际合作和科学研究。[③]

① Alfred Wegener Institute, “German Arctic Office,” https://www.awi.de/en/about-us/transfer/arctic-office.html.

② Foreign and Commonwealth Office, “Beyond the Ice: UK Policy towards the Arctic,” https://assets.publishing.service.gov.uk/government/uploads/system/uploads/attachment_data/file/697251/beyond-the-ice-uk-policy-towards-the-arctic.pdf.

③ Government of the Netherlands, “The Netherlands' Polar Strategy 2021 - 2025: Prepared for Change,” https://www.government.nl/documents/publications/2021/03/01/polar-strategy.

表 2　北极域外国家北极科研制度

国家	北极科研机构	北极战略文件
英国	英国自然环境研究委员会-北极办公室(UK Arctic Office)	2018 年:《超越冰雪:英国的北极政策》(Beyond the Ice: UK Policy towards the Arctic)
法国	法国保罗-埃米尔·维克托极地研究所(French Polar Institute Paul-Émile Victor)	2022 年:《法国 2023 年极地战略》(France's 2030 Polar Strategy)
德国	德国阿尔弗雷德·魏格纳研究所(Alfred-Wegener Institute)	2019 年:《德国北极政策大纲:承担责任、创造信任、塑造未来》(Gemany's Arctic Policy Guidelines: Assuming Responsibility, Creating Trust, Shaping the Future)
荷兰	荷兰格罗宁根大学北极中心(Arctic Centre of University of Groningen)	2021 年:《荷兰极地战略(2021—2025):为变化做准备》(The Netherland's Polar Strategy 2021-2025: Prepared for Change)
瑞士	瑞士极地研究所(The Swiss Polar Institute) 瑞士极地和高海拔研究委员会(Swiss Committee on Polar and High Altitude Research)	
中国	中国极地研究中心	2018 年:《中国的北极政策》白皮书
印度	国家极地和海洋研究中心(National Center for Polar and Ocean Research)	2022 年:《印度的北极政策:建立可持续发展伙伴关系》(India's Arctic Policy: Building Partnership for Sustainable Development)
新加坡		
日本	日本国家极地研究所(National Institute of Polar Research)	2015 年:《日本北极政策》(Japan's Arctic Policy)
韩国	韩国极地研究所(Korea Polar Research Institute)	2013 年:《韩国北极政策》(Arctic Policy of the Republic of Korea)
波兰	波兰科学院极地研究委员会(The Committee on Polar Research of the Polish Academy of Sciences)	

续表

国家	北极科研机构	北极战略文件
意大利	意大利北极科学委员会（Consiglio Nazionale delle Ricerche）	2015：《意大利北极战略大纲》（Towards an Italian Strategy for the Arctic：National Guidelines）
西班牙	西班牙极地委员会（Spanish Polar Committee）	

（三）实施形式具有多样性

1. 双边科学外交

各国对北极议题的关注重点存在差异，针对不同的北极科研议题，北极域外国家通过多种形式积极与北极域内外国家开展双边科研合作。2017 年，英国和加拿大签署了为期十年的谅解备忘录，旨在增强两国在北极地区的研究，促进政府、研究机构和商界在北极地区的合作。为了进一步夯实两国在北极开展科学外交的基础，英国政府实施了一项奖学金项目（Bursaries Programme），由商业、能源和产业战略部（Department for Business，Energy and Industrial Strategy）资助，旨在支持两国科学家利用加拿大的基础设施在北极地区合作开展研究活动。[①] 值得注意的是，部分北极域外国家在开展双边科学外交时，将对方关注的北极重点议题纳入科研合作框架下，这将大大降低北极国家对域外国家参与北极事务的戒备心理。英国与挪威于 2017 年更新了双方在 2011 年签署的《增强英挪在北极研究和文化遗产领域的合作》协定，旨在加强双方科研合作的同时，协助挪威保护原住民的北极文化遗产。[②]

① UK Arctic Office，“UK - Canada Arctic Bursaries，” https://www.arctic.ac.uk/research/international-engagement/uk-canada-arctic-bursaries-20172018/.

② Foreign and Commonwealth Office，“Beyond the Ice：UK Policy towards the Arctic，” https://assets.publishing.service.gov.uk/government/uploads/system/uploads/attachment_data/file/697 251/beyond-the-ice-uk-policy-towards-the-arctic.pdf.

2. 多边科学外交

20 世纪 90 年代冷战结束以来，北极成为科研组织、论坛和会议成长的沃土。国际北极科学委员会、北极理事会、北极圈论坛大会、北极前沿会议等正式或非正式的国际机制为北极域外国家参与北极科研合作提供了新的多边平台，也成为北极域外国家制定北极科学外交战略时的重要考量。作为北极理事会最早的观察员国，英国致力于通过提供科学数据参与北极理事会工作组和专家组，在北极海洋环境保护工作组中发挥了显著作用。英国还积极参与了 2015 年北极理事会黑碳工作组的报告撰写工作。[①] 日本是第一个加入国际北极科学委员会的非北极国家，积极申请举办北极科研会议。2015 年的北极科学高峰周会议、2021 年的第三届北极科学部长级会议均在日本召开。西班牙与北极理事会在北极候鸟倡议这一议题领域开展了实质性的合作，主要表现在担任非洲-欧亚迁徙路线“北极候鸟倡议”协调员的角色并提供财政支持，同时还积极参与北极渔业、能源、搜救、塑料垃圾等领域的合作。[②] 意大利在 2015 年发布的北极战略中提及，应积极参与斯瓦尔巴北极地球综合观测系统（Svalbard Integrated Arctic Earth Observing System）倡议、北极可持续观测网络（Sustaining Arctic Observing Networks）、北冰洋综合观测系统（Ice-Atmosphere-Arctic Ocean Observing System）等极地科研项目；[③] 在提升本国北极科研能力的同时，加强与国际社会的联系。

三　北极域外国家北极科学外交的发展态势

冷战结束后，北极域外国家出于环境、经济、政治等不同因素的考量，

---

① Foreign and Commonwealth Office, "Beyond the Ice: UK Policy towards the Arctic," https://assets.publishing.service.gov.uk/government/uploads/system/uploads/attachment_data/file/697 251/beyond-the-ice-uk-policy-towards-the-arctic.pdf.

② Arctic Council, "Interview with Arctic Council Observer: Spain," https://arctic-council.org/news/interview-with-arctic-council-observer-spain/.

③ Italy Ministry of Foreign Affairs, "Towards an Italian Strategy for the Arctic: National Guidelines," https://www.esteri.it/wp-content/uploads/2021/11/towards_an_italian_strategy_for_the_arctic_-_national_guidelines.pdf.

不断加强在北极地区的实质性参与，科学外交则是其在北极地区建立信任机制的关键举措，也是开展其他活动的基石。随着北极气候变暖速度的加快以及资源红利的显现，加之国际竞争态势的迅速变化，“北极例外论”已不复存在。越来越多的国家寻求参与北极治理进程，开展北极科学外交；域外国家北极科学外交的组织化趋势也在不断增强；为了降低俄乌冲突等突发事件对北极科学合作的影响，域外国家开展双边科学外交的力度也在增大。

（一）北极科学外交的域外参与者增加

北极议题的复合性、广泛性和相对低敏感性为不同层次的行为体参与北极事务提供了契机。一方面，北极域外国家出于经济、环境等利益诉求，希望参与到北极治理进程中，参与规则制定，防止自身合法权益遭到侵害；另一方面，北极国家内部存在的分歧在一定程度上不利于科学合作的顺利进行，为了确保自身生存安全并促使域外国家承担起北极治理的责任，北极国家开始利用北极域外国家的科研力量继续开展北极地区的科研合作，应对全球气候变暖危机。

除了北极理事会的成员国和观察员国之外，欧盟作为长期关注科学外交的国际组织，在北极地区的参与力度也在不断增强。气候变化近年来逐渐成为欧盟政策的核心议题，加强气候变化应对更是欧盟内部普遍的“政治正确”。[①] 2021 年 10 月欧盟委员会最新出台的北极政策文件中专门提到，北极地区的气候变化是最大的威胁，欧盟在应对气候变化与生物多样性危机领域长期发挥领导作用。为了应对北极地区的气候变化，欧盟将通过加强科研能力、创新能力，增加在北极地区的投入等方式，把其新北极政策纳入“欧洲绿色协议”框架下。[②] 2014 年欧盟第七框架计划资助开展了“冰、气候、

① 房乐宪、谭伟业：《地缘竞争背景下的欧盟新北极政策》，《当代世界与社会主义》2022 年第 2 期。

② European Commission, “Joint Communication to the European Parliament, the Council, the European Economic and Social Committee and the Committee of the Regions: A Stronger EU Engagement for a Peaceful, Sustainable and Prosperous Arctic,” https://eur-lex.europa.eu/legal-content/EN/TXT/PDF/?uri=CELEX:52021JC0027.

经济——变化中的北极研究项目”（Ice, Climate, Economics—Arctic Research on Change），旨在研究北极海冰当前和未来的变化，以及对该地区经济发展和原住民生活的影响。此外，欧盟还建立了强大的北极科学外交网络，包括与加拿大、俄罗斯、美国签署双边科技合作协议、利用《全大西洋研究与创新联盟宣言》（All-Atlantic Ocean Research and Innovation Alliance）加强与各国在北极海洋领域的科研合作。欧盟委员会和欧盟空间局联合发起的“地球系统科学倡议”（Initiative on Earth System Science）在监测和预测北极海冰状况、理解北极气候变化等方面起着至关重要的作用。[①]

欧盟北极政策的发展和北极倡议的提出为其内部成员国参与北极事务创造了条件。部分国家由于经济体量小，需要依托欧盟参与北极治理进程，维护自身北极利益。面对北极环境的深刻变化，比利时在北极地区有着能源安全、海岸防护、矿产资源进口等领域的战略利益。作为一个拥有丰富南极科考经验的国家，比利时开展北极科学外交是实现自身北极战略利益，加强与北极国家联系的关键手段。比利时 8 所大学的 12 个研究小组积极参与北极科学研究，主题包括气候变化、海冰观测和海洋生物学等。[②] 2022 年 5 月，在北极科学高峰周会议上，比利时成为国际北极科学委员会的第 24 个成员国，[③] 这使得比利时国内的北极研究进一步同国际社会接轨。为了进一步加强与国际社会在北极地区的合作，比利时于 2022 年 9 月召开了极地研讨会，参与部门和机构包括比利时科学政策办公室、埃格蒙特-皇家国际关系研究所、欧盟极地委员会、国际北极科学委员会、极地早期职业科学家协会等，100 多位比利时科学家参与会议以展示比利时在气候、冰雪、地质、生物学

---

① European Space Agency, “About the EC DG-RTD & ESA EOP Joint Initiative on Earth System Science,” https://eo4society.esa.int/communities/scientists/ec-esa-joint-initiative-on-earth-system-science/about-the-ec-dg-rtd-esa-eop-joint-initiative-on-earth-system-science/.

② Karen Van Loon, “The Like-Minded, The Willing... and The Belgians: Arctic Scientific Cooperation after February 24 2022,” https://www.thearcticinstitute.org/like-minded-willing-belgians-arctic-scientific-cooperation-february-24-2022/.

③ IASC, “IASC Welcomes Belgium,” https://iasc.info/news/iasc-news/989-iasc-welcomes-belgium.

等领域的研究成果。①

北极气候变化直接影响土耳其的粮食产量，极端天气带来的干旱、洪水和移民将使该国处于动荡之中。与此同时，土耳其是世界第七大造船国和第三大游艇制造国，北极海冰消融带来的资源红利也将为土耳其经济发展提供新机遇，北极航道的开通将大大降低航运成本。为了应对北极自然环境的变化并抓住北极经济新机遇，土耳其近年来加大了在北极地区的活动力度，而科学外交则是其实现这一目标的首要路径。土耳其在北极开展的科考活动可以追溯至1932~1933年的第二次“国际极地年”。此后土耳其又参与了第三次和第四次“国际极地年”，这使土耳其对北极自然环境有了初步认知。但是土耳其真正将北极科学外交提上议程，始于2019年7月11日~26日开展的北极科考。此次科考土耳其派出了40多名科学家，开展了15个项目的研究，参观了挪威、波兰、俄罗斯、印度、韩国等国家在斯瓦尔巴群岛建立的研究站。随后，土耳其致力于加强与北极域内外国家的双边科学外交关系，与保加利亚、韩国、乌克兰、捷克、日本、西班牙等国家签署了谅解备忘录。② 2022年7月，在政府的资助下，来自土耳其的9名科学家完成了对北极的第二次科考，开展了14个项目的研究，涉及监测海洋生物和大气污染、气象观测、测定海洋污染物等方面，在科考期间，土耳其的科学家团队还参观了位于斯瓦尔巴群岛的波兰极地研究站。③ 该项目的开展提高了土耳其在极地科研领域的能力。

（二）北极域外国家开展的北极科学外交趋于机制化和区域化

随着科学外交在各北极域外国家北极议程中重要性的提升，北极域外国

---

① Karen van Loon, “Excellence in Polar Research: How Science is Putting Belgium More Firmly on the Map in the Arctic,” https://www.egmontinstitute.be/excellence-in-polar-research-how-science-is-putting-belgium-more-firmly-on-the-map-in-the-arctic/.

② Lassi Heininen and Heather Exner-Pirot et al. (eds.), *Arctic Year Book 2021*, Northern Research Forum, 2021.

③ The Science and Technological Research Council of TÜRKiYE, “Second National Arctic Scientific Research Expedition (TASE-II) Ends,” https://tubitak.gov.tr/en/news/second-national-arctic-scientific-research-expedition-tase-ii-ends.

家的北极科学外交的机制化和区域化趋势在不断加强，具体表现在越来越多的北极域外国家发布本国北极战略、北极科研合作资助体系完善、区域性北极科研合作增多等。

1. 机制化的北极科学外交

2022 年 3 月，印度发布北极战略——《印度的北极政策：建立可持续发展伙伴关系》，将科学研究作为其北极政策的支柱之一，印度认为其长期在北极、南极和喜马拉雅山开展科学研究的经验将为北极科研做出贡献。印度开展北极科研活动的目标包括：维持北极研究站的全年运行并增强其观测能力、将印度北极科研活动整合到北极理事会和国际北极科学委员会共同发起的斯瓦尔巴北极地球综合观测系统和北极可持续观测网络中、结合北极优先事项开展科学研究、提高破冰船建造能力、在国家层面建立系统的科学资助系统、加大在北极理事会内部的工作开展力度等。① 2022 年 4 月，法国政府发布首个极地战略，建立了专门负责极地事务的部际委员会，并支持在国际层面与欧盟等行为体开展长期北极科研合作，支持建设极地科考研究共享基础设施网络，加大在极地的科研投入，成立法国基地基金会以维持北极科研合作的开展，计划在格陵兰岛建立新的科考站并投入 1300 万欧元支持塔拉海洋基金会建设浮动极地站。②

科学、研究、创新和科技是欧盟北极政策和行动的核心，通过开展科学外交，欧盟旨在推动北极地区的多边合作。在“地平线 2020”（Horizon 2020）计划下，欧盟在 2014~2020 年对北极有关的研究投资累计达两亿欧元，并通过“地平线欧洲（2021—2027 年）”（Horizon Europe 2021-2027）计划继续支持北极科研工作的开展。为了增强极地科考能力，了解气候变化的区域和全球影响，截至 2022 年 4 月，英国商业、能源和产业战略部在推动极地设施现代化领域累计资助 6.7 亿英镑，为促进英国与国际伙伴的合

① Government of India, “India's Arctic Policy,” https://www.moes.gov.in/sites/default/files/2022-03/compressed-SINGLE-PAGE-ENGLISH.pdf.

②《法国发布首个极地战略》，中国科学院科技战略咨询研究院官网，http://www.casisd.cn/zkcg/ydkb/kjzcyzxkb/kjzczxkb2022/zczxkb202207/202209/t20220927_6517814.html。

作，发挥英国在环境保护领域的领导地位奠定了物质基础。[①] 此外，目前国际社会对开展北极科学合作的支持已不再拘泥于资助特定国家发起的国际科研项目和双边科学合作项目，而是致力于针对北极地区的科学合作建立专门的资金资助体系。2022 年 10 月 15 日，德国北极办公室、冰岛研究中心（The Icelandic Centre for Research）和国际北极科学委员会共同在冰岛雷克雅未克举行的北极圈论坛会议上组织了一次关于资助国际北极科学的会议。[②]

2. 区域化的北极科学外交

北极域外国家在应对北极气候变化、治理北极污染、获取北极资源等领域存在共同的利益诉求，但是地理区位的不同使欧洲北极域外国家和亚洲北极域外国家的北极科学外交关注重点存在差异，这在一定程度上推动了北极域外国家科学外交的区域化趋势。包括法国、德国、荷兰、波兰、西班牙和英国等在内的西欧北极域外国家依托其近北极的地理位置，长期在北极开展科学研究，与北极国家有着几十年甚至上百年的合作历史。英国在 2013 年的北极白皮书中就提到，英国虽然不是一个北极国家，但是由于设得兰群岛邻近北极圈，因此是北极最近的邻居。虽然亚洲国家也有在北极开展科学研究的历史，但是相较于欧洲国家，时间较短且不够完善。[③] 2014 年成立的北太平洋北极研究共同体（North Pacific Arctic Research Community）由中、日、韩三国的北极学术机构协商成立，3 个国家地理位置相近，都属于北太平洋东亚国家，都在 2013 年成为北极理事会观察员国。截至 2022 年底该共同体已举办八届研讨会，第八届研讨会参与者包括来自韩国海洋水产开发院、日本笹川和平财团、上海国际问题研究院等机构的专家学者以及中国外

① UK Research and Innovation, "UK Invests to Modernise Polar Science," https://www.ukri.org/news/uk-invests-to-modernise-polar-science/.

② German Arctic Office, "Funding International Arctic Science," https://www.arctic-office.de/en/forums-and-events/funding-international-arctic-science/.

③ Marc Lanteigne, "Walking the Walk: Science Diplomacy and Identity-Building in Asia-Arctic Relations," *Jindal Global Law Review* 8 (2017): 88.

交部北极事务特别代表高风、韩国外交部北极事务大使洪永基等。[①] 该共同体的建立在加强中、日、韩三国学术界和政界交流的同时，也为三国合作开展北极科学外交提供了对话平台，夯实了各方信任基础。此外，中、日、韩三国于 2016 年建立了北极问题高级别三边对话平台，三国还于 2018 年签署了《预防中北冰洋不管制公海渔业协定》，旨在维持北冰洋渔业资源的科学可持续发展。

虽然欧盟尚未成为北极理事会的观察员，但是科学外交是其加强在北极地区实质存在的关键路径。2016 年以来，欧盟积极参与北极科学部长级会议，并于 2018 年同德国和芬兰组织了第二次北极科学部长级会议。依托其强大的科研实力和开展科学外交的长期经验，欧盟已经以一种特殊的身份参与到北极理事会的事务过程中，包括参与北极理事会各级会议的评估、为北极理事会工作组的项目提供资助、分享区域治理经验等。[②] 科学外交的开展在推动欧盟参与北极治理进程的同时，也将欧洲北极域内外国家凝聚在一起。欧盟开展的科技外交具有对内整合与对外拓展的双重功效。[③] “欧洲极地网 2”项目（EU-PolarNet 2）作为“地平线 2020”计划的一部分，参与机构包括阿尔弗雷德·魏格纳研究所暨亥姆霍兹极地和海洋研究中心、比利时联邦科学政策办公室（Belgian Federal Science Policy Office）、英国南极调查局、瑞士极地研究所（Swiss Polar Institute）等 25 个欧洲极地研究机构，该项目的开展促进了各机构之间的数据开放和基础设施协调。[④]

（三）北极域外国家提高开展北极科学外交的灵活度

早在 2014 年，奥兰·杨（Oran R. Young）就指出，北极地区对于全球

---

① 杨剑、邱思懿：《上研院举办第八届“北太平洋北极研究共同体”（NPARC）研讨会》，https://www.siis.org.cn/sp/4026.jhtml。

② 常欣：《欧盟参与北极理事会的实践探析》，《学术探索》2021 年第 6 期。

③ 郑华、侯彩虹：《科技与对外博弈——基于科技与国际关系相关研究的分析》，《国际展望》2023 年第 3 期。

④ European Polar Board, “EU-PolarNet 2,” https://www.europeanpolarboard.org/projects/eu-polarnet-2/.

地缘政治博弈的敏感度正在逐步提高。[①] 2022 年 2 月俄乌冲突的爆发彻底打破了“北极例外论”，北极理事会停摆、巴伦支海欧洲-北极圈理事会暂停与俄罗斯的合作、国际北极科学委员会的北极科学高峰周拒绝邀请俄罗斯代表参会，北极域外高政治领域的冲突阻滞了北极域内低政治领域的治理进程。作为北极最重要治理机构的北极理事会停摆，在割裂北极七国与俄罗斯合作关系的同时，也关上了北极域外国家参与北极治理的关键窗口。为了最大限度降低大国竞争对北极科学外交的影响，北极域外国家需要调整北极科学外交的策略以维持自身在北极地区的存在，预防北极地区的突发状况，而在增强自身北极科研实力的基础上建立北极科研合作网络则成为重要举措。

日本自 2015 年开始实施的北极可持续发展挑战（ArCS II）项目是其北极研究的国家旗舰项目，目前已推进到第二阶段（2020—2025 年）。该项目由日本国家极地研究所、日本海洋地球科学技术机构（Japan Agency for Marine-Earth Science and Technology）和北海道大学共同主导，旨在促进和实现北极社会的可持续发展，促进北极研究，以了解北极环境变化的现状和过程，提高北极气象和气候预测能力，评估北极快速变化的环境对包括日本在内的全人类社会的影响。该项目还致力于为日本国内和国际利益相关者提供北极科学知识，为北极地区国际规则的制定提供法律和政策基础。[②] 值得注意的是，该项目设置了国际顾问委员会，包括来自威尔逊中心极地研究所，阿尔弗雷德·魏格纳研究所，挪威极地研究所，俄罗斯科学院矿床、岩石学、矿物学和地球化学地质研究所等多个顶尖北极科研机构的专家学者，他们从国际角度就项目计划和结果提供适当建议。项目还建立了北极海冰信息中心（Arctic Sea Ice Information Center）以提供中短期海冰预测、北冰洋短期波浪预测等信息。[③] 该项目对日本开展北极活动的影响可以概括为四点：第一，增强了日本对北极物理环境变化的感知和预测；第二，日本能够

---

① 奥兰·杨：《变化中的北极与适应性治理》，载杨剑主编《亚洲国家与北极未来》，时事出版社，2015，第 5 页。

② “Project Overview about ArCS II,” https://www.nipr.ac.jp/arcs2/e/about/.

③ “Arctic Sea Ice Information Center,” https://www.nipr.ac.jp/sea_ ice/e/.

依托项目开展获取的数据，积极参与北极地区国际规则的制定，提升话语权；第三，项目设置的信息共享机制增强了日本北极科研活动的透明度，有利于降低北极域内国家的警惕，建立日本开展北极科学外交的信任机制；第四，国际顾问委员会的设立不仅有利于扩大该项目的辐射范围，也有利于保持科学家群体之间的稳定对话，减少地缘政治冲突给北极科研合作带来的阻碍。

四 北极域外国家北极科学外交对中国的启示

从 20 世纪 90 年代起中国开启了北极科学外交。历经 20 多年的发展，中国的北极科学外交趋于体系化和机制化（见表 3）。[①] 但是相较于其他北极域外国家，中国的北极科学外交仍面临一系列问题，包括北极科研战略顶层设计不足、外界对中国北极科研活动存在错误认知、既有合作机制延续性有待提升等。北极科学外交的开展关乎全人类的生存安全，也直接影响北极地区的区域治理，作为联合国安理会常任理事国和北极理事会观察员国，中国有必要通过细化北极科研战略、关注北极原住民利益、完善北极科学外交开展机制等方式维护自身在北极开展科学外交的合法权益并增强自身在北极开展科学外交的能力。

表 3 中国北极科学外交事件

时间	事件
1996 年	中国成为国际北极科学委员会成员国
1999 年	“雪龙”号科考船完成首次北极科考行动
2004 年	中、日、韩三国倡导发起成立了“极地科学亚洲论坛”(AFOPS)

① 高悦:《中国北极考察二十年》，中华人民共和国自然资源部官网，https://www.mnr.gov.cn/dt/hy/202007/t20200717_2533261.html;《合作概述》，中国极地研究中心（中国极地研究所）网，https://www.pric.org.cn/index.php?c=category&id=19; Tass,“China and Russia Launch Scientific Cooperation in Arctic,” https://tass.con/press-re/ease/053930。

续表

时间	事件
2005 年	中国承办北极科学高峰周会议
2013 年	中国与北欧五国发起成立“中国-北欧北极研究中心”(CNARC)
2013 年	中国成为北极理事会正式观察员国
2018 年	中-冰北极科学考察站正式运行
2019 年	中俄两国签署建立中俄北极研究中心(CRARC)的协议

资料来源：笔者制表。

（一）细化北极科研战略

北极理事会观察员国大都出台了国家层面的北极战略，并强调了开展北极科研活动的必要性。中国 2018 年发布的《中国的北极政策》白皮书也提到，“中国支持和鼓励北极科研活动，不断加大北极科研投入的力度，支持构建现代化的北极科研平台，努力提高北极科研能力和水平”[①]。对中国开展北极科研活动的整体方向进行了规划。但是近年来，包括美国在内的部分西方国家将中国参与北极事务视为“极地东方主义”，将中国北极外交活动视为加强自身地位的方式。[②] 美国甚至在 2022 年发布的最新北极战略中将中国北极科研活动解读为具有“情报和军事活动双重用途”。[③] 造成这种现象的原因可以归为两方面：一方面，美国等西方国家对中国参与北极事务存在“错误知觉”，需要各方加强对话沟通，促进相互理解；另一方面，中国在开展北极科研活动方面向外界释放的信息有限。为破除“中国北极威胁论”，中国有必要细化北极科研战略，明确北极科研目标，将中国北极科研战略同北极环境保护和可持续发展整体目标相联系，结合北极治理

① 《〈中国的北极政策〉白皮书》，中华人民共和国国务院新闻办公室官网，https://www.gov.cn/zhengce/2018-01/26/content_5260891.htm。

② 郭培清、杨慧慧：《错误知觉视角下的中美北极关系困境与出路》，《中国海洋大学学报（社会科学版）》2023 年第 2 期。

③ The White House, “National Strategy for the Arctic Region,” https://www.whitehouse.gov/wp-content/uploads/2022/10/National-Strategy-for-the-Arctic-Region.pdf.

优先事项开展科学研究。此外，中国应结合自身科研优势开展北极科学外交，并针对目前北极科研活动开展的短板加大本国研究力度，例如针对北极数据连通性低的现状，加强本国空间技术的发展，提高北极地区卫星通信能力。

（二）关注北极原住民利益

原住民群体的北极权益是北极域外国家增强在北极地区存在、开展北极科学外交必须考虑的因素。一方面，长期生活在北极地区的原住民群体所掌握的传统知识对人类适应北极环境的变化有着至关重要的作用，他们在北极理事会的规则制定进程中扮演着重要角色。参与北极理事会工作组是北极域外观察员国开展北极科学外交的主要形式，这就决定了北极域外国家在工作组内应关注作为永久参与方的原住民群体，将科学知识与传统知识相结合，切实推动北极环境保护和可持续发展。另一方面，北极以及北极以外自然环境的变化将直接影响原住民群体，对于北极八国而言，保护北极原住民权益也是其北极战略的关键内容，但是仅凭一国之力难以应对北极环境变化，防止原住民群体的权益受到侵害。如果北极域外国家在开展北极科学外交的进程中能将切实维护北极原住民群体的权益作为出发点，这不仅有利于与北极国家之间建立长久信任机制，也有利于推动北极“善治”。当前，包括英国、日本、新加坡在内的北极域外国家通过原住民奖学金资助计划、与原住民非政府组织合作等方式开展北极科学外交，与加拿大、俄罗斯、丹麦等有着庞大原住民群体的北极国家建立更加密切的联系。

如何将科学外交的开展同北极原住民权益相结合，汲取北极原住民传统知识是当前中国北极科学外交亟须解决的问题。中国应利用好北极理事会这一平台，加强与北极原住民群体的联系，了解其群体诉求和利益，在发起提案时适当顾及北极原住民群体的权益。此外，中国也可以在双边层面发起原住民资助计划，将关注重点置于微观层面，开展切实保护北极原住民权益的北极科学外交活动。

（三）完善北极科学外交开展机制

北极科学外交开展主体的多元性要求北极域外国家加强国内整合机制的建设，为多元行为体对话提供平台。包括英国、德国、日本等在内的北极域外国家均通过定期召开研讨会的方式，为科学家群体、政策制定者、企业等提供交流平台，在了解国内既有科研水平和能力的基础上开展科学外交，满足国内多元行为体的利益诉求。

虽然中国在亚洲与日本、韩国建立了多个对话机制，但是既有机制存在延续性不足的问题。随着印度和新加坡在北极开展科研活动的力度加大，中国应拓展北极科研合作范围。欧盟作为非国家行为体在北极科学外交中蕴藏着巨大能量，且不同于美国，欧盟在应对北极气候变化等环境议题上的立场较稳定，随着越来越多的欧洲国家参与到欧盟北极科研活动中，加强与欧盟在北极科研领域的合作不仅有利于中国实现科研目标，也将推动中国在北极治理进程中发挥实质性的作用，用行动破除“中国北极威胁论”。

五　结语

科学外交的开展对北极域外国家而言有三个重要意义：一是增强其北极科研实力；二是加强其与北极国家的关系；三是展示其国家软实力。科学外交的外溢效应是各北极域外国家开展北极经济活动和加强北极能力建设的基石。历经 30 多年的发展，北极域外国家已经形成了较完善的北极科学外交开展机制。中国作为近北极国家，深受北极环境变化的影响，开展北极科学外交是降低北极环境变化负面影响、建构北极身份并破除“中国北极威胁论”、获取北极经济资源的关键路径。中国在借鉴英、德、日等北极域外国家科学外交开展机制的同时，也应结合自身北极科研特点，创新科学外交开展形式，加强区域北极科研合作，关注北极原住民面临的问题，将科学知识和原住民传统知识相结合，切实利用科学外交推动北极治理进程。

B.5
北极科技装备的发展趋势与中国对策*

张　亮**

摘　要： 为了争夺北极治理的话语权，各国都将科研活动作为北极参与的重要环节。而由于北极地理位置和气候环境的特殊性，在北极地区开展科研活动非常依赖以破冰船、通信系统、实验装备为代表的先进科技装备的支持，这使北极科技装备的竞争正在成为各国北极竞争的重要环节。当前，在破冰船领域，各国虽然都有雄心勃勃的破冰船建造计划，但整体进展缓慢，短期内难以打破俄罗斯的绝对优势地位。在通信系统领域，各国的需求与能力之间存在比较明显的差距，卫星通信和国际合作是未来一个时期各国北极通信系统建设的重点方向。在实验装备领域，装备的自主化、智能化趋势日益显现，这给了传统的北极科研弱势国家弯道超车的机会。对于中国而言，应在破冰船领域加强与俄罗斯的合作，以购买、租赁、联合建造等方式实现优势互补；在通信系统方面，在加强北斗系统的极地通信能力的同时，加强与欧盟国家的合作；在智能实验装备领域，继续加大投入，实现跨越式发展。

关键词： 北极治理　科技装备　破冰船　通信系统　智能实验装备

---

* 本文为教育部人文社会科学重点研究基地重大项目“东北亚国际与地区重大问题跟踪及应对研究”（项目编号：22JJD810035）、中国海洋大学人文社会科学智库研究专项“俄乌冲突背景下我国参与极地治理机制所面临的风险及应对策略研究”（项目编号：202215009）的阶段性成果。

** 张亮，中国海洋大学马克思主义学院讲师、海洋发展研究院研究员。

北极地区一般是指北冰洋以及北极圈内的陆地和边缘海，整个北极地区包括北极圈内的陆地约800万平方公里、北冰洋约1400万平方公里。由于地处地球北端高纬度地区，北冰洋大部分被冰层覆盖，大部分陆地也呈冰原或永久冻土带等高寒地表特征。近年来，全球气候变暖趋势对北极地区的环境造成了重大影响。伴随着气温升高而来的，是各国对北极地区的争夺也升温了。由于北极地区在军事对抗、海洋航运、资源开发等领域的独特价值，各国都加快了进军该地区的步伐，领土主张和权益要求明显增强，资源勘探和航道争夺日趋激烈。

一　北极科研活动的重要性及其对装备的依赖

北极特殊的地理位置和自然资源吸引了北极区域内外的国家都积极参与到北极事务中，但是，不同于南极地区有统一的全球治理规范，北极地区至今尚未形成一个类似于《南极条约》体系那样的统一的具有法律约束力的治理机制。在这种情况下，各类行为体围绕生态环境保护、资源开发、权属划分和安全保障等议题展开了复杂的博弈，使得北极治理面临着日益复杂的挑战，[①] 而北极治理也呈现不同治理规范之间的激烈竞争和有限融合的趋势。[②] 在不同治理规范的竞争中，由于科学研究能够提供合法性叙述，科研活动成为各国北极参与的重头戏。

（一）科研活动的重要性

北极特殊的自然地理条件，使北极科研活动对增进人类获得自然界的知识具有重要意义。北极是地球上独特的区域，与南极、珠穆朗玛峰并称世界三极，但是北极具有不同于其他两者的特殊地理地貌和对自然环境的影响。近年来，北极气候环境快速变化、海冰加速消融，使北极不仅成为研究全球

① 阮建平：《北极治理变革与中国的参与选择——基于“利益攸关者”理念的思考》，《人民论坛·学术前沿》2017年第19期。

② 肖洋：《北极治理规范供给过剩与有限融合》，《国际政治科学》2021年第3期。

气候变化的前沿区域，吸引着全世界科学家的目光，同时也促进相关国家高度关注北极事务，采取各种举措，加快了油气勘探、生物勘探等活动。[①] 北极在全球气候系统中起着非常重要的作用。北极气候的微小变化都会引起北半球乃至全球气候系统的变化，也可能引起北极域外地区的旱涝、暴风雪、冻雨等灾害性天气。中国位于北半球，受北极地区气候与环境变化的影响快速、直接而深远。[②]

与此同时，科研活动是各国北极活动的重要组成部分，尤其是对北极域外国家而言。北极与南极最大的不同在于，南极是一整块大陆，是国际法明确的没有主权归属和争议的人类共同财富，而北极则不同，北极是以陆制海，是一整片大洋，周边国家以各种理由对北极提出主权声索。对于北极域内国家而言，科研活动是推动其北极身份的塑造，创造出符合其国家利益的国际规范的重要基础性工作，[③] 也是北极域内国家垄断北极治理的主要理由，[④] 以及对北极领土提出声索的基本依据。俄罗斯一度派出其“俄罗斯”号核动力探测船在北极进行科考探测，主要目的就是要向外界证明北极海水下绵延近 2000 公里的罗蒙诺索夫海岭是俄罗斯西伯利亚北部地区大陆的自然延伸，应当属于俄罗斯的领土。而对于北极域外国家来说，由于域内国家的各种限制，科研活动成为域外国家能够在北极开展的最主要活动之一。在《中国的北极政策》白皮书发布会上，时任中国外交部副部长孔铉佑在回答记者提问时就指出，当前中国北极活动的重点主要是包括北极科研、北极保护和北极合作三个方面。中国持续开展北极科研，探索和认知北极是中国北极活动的优先方向。[⑤]

---

① 《陈连增：北极科考对促进可持续发展具有重要意义》，中国政府网，https://www.gov.cn/jrzg/2010-06/25/content_1637741.htm。

② 《专访：推动北极科学考察　助力极地强国建设——访中国第九次北极科考队首席科学家魏泽勋》，中国政府网，http://big5.www.gov.cn/gate/big5/www.gov.cn/xinwen/2018-07/24/content_5308806.htm。

③ 孙凯、郭宏芹：《科学、政治与美国北极政策的形成》，《美国研究》2023 年第 2 期。

④ 肖洋：《北极科学合作：制度歧视与垄断生成》，《国际论坛》2019 年第 1 期。

⑤ 《新闻办就〈中国的北极政策〉白皮书和北极政策情况举行发布会》，中国政府网，https://www.gov.cn/xinwen/2018-01/26/content_5260930.htm#1。

（二）科技装备的必要性

作为地球“寒极”，北极冬季平均气温低达-30℃，可谓滴水成冰，特别是到了冬季，厚达1米以上的冰层使北冰洋成为航线禁区。除了气候寒冷，北极地区复杂的电磁环境、春夏动辄持续数天的浓雾、冬季强烈的暴风雪、多变的冰情地貌以及极夜等自然条件，也会对北极地区活动的开展造成诸多困扰。[①] 中国“雪龙”号破冰船在穿越北极中央航道时，就面临全程冰区，冰情变化快，遭遇冰山等不利因素。并且高纬度海域信号较差，科学考察队难以及时获取冰情信息和气候情报，这给北极科研活动带来了巨大的挑战。因此，北极科研活动对科技装备的依赖程度，远比在陆上作业要突出。科技装备也因此成为北极科研活动以及各国北极竞争的基础环节。

极地科技装备是在极地地区开展相关科考活动所需的装备，它们是认识极地的重要载体，主要包括极地科考船、极地科学观测设备、通信导航装备等。[②] 北极科技装备是决定一国北极科技水平的基础，进而是决定一国北极治理能力和在北极地区话语权的基础。目前，各国已经在极地装备领域纷纷出台发展战略，未来围绕先进科研装备的竞争将会日益激烈。

二　北极科技装备发展现状与趋势

目前，在破冰船、通信系统、实验装备等领域，各国的发展程度和发展重点不一样，俄罗斯在破冰船保有量和技术上具有绝对优势，其他国家近几年虽然有新建破冰船的计划，但是由于破冰船对技术和资金的要求都非常高，进展速度较慢；美国在通信系统上具有显著优势，欧盟在这一领域的发展也比较迅速，随着卫星系统的进一步发展，无力支持庞大天基通信系统的

① 刘征鲁：《冰原利器征战寒荒—》，《解放军报》2018年6月1日。

② 于立伟、王俊荣、王树青、李华军：《我国极地装备技术发展战略研究》，《中国工程科学》2020年第6期。

国家在参与北极治理的过程中可能被甩在后面；在实验装备上，智能化装备被越来越多地采用，一些参与北极事务的后发国家也表现突出。

（一）破冰船

极地船舶是专门在极地海域内进行海洋科考活动的专业海洋调查船，具有结构强度大、破冰能力强、极地适航性突出和续航时间长等特点。破冰船是世界各国推进极地战略的重要抓手，在各国极地战略中具有基础性的作用，尤其对北极域外国家而言，没有破冰船，对北极的参与就会处处受限。① 目前，世界在役极地破冰船主要集中在俄罗斯、美国、加拿大、芬兰、瑞典、丹麦等国家。

俄罗斯是全世界拥有破冰船数量最多，技术最先进，极地作业能力最强的国家。公开资料显示，俄罗斯在役破冰船超过 40 艘，而且型号多样，拥有重型、中型、轻型、柴电动力、核动力等全系列破冰船。在破冰船技术上，俄罗斯拥有遥遥领先的核动力破冰船技术，是世界上唯一拥有核动力破冰船的国家，发展有 4 代 5 个型号的核动力破冰船。其中包括第 1 代核动力破冰船“列宁”号，第 2 代核动力破冰船“北极”级和“泰米尔”级，第 3 代也是目前建成最新一代的核动力破冰船“LK-60”级（即 22220 型），以及已经开始研发工作的第 4 代核动力破冰船“领袖”级（即 10510 型）。“列宁”号早在 1957 年就成功下水，1959 年完成首航，是世界上第一艘核动力破冰船，也是世界上第一艘采用原子能反应堆作为动力的船只，“列宁”号的主要任务是执行北冰洋区域的科学考察和救援活动，并几乎不间断地航行到 1989 年正式退役。“五十年胜利”号破冰船是“北极”级的明星舰，它于 1993 年开始建造，原准备在第二次世界大战结束 50 周年纪念日前后下水，但由于资金短缺，该项目中途被迫叫停，直到 20 世纪 90 年代末俄罗斯才恢复对该项目拨款。该船于 2006 年建成下水试航，2007 年正式交

① Megan Drewniak，Dimitrios Dalaklis，Momoko Kitada，Aykut Ölçer，Fabio Ballini，“Geopolitics of Arctic Shipping：The State of Icebreakers and Future Needs，” *Polar Geography*，Volume 41，2018-Issue 2，p. 107.

付使用。22220 型核动力破冰船是目前世界上动力最强的破冰船，船长 173.3 米、宽 34 米，排水量 3.35 万吨，最大破冰厚度 3 米。该型号的前两艘船只“北极”号和“西伯利亚”号分别于 2020 年 10 月和 2021 年 12 月正式交付。[①] 该型号第三艘船只“乌拉尔”号于 2022 年 10 月 14 日下水试航，将肩负开辟通往中国的北方海航线，也就是北冰洋航线的历史性任务；第四艘船只“雅库特”号下水仪式于 2022 年 11 月 22 日在坐落于圣彼得堡的波罗的海造船厂举行，预计 2024 年服役；第五艘船只“楚科奇”号预计于 2026 年服役。[②] 在“雅库特”号下水当天，俄罗斯又决定继续增加两艘 22220 型破冰船的订单，这两艘船预计造价为 589 亿卢布（约合 7.62 亿美元），计划 2024 年 5 月和 2025 年 10 月在波罗的海造船厂开工，将在北方海航线水域作业。此外，俄罗斯的新一代核动力破冰船 10510 型也已开始建造。2020 年 7 月 7 日，俄罗斯原子能集团核动力破冰船公司宣布，俄远东“星星造船厂”开始建造 10510 型“领袖”级核动力破冰船的首舰“俄罗斯”号。它的排水量高达 7 万吨，配备两座 RITM-400 型核反应堆，总功率为 120 兆瓦，最大破冰厚度为 4 米，可在冰层中为大型运输船和超级液化气运输船开辟一条宽约 50 米的航道。根据合同规定，这艘破冰船将于 2027 年完工。俄罗斯还计划再建造 3 艘同级破冰船。近年来，俄罗斯根据《2020 年前及更远的未来俄罗斯联邦在北极的国家政策原则》和《2020 年前俄罗斯联邦北极地区发展和国家安全保障战略》等，大力支持破冰船等北极基础设施建设，为其北极战略实施保驾护航，[③] 加之雄心勃勃的新船建造计划，俄罗斯的破冰船队预计将持续保持绝对领先地位。

美国作为世界超级大国，在北极事务上具有重要话语权，但美国破冰船

---

① Thomas Nilsen, “World's Largest Nuclear Icebreaker Starts Sea Trials,” https://thebarentsobserver.com/en/arctic/2019/12/worlds-largest-nuclear-icebreaker-starts-sea-trails.

② Xavier Vavassear, “Russia's ATOMFLOT Orders 4th & 5th Project 22220 Nuclear-Powered Icebreakers,” https://www.navalnews.com/naval-news/2019/08/russias-atomflot-orders-4th-5th-project-22220-nuclear-powered-icebreakers/.

③ 黄金星、王凯、李岳阳：《美俄破冰船技术发展研究》，《舰船科学技术》2019 年第 15 期。

队的规模却不大。[①] 美国已有 40 多年未建造破冰船，目前仅有 1 艘可以在北极海域长期航行的极地破冰船，即“北极星”号。“北极星”号属于美国海岸警卫队，长期以来担负美国南北极考察的运输任务。“北极星”号于 1976 年入列，早就超出了服役年限，但 2022 年底该船还远赴南极参加了美国的“深度冻结行动 2023”（Operation Deep Freeze 2023）。美国海岸警卫队还拥有一艘名为“希利”号的中型破冰船，该船于 2022 年 10 月初抵达北纬 90°，这是该船自 1999 年投入使用以来，第三次前往北极。美国海岸警卫队另外还有 1 艘重型极地破冰船“极地海”号。但是该船在 2010 年 6 月遭遇引擎事故后一直处于非运营状态。基于美国孱弱的破冰船队实力，特朗普任美国总统时在给美国国务院、五角大楼、商务部、能源部和国土安全部的一份备忘录中表示，美国需要“制订并执行极地安全破冰船舰队的采购计划”。2017 年，美国海岸警卫队制订了在未来 10 年内建造 3 艘重型破冰船和 3 艘中型破冰船的计划。新的重型破冰船，也被称为“极地安全护卫舰”（Polar Security Cutter）。新的重型破冰船建造计划最初于 2018 年获得资金，美国海岸警卫队选择了密西西比州的 VT 霍尔特海事公司（VT Halter Marine）在第二年建造破冰船。美国新建造的重型破冰船原本计划在 2023 年交付，但由于新冠疫情和造船厂所有权的变化，交付时间表推迟到了 2024 年和 2025 年。[②] 另外值得注意的是，美国海岸警卫队试图给这 6 艘破冰船配备机枪、舰炮甚至长距离反舰导弹和巡航导弹，以适应所谓新时期的极地竞争。

其他国家在破冰船领域也在进行激烈的竞争。据加拿大政府网站公布的数据，加拿大海岸警卫队目前拥有 18 艘大小和能力各异的破冰船，它是世界上第二大破冰船队，旗舰为“路易斯·圣洛朗”号。2019 年，加拿大政府宣布要为加拿大海岸警卫队建造 6 艘破冰船。北欧国家芬兰和瑞典也拥有

① Abbie Tingstad, Scott Savitz, Dulani Woods, Jeffrey A. Drezner, “The U. S. Coast Guard is Building an Icebreaker Fleet,” https://www.rand.org/pubs/perspectives/PEA702-1.html.

② 《美国海岸警卫队新破冰船的交付日期仍未确定》，极地与海洋门户网，http://www.polaroceanportal.com/article/4674。

多艘破冰船。瑞典目前有 5 艘活跃的破冰船，芬兰有 9 艘，其中部分是两国在 20 世纪 70 年代合作研发的。[①] 中国目前有“雪龙”号和“雪龙 2”号两艘极地科学考察船。[②] 其中，“雪龙”号先后执行了 22 次南极考察和 9 次北极考察。“雪龙 2”号由芬兰阿克北极有限公司进行基础设计，中船 708 所完成详细设计，由江南造船厂负责建造，它是世界上首艘具备双向破冰能力的破冰船。另外，我国高校首艘、国内第三艘具备极地科考能力的破冰船“中山大学极地”号也于 2023 年初顺利完成渤海冰区试航任务。“中山大学极地”号是一艘排水量达 5852 吨的破冰船，长 78.95 米，宽 17.22 米，吃水深度 8.16 米。该船由加拿大研究机构设计，日本 JFE 集团建造，曾长期在北极波弗特海、鄂霍次克海等地区进行极地补给救援、海洋石油勘探等工作，至今已有 40 余年船龄。2021 年该船由民营企业家张昕宇、梁红夫妇捐赠给中山大学。中山大学斥资对该船进行改造，为其配备先进的探测装备。

（二）通信设备

北极地区特殊的地理位置给极地通信带来巨大挑战，许多在其他海域普遍应用的技术在北极地区无法使用。一方面，海冰阻隔了无线电信号的传输，使依靠地面无线设备的通信系统功能大打折扣；另一方面，高纬度地区通信与导航卫星覆盖少，使卫星通信的能力受到限制。传统地球同步轨道通信卫星只能保证南北纬 55°范围内无缝覆盖，极限覆盖能力为南北纬 65°，难以为南北纬 65°以上高纬度地区提供通信服务。目前国内现有的通信卫星均不能对极地形成覆盖，国际上的铱星通信系统可以提供极地通信服务，但可靠性不高且带宽有限。[③] 克服海冰和高纬度的影响是未来极地通信系统取得进展的关键，基于卫星系统的北极通信网络显示出积极的

---

① 《全球破冰船，哪家实力强?》，新华网，http://www.news.cn/mil/2023-02/08/c_1211726542.htm。

② 《环球时报记者独家探访中国第三艘极地科考破冰船》，环球网，https://finance.sina.com.cn/jjxw/2023-02-08/doc-imyexrue3178340.shtml。

③ 程晓、陈卓奇、惠凤鸣、李腾、赵羲、郑雷、周娟伶：《中国极地空天基遥感观测现状与展望》，《前瞻科技》2022 年第 2 期。

发展空间。①

美国在卫星通信方面进展积极。根据兰德公司2018年发布的《甄别美国海岸警卫队北极作战能力的潜在差距》报告，为加强北极地区通信能力的问题提供了几种解决方案，包括建设更多基础设施和利用极地轨道上日益增多的商业通信卫星等。近年来，美国海岸警卫队已经在解决北极地区通信难题等方面迈出了坚实步伐，其手段包括研究新的低轨卫星通信技术等。② 2022年5月，美国北方司令部司令格伦·范赫克（Glen D. VanHerck）在阿拉斯加表示，整合商业卫星和军事网络用于战术和战略通信的新实验将在年内完成。这项实验耗资5000万美元，是为了"增强北极地区的通信能力"。同时，美国还计划使用高空气球来完善其北极地区的通信系统。③ 此外，美国也在大力拓展与其盟友在通信设施方面的合作。加拿大开展了"北极监视"项目，以升级"北方预警系统"并研发远程通信、超视距雷达系统。挪威计划于2022年发射2颗高纬度轨道通信卫星，实现北纬65°以上区域的24小时宽带通信。这些基础设施也将通过相应的合作计划对增强美国的北极通信能力产生影响。

相比之下，俄罗斯在卫星通信方面进展较为缓慢。2020年，除中国以外，世界各国共计进行了41次通信卫星发射（其中1次发射失败），成功将999颗通信卫星送入太空，其中，美国874颗，欧洲106颗，俄罗斯则只有9颗。④ 这与新冠疫情影响、俄罗斯与西方关系恶化等都有关系。俄罗斯虽然可以在一定程度上克服西方电子元器件禁运的不利影响，⑤ 但航天建设

① "Telecommunications Infrastructure in the Arctic: A Circumpolar Assessment," https://oaarchive.arctic-council.org/bitstream/handle/11374/1924/2017-04-28-ACS_Telecoms_REPORT_WEB-2.pdf.

② "Coast Guard RDT&E Works to Provide High Latitude Underway Connectivity," https://www.dcms.uscg.mil/Our-Organization/Assistant-Commandant-for-Acquisitions-CG-9/Newsroom/Latest-Acquisition-News/Article/3183092/coast-guard-rdte-works-to-provide-high-latitude-underway-connectivity/.

③ "Solving Communications Gaps in the Arctic with Balloons," https://cimsec.org/solving-communications-gaps-in-the-arctic-with-balloons/.

④ 纪凡策：《2020年国外通信卫星发展综述》，《国际太空》2021年第2期。

⑤ 武珺、王韵涵、张祎莲、毕俊凯：《2022年国外导航卫星系统发展综述》，《国际太空》2023年第3期。

对资金和技术的高度依赖对俄罗斯而言是不小的挑战。为此，俄罗斯正在借助地利之便改善其北极通信能力。2020 年 3 月，圣彼得堡市政府成立了“俄罗斯北极无线电和通信设备产学研集群”。同时，俄罗斯还计划在远东地区铺设一条水下光纤线路，这一线路将是把楚科塔自治区（Chukotka）接入俄罗斯的唯一的通信网络。①

中国也在积极布局北极地区的通信导航保障技术，研究重点包括综合研究北极航道国际公约和相关国家海事规则要求，进行北极航道船舶航行通信传输、导航定位和信息服务需求研究，构建北极航道商船、科考船等船舶航行通信导航保障体系；研究高纬度地区多频多模、高可靠通信技术；研究基于北斗的极地航行船舶导航优化技术等。

（三）实验装备

实验装备的技术水平直接影响北极科研的产出。当前，北极地区的监测和科研水平尚不足以应对该地区面临的巨大挑战，因此，国际北极科学委员会在《2022 年北极科学现状报告》中呼吁，为应对北极地区和全球面临的挑战，北极科研应该做到真正的跨学科和综合研究；应鼓励和加强北极科研国际合作，改进北极数据共享和循环使用。②

美国目前在极地观测和实验方面进展巨大。2012 年，美国国防部高级研究计划局（DARPA）启动“极地态势感知”项目，重点发展冰下、冰面态势感知技术。冰下感知采用水下传感器结合结构、深度和其他测量法，分析部署区域冰下环境的声传播、噪声及非声特征；冰面感知采用冰面浮标结合计算机网络、大数据等新技术分析部署区域的电磁和光学现象、海冰分布特征及航道信息。③ 立足多年积累，美国开始研发军民两用的北极移动观测

---

① 《米舒斯京：俄罗斯必须增强其在北极地区的存在》，极地与海洋门户网，http://www.polaroceanportal.com/article/3398。

② 《〈2022 年北极科学现状报告〉发布》，中国海洋发展研究中心网，http://aoc.ouc.edu.cn/2022/1024/c9829a380267/page.htm。

③ 蓝海星、王国亮、魏博宇：《国外北极地区装备技术发展动向》，《军事文摘》2018 年第 23 期。

系统，未来将成为主导北极观测与监视能力的关键平台。

欧盟同样致力于北极观测系统的系统化整合。2021 年，欧盟曾宣布从“地平线 2020”计划中拨出 1500 万欧元，用于 2021 ~ 2025 年资助 Arctic PASSION 项目，通过国际合作开发一个综合的“泛北极观测系统”。该项目由德国阿尔弗雷德·魏格纳研究所暨亥姆霍兹极地和海洋研究中心领导，项目参与机构共 35 个，来自 17 个国家。该计划的目标是改善当前北极观测系统的各个组成部分较为零散、部分数据难以获取，而且往往不能满足用户或利益攸关方需求的情况。①

中国在极地科研的智能实验装备方面也取得了进展。2021 年，由中国科学院沈阳自动化研究所主持研制的“探索 4500”自主水下机器人在我国第 12 次北极科考中，成功完成北极高纬度海冰覆盖区科学考察任务。② 覆盖海冰快速消退期浮游动物群落的完整数据库和北极科考海冰漂流自动气象观测站也已经建成。可以看到，中国致力于向极地地区部署和维护大量长期和短期的无人科考站，因为这被认为有助于中国北极地区观测网络的“专业化”和“标准化”。③“十四五”国家重点研发计划“深海和极地关键技术与装备”项目也对北极海冰自主卫星探测及微波综合试验研究、极地大深度冰盖快速钻探技术与装备研究等项目进行了部署。④

（四）北极科技装备的发展趋势

近年来，随着各国对北极的争夺日益激烈，北极科研的重要性也日渐凸显。为了加强本国的极地科研能力，各国纷纷出台战略规划，投入巨资展开科技装备的建设。但是，由于各国的资源禀赋不同、技术水平有差异，因此各国的投入重点也不一样。

---

① 刘学：《欧盟资助 1500 万欧元打造泛北极观测系统》，《中国科学报》2021 年 7 月 14 日。

② 刘勇：《我国研发的自主水下机器人完成北极海底科考》，《光明日报》2021 年 10 月 8 日。

③ Trym Aleksander Eiterjord：《中国的“冰上丝绸之路”日趋制度化》，极地与海洋门户网，http://www.polaroceanportal.com/article/2311。

④《“十四五”国家重点研发计划“深海和极地关键技术与装备”重点专项 2021 年度项目申报指南》，http://www.research.pku.edu.cn/docs/20210408171122534571.pdf。

在破冰船建设方面，各国虽然都雄心很大，但大部分进展缓慢。俄罗斯目前拥有世界上规模最大、技术最先进的破冰船队，新建破冰船的规模和技术水平也是最高的，其他国家的建设方案目前在规模和技术上都不能与之相提并论。俄罗斯在破冰船上的绝对优势不仅将继续保持，还会进一步扩大。另外，在俄罗斯的引领下，核动力技术在破冰船建设中的优势日益显著，预计会成为未来破冰船发展的一大趋势。美国计划在破冰船上加装武器，不仅会对北极地区的军事竞争火上浇油，也会对相关的国际规范造成严重冲击，值得警惕。

在北极通信系统的建设方面，各国都面临严重的需求与供给之间的落差。卫星通信对于极地通信的积极作用，使其成为各国投入的重点，在这方面，美国有先发优势，目前的投入计划也是雄心勃勃。欧盟则紧随其后。由于通信设施的协同效应，国际合作也是极地通信设施建设中的重要趋势。美欧的合作热火朝天，但是对于目前因各种原因被排斥在国际合作体系之外的俄罗斯而言，却不是一个好的发展趋势。俄罗斯现有的卫星数量较少，未来的极地卫星发射计划也比较有限，如果不能有效进入国际极地通信的合作网络中，俄罗斯的北极开发计划将会受到严重阻碍。但是考虑到俄罗斯环北极陆地面积广阔，俄罗斯通过大规模兴建无线电设施弥补卫星通信不足也是有可能的，但这对俄罗斯孱弱的财政水平来说将是沉重的负担。

在北极的实验装备方面，已经表现出明显的集成化和智能化趋势。北极地区的实验条件恶劣，实验成本巨大，通过一体化、集成化的设施建设，能够较好地提升科研效率、节约科研资金。另外，智能设备的运用，也将有助于对抗北极地区恶劣的自然气候，提升极地科研的水平。

三　中国在北极科技装备方面的发展对策

中国在地缘上是“近北极国家”，是陆上最接近北极圈的国家之一。北极的自然状况及其变化对中国的气候系统和生态环境有直接的影响，也关系到世界各国的共同生存与发展。1999 年 7 月，中国首次北极科学考察队乘

“雪龙”号科考船从上海出发，开启了对北极的探索任务。[①] 目前，我国已跻身极地考察大国行列，形成了“两船、六站、一飞机、一基地”的支撑保障格局。两船为“雪龙”号、“雪龙 2”号极地科考破冰船；六站为南极的长城站、中山站、昆仑站、泰山站，北极的黄河站、中冰北极科考站；一飞机指固定翼飞机“雪鹰 601”号；一基地是位于上海浦东的中国极地考察国内基地，这是我国极地考察“大本营”，已建成考察船专用码头、考察物资堆场与仓库、国家极地档案馆业务楼等设施。[②] 未来，我国应在充分分析我国的极地利益、极地科考实力、自身资源禀赋、国际局势发展趋势的基础上，找准北极科技装备发展的重点，加大投入，进一步增强我国在极地科研领域的实力和话语权。

（一）中国在北极地区的国家利益与资源禀赋

中国作为“近北极国家”，对北极地区没有领土要求，对北极地区的资源开发也没有直接的利益诉求。中国对北极的国家利益诉求更多集中在科研领域，以增进对北极地区的了解来造福全人类。因此，中国是北极事务的积极参与者和贡献者，与各国的北极利益是契合的，而不是冲突的。作为负责任大国以及北极利益攸关方，中国积极参与北极区域公共产品供给。中国的供给行为主要有三个动因：获取预期收益、填补北极强烈的公共产品需求、应对北极事务的负外部性。然而，中国的供给行为也面临着霸权国的外部压力、北极场域的内生性阻力和自身供给能力不足等挑战。中国已经在推进北极基础设施互联互通、深度参与北极环境气候治理和开展常态化的科研活动等方面做出贡献，未来应依托“冰上丝绸之路”不断丰富北极区域产品的供给品类及供给渠道。[③] 北极科技设备的发展与完善，将是中国对北极地区

① 高悦：《中国北极考察二十年》，中华人民共和国自然资源部官网，https://www.mnr.gov.cn/dt/hy/202007/t20200717_2533261.html，最后访问日期：2023 年 6 月 22 日。

② 《我国跻身极地考察大国行列，形成“两船六站一飞机一基地”支撑保障格局》，中国海洋发展研究中心网，http://aoc.ouc.edu.cn/2019/1015/c9824a271615/pagem.psp。

③ 韦宗友、邹琪：《中国参与北极区域公共产品供给：动因、挑战与路径》，《社会主义研究》2023 年第 3 期。

进行公共产品的供给与建设的重要领域。中国在北极科研领域，起步较晚，基础相对薄弱，同时，北极科研的特殊性质也对中国参与北极科研的技术实力提出了较高要求。但是，中国对北极事务的关注度高，全产业链的生产能力强，国家的政策协调能力优良，这都为中国的北极参与提供了良好条件。

（二）中国在北极科技装备方面的发展对策

在极地破冰船建设方面，中国目前在船队规模和技术水平上还有很大的进步空间。破冰船队规模直接决定着北极科研工作展开的规模。考虑到破冰船建设的周期较长、花费较大，以及中国当前极地科研活动的实际需求，中国应与俄罗斯在破冰船建设领域开展深度合作。在通信系统领域，加强自主卫星通信体系的建立，以北极天基通信系统的建设为重点进行布局。同时，加强与俄罗斯在无线电通信方面的优势互补，加强与其他非北极国家的通信与科研合作。以我国在北极通信设施建设上的硬实力，作为我国与北极国家及近北极国家合作的重要技术支撑。在实验装备方面，与国内智能装备的发展相融合，开发无人化、智能化的北极科研装备，同时，强化与北极国家的合作，推进一体化北极观测网络的建设。

四　结语

为了争夺北极治理的话语权，各国都将科研活动作为北极参与的重要环节。由于北极地理位置和气候环境的特殊性，在北极地区展开科研活动非常依赖先进科技装备的支持，这使北极科技装备的竞争成为各国北极竞争的基础环节和首要环节。目前，在破冰船、通信系统、智能实验装备等领域，各国的分化比较明显，俄罗斯在破冰船保有量上具有绝对优势，其他国家近几年新建破冰船速度较慢；美国在通信系统上具有绝对优势，欧盟的发展也比较迅速；在智能实验装备上，一些参与北极事务的后发国家也表现突出。中国目前在破冰船等大型装备上处于追赶态势，应积极与俄罗斯实现优势互补；在通信系统、智能实验装备领域，继续加大投入。

B.6
2022年新奥尔松区域内科学考察站的年度运行情况报告*

刘惠荣　张　笛**

摘　要： 位于挪威斯瓦尔巴群岛的新奥尔松地区是各国北极科考的重要站点。该地区以其特殊的法律地位、独特的地理位置和独有的自然条件为北极研究提供了极大的便利，使各国研究者可以较简便地取得所需的研究资料。该地区目前已有超过20个机构开展长期监测和研究活动，也建立了包括中国北极黄河站在内的多个科考站。新奥尔松地区的科考站应遵循特定的法律规范，这些规范既有国际法层面的，也有斯瓦尔巴群岛地区法层面的。这些科考站在2022年开展了多项研究活动，但是各科考站的研究活动在研究项目数量和研究领域方面均有差异。我国作为近北极国家，有责任积极参与北极事务，推动北极地区的环境保护和资源的妥善利用。为此，我国应更加重视在新奥尔松地区的科研布局，为北极科学考察提供助益。

关键词： 新奥尔松　科考站　斯瓦尔巴　北极科考

---

* 本文为国家海洋局极地考察办公室委托项目“北极八国北极政策与治理机制对我国北极考察活动影响研究”（项目编号：2022-yw-04）的阶段性成果。

** 刘惠荣，中国海洋大学海洋发展研究院高级研究员，法学院教授、博士生导师；张笛，中国海洋大学海洋发展研究院博士生。

一　新奥尔松概况

新奥尔松（Ny-Ålesund）是挪威斯瓦尔巴群岛上的一个小镇，位于布鲁格半岛（Brøggerhalvøya）和孔斯峡湾（Kongsfjorden，又称“Kingsbay”或“国王湾”）的岸边，是世界上最北端的全年运行的研究基地。本地区成为北极研究基地已有50多年的历史，现已成为挪威北极自然科学国际合作的重要平台，也是北极研究和环境监测的理想地点。

之所以能成为重要的北极科考站点，除了斯瓦尔巴群岛特殊的法律地位之外，最重要的是新奥尔松有着优越的自然条件。其独特的地理位置，有利于观测气候变化并监测其带来的影响——包括对物理环境和动植物生存状况造成的区域性和全球性影响。新奥尔松因此成为众多观测活动的绝佳场所，也在众多国际和各国国内的监测项目中发挥了重要作用。除此之外，由于地形地貌类型多样、生物资源丰富，几乎任何与北极相关的主题都可以在新奥尔松或附近进行研究。冰川学家会在附近找到冰川，生物学家会在附近找到栖息着鸟类的悬崖和各种陆地哺乳动物，大气科学家可以随时获得适合他们研究的清洁北极空气，海洋研究者则能很容易地找到合适的海洋资源。① 因此，新奥尔松成为诸多北极科考项目的不二选址。

如今新奥尔松的国际研究活动已十分广泛。超过20个研究机构在新奥尔松进行着长期的研究和监测活动。根据北欧创新、研究和教育研究所（Nordic Institute for Studies in Innovation Research and Education）的研究，目前在新奥尔松的研究活动，约占斯瓦尔巴群岛研究活动的25%。新奥尔松地区研究人员背景的多样性为该地区的科研合作提供了独特的机会，同时也呼应了不同机构之间合作的需求。1994年以来，新奥尔松科学管理委员会（Ny-Ålesund Science Managers Committee，NySMAC）已经成为新奥尔松研究

① “Ny-Ålesund”，https://nyalesundresearch.no/about-us/ny-alesund/.

机构之间协调和合作的重要场所。[①]

根据斯瓦尔巴群岛科研项目注册网站“斯瓦尔巴研究门户”（Research in Svalbard Portal，RiS）所显示的信息，新奥尔松地区目前有 10 个国家的 11 个机构运行着 10 个科考站。[②] 分别是中国的北极黄河站、挪威的斯威尔德鲁普站（Sverdrup）、德国和法国共有的新奥尔松北极研究基地（Arctic Research Base Ny-Ålesund）、印度的希玛德里站（Himadri）、意大利的飞艇站（Dirigibile Italia）、日本的新奥尔松 NIPR 观测台（Ny-Ålesund NIPR Observatory）、韩国的大山站（Dasan）、荷兰的荷兰北极站（Netherland Arctic Station）、英国的北极办公室（UK Arctic Office）和挪威的大地测量地球观测台（Geodetic Earth Observatory）。[③]

二　新奥尔松科学考察制度与政策

新奥尔松地区位于斯瓦尔巴群岛，其特殊的国际法地位导致在该地区的科考活动也需要遵守特殊的法律制度和政策。主要分为两个层面：国际层面和地区层面。

（一）国际层面

国际层面的法律主要指《斯匹次卑尔根群岛条约》（以下简称《斯

---

① The Research Council of Norway, “Ny-Ålesund Research Station—Research Strategy Applicable from 2019,” https://www.forskningsradet.no/siteassets/publikasjoner/2019/ny-alesund-research-station-research-strategy2.pdf.

② 对于新奥尔松科考站的数量，不同数据来源的说法不一。原因在于不同数据来源对科考站的认定标准不同。目前很难找到“科考站”的权威定义。本文所统计的“新奥尔松科考站”参照 RiS 门户网站所显示的数量，参见 https://www.researchinsvalbard.no/about-ris。一些独立于这些科考站的科考场所和设施，例如隶属于挪威极地研究所（Norwegian Polar Institute）的齐柏林观测台（Zeppelin Observatory），由于其各研究所共用的性质而未被列入其中；又如隶属于意大利国家研究委员会（National Research Council of Italy）的阿蒙森-诺比尔气候变化塔（Amundsen-Nobile Climate Change Tower），也由于其基础设施的属性而未被列入其中。

③ 参见 RiS 官方网站，https://www.researchinsvalbard.no/search/projects/list-result。

约》）。斯瓦尔巴群岛位于北冰洋，是北极地区的重要岛屿。1596 年，荷兰探险家威廉·巴伦支（Willem Barents）发现了斯瓦尔巴群岛，该地区开始进入人们的视野。斯瓦尔巴群岛生物和矿产资源丰富，成为众多探险家和商人竞相追逐的热土。在一战之前，美国、挪威、瑞典、英国、荷兰和俄国的商人开始在岛上进行矿产资源勘探并宣称对相关资源具有所有权，但是由于斯瓦尔巴群岛重要的战略地位和丰富的自然资源，各国在该岛的权利归属问题上互不相让，导致斯瓦尔巴群岛一直都被视作无主之地。在一战之后的巴黎和会上，斯匹次卑尔根群岛委员会通过决议，认为挪威应对该群岛享有主权。次年，英国、美国、丹麦、挪威、瑞典、法国、意大利等 18 个国家在巴黎签订了《斯约》，用条约的形式确定了挪威对该群岛的主权，但同时也赋予了其他缔约国和平、公平、自由利用该群岛的权利。1925 年《斯约》正式生效，我国于 1925 年签署该条约，成为《斯约》的首批缔约国。①

《斯约》第五条规定了各缔约国的科学考察权利，但是提到具体开展科考活动的条件还要通过缔结专门公约进一步规定。然而目前并不存在这样的公约，这就给各国的科考活动带来了很大的不便。根据《斯约》的规定，斯瓦尔巴群岛的主权归属挪威，因此，挪威有权在斯瓦尔巴群岛制定法律法规并开展相应的执法活动。② 这也为挪威管制斯瓦尔巴群岛科研活动提供了重要的法律依据。

（二）地区层面

挪威并未在该地区制定专门的科考法规，相关事宜只是零星地规定在各类法律文件中。如果科考活动涉及提取矿藏进行研究，则需要受到《斯匹次卑尔根群岛采矿条例》的管制；如果在科考过程中产生污染则要受到

① 白佳玉、张璐：《〈斯匹次卑尔根群岛条约〉百年回顾：法律争议、政治博弈与中国北极权益维护》，《东亚评论》2020 年第 1 期；卢芳华：《〈斯瓦尔巴德条约〉与我国的北极权益》，《理论界》2013 年第 4 期。值得注意的是，挪威根据《斯约》颁布了《斯瓦尔巴法案》，引入了“斯瓦尔巴”一词，自此“斯瓦尔巴群岛”和“《斯瓦尔巴条约》”也成为可以接受的称谓。

② 白佳玉、张璐：《〈斯匹次卑尔根群岛条约〉百年回顾：法律争议、政治博弈与中国北极权益维护》，《东亚评论》2020 年第 1 期。

《斯瓦尔巴环境保护法令》的管制；如果相关科考项目涉及对斯瓦尔巴群岛之外的动物的研究，则要受到《禁止向斯瓦尔巴群岛进口动物法》的约束。

虽然没有专门的科考法规，但是斯瓦尔巴地区，包括新奥尔松地区有一些政策性的文件，为各国科考站的科考活动提供了指导。与新奥尔松科考站相关的政策性文件主要有三个，分别是《挪威斯瓦尔巴白皮书》（Svalbard White Paper）、《斯瓦尔巴研究和高等教育政策》（Strategy for Research and Higher Education in Svalbard）和《新奥尔松研究战略》（Ny-Ålesund Eesearch Strategy）。除此之外，斯瓦尔巴地区最高行政长官斯瓦尔巴总督（Governor of Svalbard）也发布过一份《斯瓦尔巴研究人员指南》（Guidelines for Researchers in Svalbard），对科研人员在本地区的科考项目申请和注册事项提出了要求。

1.《挪威斯瓦尔巴白皮书》

《挪威斯瓦尔巴白皮书》（以下简称《白皮书》）是斯瓦尔巴地区向挪威议会提交的报告，该报告每十年提交一次，旨在确定斯瓦尔巴地区下个阶段的发展目标。最近的一次《白皮书》是2016年5月11日提交的，该《白皮书》确定斯瓦尔巴地区发展的首要目标是：一贯且坚定地行使主权、合理遵守《斯约》并根据该条约对该地区加以管制、保护该地区独特的自然荒野、维持群岛中的挪威社区。

《白皮书》的第八章“知识、研究和更高等教育”提到，斯瓦尔巴群岛是挪威和国际研究、高等教育和环境监测的重要平台。挪威政府将为斯瓦尔巴群岛的研究和高等教育制定一项总体政策[①]。新奥尔松的研究群体将进一步发展成为国际科学合作的平台，而挪威将在相关研究领域起到引领作用。这种发展和转变将从新奥尔松地区研究活动的组织机构和运作方式开始。[②]

为了实现这些目标，挪威政府将在如下方面采取行动：更好地利用和协调资源；更明确地定义研究重点；提高质量和专业管理水平；更明确地定义

① 即《斯瓦尔巴研究和高等教育政策》，下文将有所论述。

② Norwegian Ministry of Justice and Public Security, “Svalbard—Meld. St. 32 (2015-2016) Report to the Storting (White Paper),” https://www.regjeringen.no/en/dokumenter/meld.-st.-32-20152016/id2499962/.

对科学质量、合作和数据开放共享的期望。

这些行动目标成为斯瓦尔巴群岛科考活动的重要法律依据，同时也是《斯瓦尔巴研究和高等教育政策》和《新奥尔松研究战略》的立法依据。

2.《斯瓦尔巴研究和高等教育政策》

2018 年 5 月，挪威政府依据《白皮书》发布了《斯瓦尔巴研究和高等教育政策》（以下简称《政策》）。《政策》重申了斯瓦尔巴地区的发展目标。除了要继续在科学研究方面做出贡献和争取在各类研究活动中取得领先地位之外，还特意提到了要使新奥尔松以更加全面的方式进一步发展，使其成为挪威在世界级科学研究方面的国际合作平台。此外，《政策》还提到了斯瓦尔巴群岛的科学研究活动应该遵守的基本原则，与新奥尔松科考站的科研活动相关的原则主要包括：（1）高昂科学雄心原则，主要指斯瓦尔巴群岛的研究人员应当重视国际合作，重视成果的共享和提高研究质量；（2）对环境的全面考虑原则，指在科学研究中应遵守该地区的环境法规，并尽可能减少人类活动对环境的影响；（3）利用现有的科考社区和科考站及实地活动与申请原则，指科考活动应尽可能以现有的社区和科考站为基础，有些规定了研究地点的研究活动则不能超出规定的地点，并且所有的科研活动都需要依据总督的要求提交申请；（4）良好的后勤支持、安全管理和安全培训原则，指研究机构应当对研究人员开展各类安全培训，如交通安全培训；（5）基础设施的协调利用和互利共享原则，指各机构应在斯瓦尔巴地区的研究基础设施方面进行系统和有约束的合作，在斯瓦尔巴地区拥有研究基础设施的所有各方必须努力为其他机构提供设备、船只、实验室等的相互使用权；（6）新奥尔松科考站的进一步发展原则，指新奥尔松的建筑、基础设施和服务应优先用于综合性主题的科研活动，同时为了给新奥尔松长期的研究活动提供政策支撑，挪威政府还责成挪威研究理事会（Research Council of Norway）为新奥尔松的科考站出具了一份具体的研究战略——《新奥尔松研究战略》。[①]

---

① Norwegian Ministries, "Strategy for Research and Higher Education in Svalbard," https://www.uio.no/english/research/interfaculty-research-areas/high-north/research/2018/strategy-for-research-and-higher-education-in-svalbard-.pdf.

3.《新奥尔松研究战略》

《新奥尔松研究战略》（以下简称《战略》）于 2019 年 5 月开始生效。[①] 该《战略》是挪威研究理事会受挪威政府委托，在《斯约》基础上研究制定的，明确规定了各国在新奥尔松进行科考活动的质量、合作、开放、数据和成果共享等应符合的要求，目的是将新奥尔松发展成为高质量的国际研究、高等教育和环境监测合作平台。《战略》提出了新奥尔松发展的愿景，包括保持该地区作为一个纯净自然科学研究基地的独特特征、尽可能保持环境的原始状态、将研究活动作为新奥尔松的优先活动、尽量减少其他活动对研究活动可能造成的影响、保护新奥尔松免受无线电打扰、促进各方对科考基础设施的协调利用。

《战略》对科学考察活动提出一系列要求。根据《战略》，新奥尔松地区科考站的科研活动应服从研究论坛和研究保障机构的协调，以开放的态度对待研究合作，以统筹和合作的方式促进对科考设施的更加合理的利用，注重成果共享和公开，不得使用特定频段的无线电设备。

第一，服从论坛和机构的协调。在新奥尔松地区已经建立了各种后勤和实际研究协调的机制。该地区拥有广泛的研究基础设施和长期的研究合作传统。挪威极地研究所将通过每周与新奥尔松的所有主要参与者的代表举行会议，促进日常活动的协调。NySMAC 负责协调新奥尔松的研究活动和本地区各机构之间的合作，同时，作为一个咨询机构，NySMAC 还为该地区正在进行或计划进行的项目的研究人员提供有关合作和优先事项的咨询。国王湾公司作为研究活动的后勤保障者，负责开发和维护供共同使用的研究基础设施。斯瓦尔巴北极地球综合观测系统在新奥尔松的仪器和基础设施方面发挥了重要作用。该系统使研究人员可以合作使用仪器，获取数据，并解决那些对单个机构或国家来说不切实际或不具成本效益的问题。斯瓦尔巴科学论坛（The Svalbard Science Forum）作为斯瓦尔巴群岛所有研究活动的协调机构，负责促

① “Project Planning”，https://nyalesundresearch.no/research-and-monitoring/researchers-guide/planning-a-research-project-in-ny-alesund/.

进以下四个研究社区之间的合作和协调：朗伊尔城（Longyearbyen）、新奥尔松、巴伦支堡（Barentsburg）和霍恩松（Hornsund）。上述所有机构之间的紧密合作对于新奥尔松研究站的进一步发展至关重要。

第二，共享和发展研究基础设施。基础设施和后勤服务的协调是更好利用研究基础设施的关键。在新奥尔松，可用于建造新建筑的面积有限。因此，如何有效利用现有建筑物至关重要。为此，新奥尔松的各科学团体应根据研究的需要发展现有的建筑，并为如何更好地利用现有的基础设施建言献策。

第三，无线电静默。新奥尔松是一个无线电静默区，其长期目标是进一步减少电磁（无线电波）污染。一些重要的传感仪器需要无线电静默来发挥最佳功能。挪威的一般授权条例允许在没有许可的情况下使用普通无线电设备。但不能在新奥尔松 20 公里半径范围内使用 2GHz～32GHz 频率的设备。如果要使用，则应向挪威国家通信管理局（National Communications Authority）申请。

第四，信息共享和数据公开。将信息提供给其他人对建立正在进行的项目和倡议之间的沟通至关重要。对数据的开放使验证和评估研究结果以及以新的方式使用数据变得更加容易。结合数据，可以促进更多跨学科的研究。开放研究数据可以减少重复劳动，提高效率，减少环境影响。因此，很重要的一点是，数据生产者要对方法进行标准化，并以一种使数据更容易使用的方式分享元数据，最好是符合 FAIR 原则①。

4.《斯瓦尔巴研究人员指南》

这份指南是斯瓦尔巴总督发布的便利斯瓦尔巴地区研究人员的行动指南，其中重点提及了在斯瓦尔巴地区开展的任何科考活动都应当在规定的时间内在 RiS 门户网站提交申请。同时还在考察地点、保险、签证、交通、安全等方面为科考站的研究者们提供了法律风险方面的指引。②

① FAIR 是指可查找、可访问、可互操作和可重复使用。其中互操作的概念意味着数据和元数据都必须是机器可读的，并且使用一致的术语。

② “Guidelines for Researchers in Svalbard”，https://www.sysselmesteren.no/en/researchers/guidelines-for-researchers-in-svalbard/.

三　新奥尔松科考站科研情况

新奥尔松的研究是在各种机构、国家和国际方案的框架内进行的。来自许多不同机构的研究人员为该地区的科考活动提供了独特的合作机会。1994年以来，NySMAC一直在新奥尔松研究机构之间进行协调并促成相互之间的合作。新奥尔松地区科研项目的实质协调，以及对研究重点和研究基础设施利用方面的协作方案的确定，是在四个主题广泛的旗舰计划的框架内进行的。这些旗舰项目涵盖了在新奥尔松进行的大部分研究和监测活动，包括“大气层研究项目”、“陆地生态系统研究项目”、“孔斯峡湾系统研究项目”和“冰川学研究项目”。这些旗舰计划得到了挪威研究理事会和斯瓦尔巴科学论坛的长期支持。这些项目将在新奥尔松工作的科学家们聚集在一起。他们旨在通过长期观测、过程调查和建模来发展对地球系统科学的理解。所有对特定领域感兴趣的研究人员会被邀请参加各自的旗舰项目活动，并鼓励他们开会展示数据和结果，并讨论和协调计划的活动。旗舰项目安排的会议对所有人开放，不收取任何费用。旗舰项目还致力于为研究人员提供一系列变量的长期测量数据，并向活跃在该领域的研究人员通过电子邮件持续更新数据。①

2022年新奥尔松各科考站共开展了366个项目②，涉及13个领域，包括大气科学（Atmosphere）、冰冻圈（Cryosphere）、陆栖生物学（Terrestrial Biology）、海洋学（Oceanography）、海洋生物学（Marine Biology）、地质学（Geology）、应用技术和工程（Technology and Engineering）、长期监测（Long-Term Monitoring）、遥感（Remote Sensing）、数据管理（Data Management）、空间物理（Space Physics）、社会科学（Social Sciences）和其他（Other）。

---

① “Project Planning,” https://nyalesundresearch.no/research-and-monitoring/researchers-guide/planning-a-research-project-in-ny-alesund/.

② RiS官方网站公布的科考站科考项目数据并非完全固定的数据。如本文涉及的2022年新奥尔松地区科考站科考项目总数量，2023年6月下旬查询显示为361个项目，同年7月中旬查询为366个项目，同年12月下旬查询为351个项目。原因可能是网站的判定规则产生了变化。本文的项目、领域、成果统计数存在不一致的情况，与此有关。

（一）中国北极黄河站

北极黄河站是中国首个北极科考站，成立于 2004 年 7 月 28 日。站区主体建筑 576 平方米，配备有常规观测实验室、干/湿实验室、极光观测室、会议室、储藏室和宿舍，可供 18 人同时居住和工作。北极黄河站为我国北极科学考察提供稳定的科学和保障平台，主要支撑海洋生态、陆地生态、空间物理、冰川物质平衡与运动、大气物理与化学、地理信息观测等多个专业方向的科学监测及研究工作。2021 年 10 月 9 日，北极黄河站进入国家野外科学观测研究站建设序列，命名为“北极黄河地球系统国家野外科学观测研究站”。①

北极黄河站到 2023 年为止总共注册了 89 个项目，其中有 78 个已完成，10 个正在进行中，另外还有 1 个项目还未正式开始。

2022 年开展的项目有 11 个，涉及上述 13 个领域中的 11 个。未开展遥感、应用技术和工程方面的研究。

北极黄河站 2022 年在 RiS 网站无成果公布。②

（二）斯威尔德鲁普站

挪威极地研究所成立于 1928 年 3 月 7 日，其在新奥尔松的科考活动主要依托于斯威尔德鲁普站。该站位于斯瓦尔巴群岛孔斯峡湾南岸的布鲁格半岛北侧，于 1999 年开放。现在的斯威尔德鲁普站是一座现代化建筑，建筑面积有 700 平方米，该站有 5 名长期工作人员，负责运营永久性研究计划，并支持访问科学家在新奥尔松进行研究活动。③

斯威尔德鲁普站到 2023 年为止总共有 411 个项目，其中 287 个已完成，121 个正在进行中，还有 3 个项目还未正式开始。

---

① 《北极黄河站》，中国极地研究中心网，https://www.pric.org.cn/index.php? c=category&id=98。

② 本文所称之“公布的成果”指在 RiS 系统公布的已公开发表的成果，在 RiS 系统显示为“Publication”。

③ https://www.npolar.no/en/sverdrup/#toggle-id-1.

该站2022年进行的科考项目有155个，涉及上述全部13个领域。

该站在2022年有1项成果在RiS网站公布。

（三）新奥尔松北极研究基地

该站由德国阿尔弗雷德·魏格纳暨亥姆霍兹极地和海洋研究所（AWI）和法国保罗-埃米尔·维克多极地研究所（IPEV）共同所有。研究的重点是气候变化及其对北极环境的影响，包括对大气、冰川和陆地问题以及海洋生态系统及其相互作用的研究。①

该站总共有159个项目，102个已完成，54个正在进行中，还有3个项目还未正式开始。

该站有64个项目在2022年开展了工作。涉及上述13个领域中的11个。未开展遥感、数据管理方面的研究。

该站在2022年有7项成果在RiS网站公布。

（四）意大利飞艇站

意大利国家研究委员会是意大利最大的公共研究机构，也是意大利研究部下属唯一开展多学科活动的机构。新奥尔松科考站意大利飞艇站就隶属于意大利国家研究委员会，其主要研究任务是调查大气的物理和化学性质，以及大气-陆地界面的质量、辐射和化学物质的交换通量。最终目标是创建一个科学平台，以补充其他国际研究团队开展的研究活动，并建立一个全面的数据集，用于确定地表能源的所有储备形式，其时间变化，以及涉及空气、雪、冰和土地（永久冻土和植被）的不同变化过程所发挥的作用。②

该站到2023年为止总共注册了111个项目，其中有50个在2022年开展了工作，涉及上述13个领域中的12个领域，未开展社会科学方面的研究。

该站2022年有4项成果在RiS网站公布。

---

① https://www.awipev.eu.

② https://www.isac.cnr.it/en/infrastrutture/Arctic-Station-Dirigibile-Italia.

（五）英国北极办公室

英国北极办公室于 1991 年在新奥尔松成立，位于斯瓦尔巴群岛西海岸的孔斯峡湾南岸。该站为来自英国所有大学、研究机构和其他被认可组织的研究人员及其国际合作者提供一流的设施和住宿，并致力于根据英国自然环境研究委员会授权的科学职权范围进行一系列环境研究。这包括生态、冰川/冰周地貌、水文学和大气化学以及海洋研究。该站通常在每年 3 月至 9 月开放，也可以根据研究人员的需要提前或推迟开放。该站参与了几个欧盟基础设施项目，目前是欧盟资助项目 INTERACT（北极陆地研究和监测国际网络）的合作伙伴。INTERACT 是一个由北欧国家、俄罗斯、美国、加拿大、冰岛、格陵兰岛、法罗群岛和苏格兰以及北部高山地区的 83 个野外地面基地组成的网络。因此，该站可供希望通过 INTERACT 跨国访问计划申请在新奥尔松进行研究的非英国研究人员使用。①

该站到 2023 年为止总共开展了 64 个项目，已完成 47 个，还有 17 个正在进行中。

该站有 19 个项目在 2022 年开展了工作，涉及 11 个领域，未开展遥感、数据管理方面的研究。

该站 2022 年在 RiS 网站无成果公布。

（六）荷兰北极站

荷兰北极站，或称荷兰北极中心，由荷兰格罗宁根大学北极中心管理。该站主要研究藤壶雁在北极生态系统中的作用；研究养分循环、植物生产力和植被模式，以了解植物与食草动物的相互作用；收集个体环斑雁一生中的行为、生物节律和繁殖成功的数据，并研究捕食者对这些行为的影响；用地理定位器监测大雁和北极燕鸥的迁移时间。其他项目涉及昆虫丰度、湖泊生物多样性、海洋浮游生物、人类开发历史、旅游对文化遗产的影响、考古学

① https://www.arctic.ac.uk/uk-arctic-research-station/.

和污染。[1]

该站到 2023 年为止总共注册了 64 个项目，已完成 49 个，15 个正在进行中。

该站 2022 年开展工作的项目有 21 个，涉及 10 个领域。2022 年未开展长期监测、遥感和数据管理方面的研究。

该站 2022 年在 RiS 网站无成果公布。

（七）大山站

韩国第一个北极科考站大山站于 2002 年 4 月 29 日在挪威斯瓦尔巴群岛新奥尔松成立。韩国极地研究所将大山站作为夏季站运营，大约 60 名国际研究人员在夏季（3 月至 9 月）访问大山站进行实地研究活动。该站的研究活动主要集中在北极海冰研究、上层大气和空间环境变化调查、海洋和陆地生态系统研究以及微生物学研究方面。[2]

该站到 2023 年为止总共注册了 47 个项目，其中 29 个已经结项，18 个仍在进行中。

该站 2022 年开展工作的项目有 16 个，涉及 8 个领域，包括陆栖生物学、地质学、海洋生物学、大气科学、海洋学、冰冻圈、空间物理和其他。

大山站 2022 年有 3 项成果在 Ris 网站公布。

（八）希玛德里站

希玛德里站是印度第一个永久性北极科考站，于印度第二次北极科考期间设立，并于 2008 年 7 月 1 日举行了剪彩仪式。希玛德里站的职能包括对孔斯峡湾的长期动态监测，以及大气研究。印度北极研究的主要目标包括气溶胶辐射、空间天气、食物网动力学、微生物群落、冰川、沉积学和碳循环等方面。该站将遗传学、冰川学、地质学、大气污染和空间天气等领域的调查

---

① https：//eu-interact. org/field-sites/netherlands-arctic-station/.

② https：//www. kopri. re. kr/eng/html/infra/020201. html.

和研究列为优先事项。除此之外，该站还致力于北极治理政策的研究。

该站到2023年为止共注册了42个项目，其中37个已经结项，4个正在进行中，还有1项未正式实施。

该站2022年共有3个项目开展了工作，涉及8个领域，包括陆栖生物学、地质学、海洋生物学、大气科学、海洋学、冰冻圈、数据管理和长期监测。

该站在2022年有两项成果在RiS网站公布。

（九）新奥尔松 NIPR 天文台

日本国家极地研究所（National Institute of Polar Research，NIPR）是日本促进极地地区科学研究和观测的核心机构，一直在环北极地区的合作设施中从事综合研究项目。作为一个大学间的研究机构，NIPR正在为日本研究界提供基础设施支持、样品、材料和信息，用于北极和南极的研究和监测。NIPR在新奥尔松的主要研究课题是大气科学（温室气体、气溶胶和云层）、陆地生物学、冰川学和高层大气科学。NIPR的一个重要职能是评估、接受和主持来自日本的研究人员在新奥尔松的科研项目。NIPR自1991年以来一直在新奥尔松的拉本（Rabben）设有办事处，并于2019年4月搬迁到国王湾的新观测站威克萨斯（Veksthus）。目前，NIPR在新奥尔松没有常年驻守的工作人员。

新奥尔松NIPR天文台到2023年为止共注册了31个科考项目，其中15个已经结项，16个正在进行中。

该站有19个项目在2022年开展了工作，涉及9个领域，分别是大气科学、空间物理学、陆栖生物学、冰冻圈、应用技术和工程、海洋生物学、地质学、海洋学、社会科学。

该站2022年有3项成果在RiS网站公布。

（十）大地测量地球观测台

挪威测绘局的大地测量地球观测台是同类科考站中最北端的一个，1993

年建于斯瓦尔巴岛新奥尔松的汉纳拉本（Hamnerabben），其特点是有一个直径 20 米的无线电望远镜。2013 年挪威测绘局在再往北几公里的布兰达尔建造了新的观测台，使其逐步投入使用并取代汉纳拉本的设施。新的观测台于 2018 年正式启用。

新的观测站是全球大地测量观测系统（Global Geodetic Observing System）领域世界首批核心站点之一，在该观测站，研究人员可以同时利用多种空间大地测量技术进行科学研究。①

大地测量地球观测台到 2023 年为止共注册了 17 个项目，有 12 个已经完成，还有 5 个正在进行中。

该站有 8 个项目在 2022 年开展工作，涉及上述 13 个领域中的 12 个领域，未开展社会科学方面的研究。

该站 2022 年无成果在 RiS 网站公布。

四　2022年新奥尔松各科考站科考情况图表分析

新奥尔松各科考站在 2022 年开展的项目数量、成果数量和项目所涉领域呈现不同的态势。在项目数量方面，各科考站差异巨大，而在成果数量和项目领域方面则差别较小。孤立的数据并不能体现出相互之间的对比关系，因而本部分试图以图表的形式具象化这种对比关系。②

（一）2022年新奥尔松各科考站科考项目数量

在科考项目的数量上，2022 年新奥尔松地区各科考站开展的项目数量差别很大。开展科考项目最多的科考站是挪威的斯威尔德鲁普站，该站 2022 年进行的科考项目有 155 个。2022 年开展科考项目最少的科考站是印

① https://www.kartverket.no/en/about-kartverket/geodetic-earth-observatory/information-about-the-observatory.

② 本文所列图表均为笔者自制，所用数据均来源于 RiS 官方网站，https://www.researchinsvalbard.no。

度希玛德里站，只有 3 个项目。其他科考站 2022 年开展的科考项目数量从 8 个到 64 个不等，中国北极黄河站开展了 11 个科考项目（见图 1）。

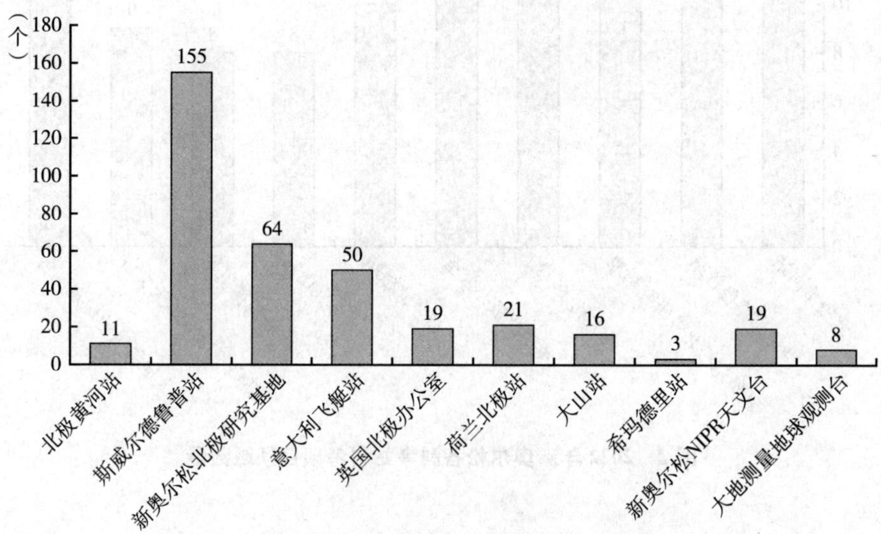

图 1　2022 年新奥尔松各科考站科考项目数量

（二）2022年新奥尔松各科考站科考项目领域数量

在科考领域方面，2022 年新奥尔松地区各科考站开展的科考领域数量差别很小。各科考站共涉及了 13 个领域的科考项目，相关领域及各领域的项目数量如下：陆栖生物学 107 项、大气科学 100 项、海洋生物学 99 项、冰冻圈 89 项、海洋学 55 项、其他 53 项、地质学 41 项、应用技术和工程 24 项、空间物理 22 项、长期监测 19 项、遥感 12 项、数据管理 9 项和社会科学 9 项。其中涉及领域最多的科考站是挪威的斯威尔德鲁普站，进行了全部 13 个领域的研究工作。涉及领域最少的科考站是印度的希玛德里站和韩国大山站，都涉及了 8 个科考领域。中国北极黄河站涉及的科考领域为 11 个（见图 2）。

（三）2022年新奥尔松各科考站成果数量

在科研成果方面，2022 年新奥尔松地区各科考站的成果数量有较大差异。

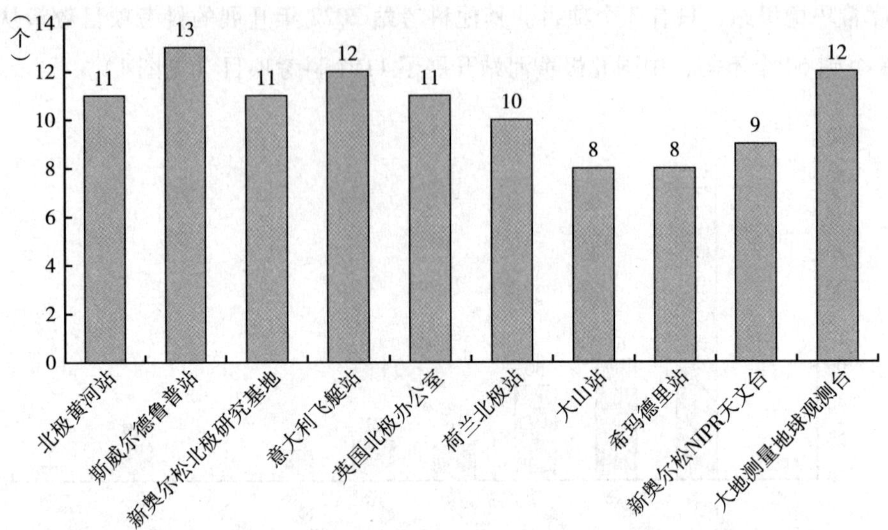

图 2　2022 年新奥尔松各科考站科考项目领域数量

有 4 个科考站在 2022 年无成果公布，分别是中国北极黄河站、英国北极办公室、荷兰北极站、挪威大地测量地球观测台。而成果最多的科考站是德国、法国共同管理的新奥尔松北极研究基地，有 7 个成果在 RiS 网站公布（见图 3）。

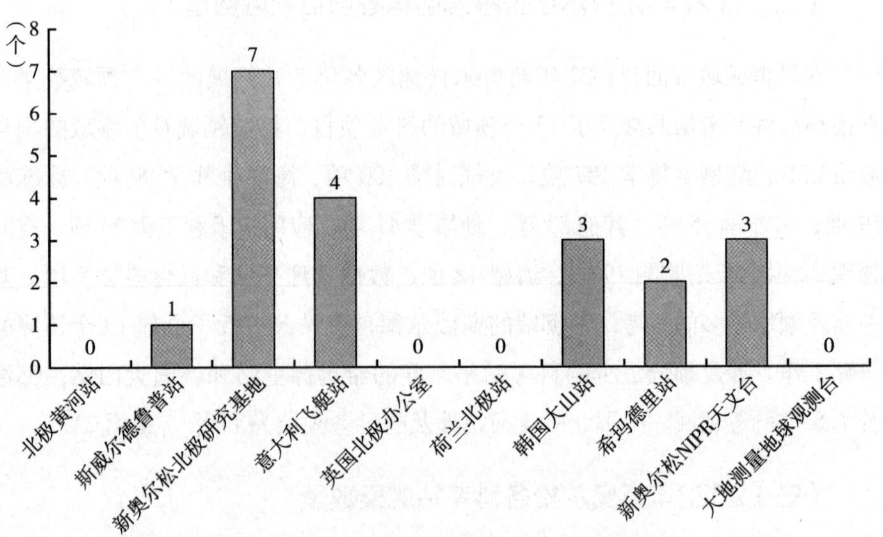

图 3　2022 年新奥尔松各科考站成果数量

（四）2022年新奥尔松各科考站项目数量、项目领域数量、成果数量综合分析

通过图 4 可以看出，2022 年新奥尔松各科考站的科考项目数量、项目领域数量和成果数量相互之间没有明显的对应关系。项目数量最多的挪威斯威尔德鲁普站的成果数量并不多，只有 1 个。这与其高达 155 个的项目数量形成鲜明的对比。项目数量很少的韩国大山站和日本新奥尔松 NIPR 天文台的成果数量则可圈可点，各有 3 个成果公布，略低于意大利飞艇站的 4 个成果。但意大利飞艇站的项目数量是大山站的 3 倍多，是日本新奥尔松 NIPR 天文台的 2 倍多。

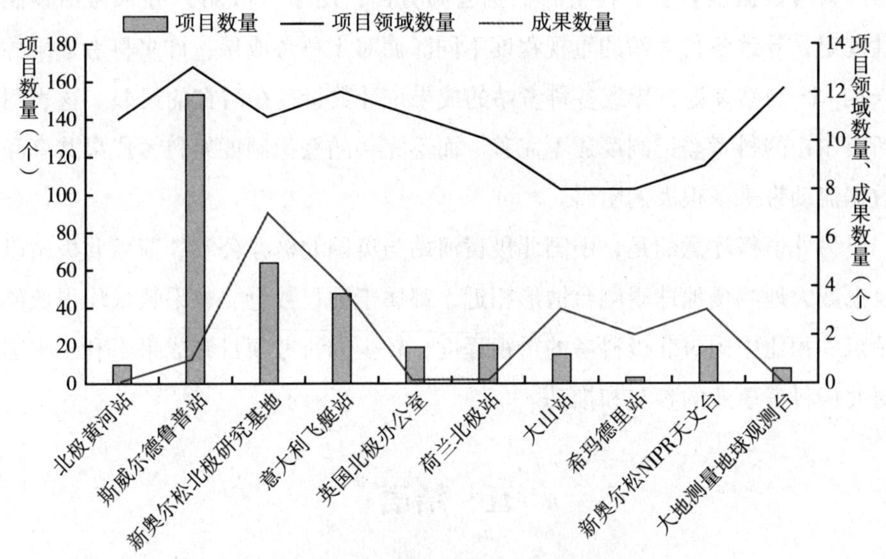

图 4　2022 年新奥尔松各科考站项目数量、项目领域数量、成果数量

项目领域数量则几乎不受项目数量的影响，也不能左右成果的数量。从图 4 可以看出，项目数量最多的挪威斯威尔德鲁普站比项目数量最少的印度希玛德里站多了 152 个项目，但是前者的项目领域数量只比后者多了 5 个；从比例上来说，前者的项目数量是后者的 51.7 倍，但项目领域数量仅是后

者的1.6倍。这表明新奥尔松地区2022年各科考站的科考项目综合性较高，相对较少的项目即可以涵盖绝大多数主要的科考领域。

通过以上数据可以看出，新奥尔松地区的科考站主要由欧洲和亚洲国家运营。其中亚洲科考站在2022年开展的项目数量呈现低于欧洲科考站的趋势，这可能与各国在新奥尔松的科考战略布局和新冠疫情的影响有关。

在科考领域上，各科考站相对平衡，但是在2022年开展的全部366个项目中，分别只有9个项目涉及数据管理和社会科学领域，只有12个项目涉及遥感领域。这可能与挪威对新奥尔松地区社会科学学者活动的限制，以及对该地区无线电静默的规定有关。

在科考成果和数据方面，在RiS网站公布的科考成果较少，在该网站公布的科考数据也较少。在科考数据公布方面，由于《战略》并未做出强制性规定，导致各科考站的重视程度不同。而对于科考成果，许多科考成果并未在RiS网站登记，导致各科考站的成果统计数量存在潜在的误差。这表明新奥尔松的科考登记制度还不完善。而不完善的登记制度给科考成果共享和数据流动带来了很大的阻碍。

另外值得注意的是，中国北极黄河站与英国北极办公室、荷兰北极站以及挪威大地测量地球观测台情形相近，都属于项目数量、成果数量均很低的站点。相比中国对北极科考的重视程度，较少的科考项目和成果不利于中国对北极科考事业的参与和推动。

五　结语

新奥尔松地区基于其独特的国际地位、独有的地理位置和优良的生态状况，目前已经成为北极科考站的重要选址，是各国开展北极研究、进行北极科学合作的优先选择。目前有10个国家在该区域设立了10个科考站。这些科考站的设立和科考人员的科考行动都需要遵守当地的法律规范。目前有明确法律效力的法律规范有《斯约》以及挪威政府为管辖斯瓦尔巴群岛而颁布的一系列法律规定，如环境保护和采矿方面的法律规定。《斯约》主要为各缔约国科考站的设立提供了法律依据，而斯瓦尔巴群岛的法律则是科考人员需要遵守的主要行为规范。除此之外，《战略》对各国在新奥尔松地区的科考行动提出了要求，为该地区的发展设立了愿景。虽然并非有效的法律，但也是各科考站需要重点研习和参考的“软法”。拥有与《战略》相当的软法地位的文件还有《政策》和《白皮书》，这两者为《战略》的设立提供了主要政策依据。除此之外，斯瓦尔巴总督还会发布一系列的指令，以指导和管理当地的科研活动。

各科考站的 2022 年科研情况相差很大，主要体现在科考项目数量和所公布的科考成果数量上。但是各科考站的项目种类相差不大，无论科考项目数量多少，均能涵盖该地区绝大多数主流的科考种类和科目。

中国北极黄河站 2022 年度科考项目数量和在 RiS 网站公布的成果数量均较少。中国作为近北极国家，需要积极参与北极事务。我们应该更加重视北极黄河站在我们认识北极过程中的地位，提高我国在新奥尔松地区的科考投入。首先，我们应重视北极科考活动，让现有的北极黄河站科考设施发挥出更大的作用，进行更多科考项目的研究；其次，我们应加大投入，维护和升级现有的科考设施，健全科考管理制度，完善我国的北极科考体系；最后，要实现对北极地区的全方位了解，应该加强国际合作，积极利用新奥尔松地区较为浓厚的国际合作氛围，推动与各科考站之间的合作研究，重视研究数据和成果共享。只有这样，北极黄河站才能为我国参与北极事务提供更好的助益。

北极经济开发篇

Arctic Economic Development

B.7

新形势下北极国家能源政策调整与能源供给结构的变化*

刘惠荣　张洁芳**

摘　要： 2022年2月俄乌冲突爆发对全球能源格局产生了持续而深远的影响，叠加欧美国家对俄罗斯实施一系列包括能源供给管控的经济制裁，世界正陷入首次全球性能源危机。聚焦北极地区，以能源安全为中心的地缘政治和北极独特的地理环境使北极国家能源领域的变动尤为显著。本文通过对比北极国家在俄乌冲突爆发前后能源政策和能源供给结构发展动态，阐明各国能源举措产生的交互影响和新形势下北极国家能源领域的变动状况——各国加速可再生能源技术研发和提高清洁能源利用效能，短期内通过增加化石能源的开采以缓解能源供应紧张局势，而俄罗斯继续将能源经济作为国家发展的重要战略支撑。最后，

* 本文为国家社科基金重大专项课题“海洋强国建设”（项目编号：20VHQ001）的阶段性成果。

** 刘惠荣，中国海洋大学海洋发展研究院高级研究员，法学院教授、博士生导师；张洁芳，中国海洋大学法学院国际法专业硕士研究生。

本文分析了导致北极国家能源政策调整和供给结构变化的常量和变量因素，发现北极国家能源领域的政策调整仍依赖于全球气候危机大背景和保障国家能源安全的现实需要，而俄乌冲突作为变量因素在全球能源领域引发的蝴蝶效应导致北极国家能源举措发生剧烈的短期震荡进而产生远期影响。

关键词： 北极国家　化石能源　可再生能源　能源政策　能源供给结构

北极地区蕴含着丰富的化石燃料资源。美国地质调查局（USGS）2008年调查显示，北极地区拥有大约900亿桶技术上可采的石油，47万亿立方米技术上可采的天然气和440亿桶技术上可采的液态天然气。[①] 北极国家因其地理优势，成为北极能源开发的重要承担者。近年来随着全球气候变暖，北极国家纷纷做出应对气候变化的减排承诺，加之全球新冠疫情影响，北极地区能源开发进程较为缓慢。俄乌冲突爆发使国际能源市场陷入全面动荡，欧美国家对俄罗斯实施能源制裁，导致国际能源市场的供需错配格局和"短缺恐慌"[②]。俄罗斯化石燃料产品短时间内滞销，而长期依赖俄罗斯进口能源的欧洲国家则面临供给短缺困境。为有效应对俄乌冲突在能源领域的外溢效应，包括荷兰和挪威在内的几个欧洲国家提高本国天然气出口产量，美国、加拿大则通过加大对欧洲国家液化天然气的运输以解决短期内欧洲能源供应不足的困境。俄罗斯则继续加大本国能源开发力度，保持能源经济增长在国家发展过程中的战略性地位，并通过转移能源出口方向，开拓亚洲市场以应对外部制裁困境。

---

① 《北极地区油气资源勘探开发现状》，中华人民共和国自然资源部官网，https://www.mnr.gov.cn/dt/kc/201707/t20170714_2322077.html。

② 赵隆：《乌克兰危机背景下的俄罗斯北极能源开发：效能重构与中国参与》，《太平洋学报》2022年第12期。

一　北极国家能源政策调整与能源供给结构发展动态

北极国家能源政策和能源供给结构受全球能源危机影响。国际油气价格涨幅明显，各国经历通货膨胀，欧洲能源危机引发各国对能源安全的高度关切，全球在能源安全与低碳转型中寻求平衡发展。新形势下，北极国家相应调整国内能源政策，如通过加大本国自主能源供应、促进能源进口多元化等途径以减少外部危机对本国的消极影响，同时也稳步推进可再生能源的开发利用以如期实现本国脱碳目标。

（一）俄罗斯

俄罗斯作为世界第三大原油生产国和第二大天然气产出国，在全球能源市场中扮演重要角色。一直以来，俄罗斯在北极能源开发上位居前列。俄罗斯具备强大的原油管道出口网，全长约 5500 公里的德鲁日巴管道系统（Druzhba pipeline）是世界上最长的管道网络，每天可向东欧和中欧的炼油厂输送 75 万桶原油。国际能源署（International Energy Agency，IEA）报告显示，2021 年，俄罗斯原油和凝析油产量达到 1050 万桶/日，占世界总供应量的 14%，其每日的原油出口量达 470 万桶。俄罗斯也是天然气出口大国，2021 年该国总计生产 7620 亿立方米天然气，通过管道出口约 2100 亿立方米。俄罗斯拥有覆盖广泛的天然气出口管道网络，既有穿越白俄罗斯和乌克兰的中转路线，也有直接向欧洲输送天然气的管道，[①] 发达的管道网络也使欧洲和亚洲国家对俄罗斯的能源进口依赖程度较高。俄罗斯在 2020 年发布的《2035 年前俄罗斯联邦北极地区国家基本政策》（以下简称《2035 北极政策》）中提出俄罗斯在北极地区的发展目标，以及在社会、经济、基建、科技、环境保护、国际合作、社会安全、军事安全和国家领土安全等领域的重点任务和绩效评估指标。俄罗斯《2035 北极政策》计划加大北极

① https://www.iea.org/countries/russia.

地区原油和凝析油的开采力度，发展能源供应系统，升级当地发电设施，扩大可再生能源、液化天然气和当地燃料的使用。① 俄乌冲突爆发后，欧美国家对俄罗斯采取能源制裁行动并逐步升级，大型石油公司投资者纷纷撤出俄罗斯化石燃料开发项目。在此情形下，俄罗斯继续加大北极能源开发力度，优化国内能源产业结构，寻找新型合作伙伴并积极扩大亚洲出口市场以应对外部制裁困境。

1. 加大国内油气资源开发力度

俄罗斯《2035 北极政策》中已明确将加速北极地区能源开发进程，俄乌冲突爆发后，俄罗斯更加重视碳氢化合物驱动的经济模式在国民经济中发挥的关键性作用。据统计，以俄罗斯石油公司为主的石油开发公司在 2022 年启动了塔佐夫（Tazov）油田、位于亚马尔半岛的卡哈亚萨维（Kharasavey）油田、坦北（Tambey）油田以及位于鄂毕湾近海新发现的谢马科夫斯科耶（Semakovskoye）油田和诺维（Novy）油田的开采。此外，为实现能源出口效能提高，加速配套基础设施建设也是俄罗斯能源领域发生的显著变化。2022 年 2 月，俄罗斯总理米舒斯京（Mikhail Mishustin）签署了一项旨在扩大摩尔曼斯克地区先进社会经济发展（TOP）“北极之都”边界的法令，计划在扩大范围内建造一个液化天然气（LNG）海上转运综合体。② 海上转运综合体的建成能够便利欧洲和亚太地区的液化天然气的转运及出口，也有利于增加北方海航线沿线的液化天然气运输量，从而降低向最终用户输送液化气的成本。俄罗斯石油公司也计划于泰梅尔半岛的冻土带建造超过 700 千米的干线以及喀拉海沿岸的一个主要石油码头，为俄罗斯北极地区最大的项目“东方石油”的开发运输设备。③ 东方石油项目是 2019 年俄罗斯石油公司首

① “О Стратегии развития Арктической зоны Российской Федерации и обеспечения национальной безопасности на период до 2035 года,” https://docs.cntd.ru/document/566091182.

② “Правительство одобрило расширение границ ТОР《Столица Арктики》для строительства перегрУзо-чного комплекса СПГ,” https://pro-arctic.ru/14/02/2022/news/45443#read.

③ “Embargo Looms, but Russia Proceeds with Its Biggest Arctic Oil Project,” https://thebarentsobserver.com/en/industry-and-energy/2022/05/oil-embargo-looms-russia-proceeds-its-biggest-arctic-oil-project.

席执行官伊戈尔·谢钦（Igor Sechin）提出的一项能源综合体计划，旨在联合位于克拉斯诺亚尔斯克（Krasnoyarsk）边疆区北部的最大油气田，并为油田开发和石油运输建立一个统一的基础设施。新形势下，俄罗斯作出“转向东方”的战略决定后，东方石油项目将为俄罗斯扩大对亚太地区的能源供应提供重要基础。

与此同时，俄乌冲突催化了俄罗斯对化石能源的开发热潮，俄罗斯在扩大生产规模的同时也注重提高能源开发效能。俄罗斯继续加大天然气开发力度以巩固其天然气出口大国地位。2022 年 7 月，俄罗斯天然气工业股份公司的西弗诺伊·斯亚尼（Severnoye Siyanie）钻井平台也前往喀拉海钻探 2022 年的第一口北极近海油井，预计年产能达 660 万吨。① 天然气巨头诺瓦泰克公司（Novatek）在 2022 年度也积极扩大俄罗斯北极地区的液化天然气生产。2022 年 2 月该公司宣布将在亚马尔半岛的萨贝塔（Sabetta）快速建造一条额外的液化天然气生产线——“鄂毕液化天然气项目”，年产预计达到 6.6 万吨。② 此外，该公司也同步进行北极液化天然气 2 号项目开发，并同步新建塞维罗-奥布斯科耶（Severo-Obskoye）项目和格夫斯基斯科耶（Geofysicheskoye）项目，为天然气产量稳步上升提供充足的保障。③

即使欧洲国家制裁声势浩大，也难逃能源供应危机困境，欧盟对俄能源制裁在实际执行过程中开始出现软化和放缓迹象，石油制裁面临“大撤退”。④ 虽然欧洲从俄罗斯管道进口的天然气下降 80%，但在 2022 年前 9 个月俄罗斯向欧洲出口的液化天然气相较以往却激增了 50%（对俄海上禁运

① “No Foreign Companions as Gazprom Prepares Well Drilling in Arctic Waters,” https://thebarentsobserver.com/en/industry-and-energy/2022/07/no-foreign-partners-gazprom-prepares-well-drilling-arctic-waters.

② “Novatek to Boost LNG Capacity on Yamal Peninsula,” https://www.highnorthnews.com/en/novatek-boost-lng-capacity-yamal-peninsula.

③ “New Natural Gas Field on Arctic Coast Gets Ready for Opening,” https://thebarentsobserver.com/en/industry-and-energy/2022/01/new-natural-gas-field-arctic-coast-gets-ready-opening.

④ 陈文林、吕蕴谋、赵宏图：《西方对俄能源制裁特点、影响及启示》，《国际石油经济》2022 年第 9 期。

2022 年 12 月生效)。[①] 此外，2022 年度化石燃料价格浮动较大，2~3 月乌拉尔原油现货价格飙升至 110 美元/桶。[②] 高油价在一定程度上弥补了能源出口量降低带来的收入缺口，缓解了能源制裁对俄罗斯的负面影响。

2. 积极回应欧美国家能源制裁

天然气是各国从“碳达峰”迈入“碳中和”的主要过渡性能源，[③] 俄罗斯作为天然气出口大国，基于邻欧地理位置和碳氢化合物资源储备优势，欧盟高度依赖俄罗斯天然气能源进口。俄乌冲突爆发后，欧美国家欲将能源作为武器对抗俄罗斯，呈现对抗规模不断扩大、程度逐渐升级的发展态势。欧盟第六轮对俄制裁主要措施为石油禁运，并到 2022 年底前全面禁止进口俄罗斯石油。欧盟实施石油禁令导致俄罗斯的欧洲能源出口市场大规模收缩，大量投资者纷纷撤资。2022 年俄罗斯能源市场中大型外国石油公司宣布将退出俄罗斯能源开发项目，或不再与俄罗斯合作开发新北极石油项目。包括最早提出退出计划的英国石油公司（BP）出售其在俄罗斯石油公司(Rosneft) 19. 75%的股份，壳牌公司（Shell）宣布退出其在萨哈林 2 号(Sakhalin-2) 液化天然气设施 27. 5%的股份，埃克森美孚公司（Exxon Mobil）退出其代表国际联盟运营的萨哈林 1 号项目。法国道达尔能源公司(Total Energies SE) 持有俄罗斯液化天然气生产商诺瓦泰克公司 19. 4%的股份，起初道达尔公司表示将不再为俄新项目提供资金，随着局势升温，其已承诺“将终止与俄罗斯的石油供应合同”，并转让俄罗斯哈里亚加(Kharyaga) 油田的剩余股份。此外，制裁范围还包括向俄罗斯出口的能源开采设备与关键技术。欧盟在实施其第五轮对俄制裁时明确禁止向俄罗斯出口包括量子计算机和先进半导体、高端电子产品、软件、高敏机械和运输设备等商品，受新一轮制裁影响的技术和设备中包括液化天然气工厂生产所必

① “EU Imports of Russian LNG Sore to Record Highs; Supply Mostly from Arctic,” https://www.highnorthnews. com/en/eu-imports-russian-lng-sore-record-highs-supply-mostly-arctic.

② “Tracking the Impacts of EU's Oil Ban and Oil Price Cap,” https://energyandcleanair. org/russia-sanction-tracker/.

③ 赵隆:《双重冲击下俄罗斯能源战略调整与中俄能源合作议程更新》,《东北亚论坛》2023 年第 1 期。

需的热交换设备，俄罗斯最大的两家天然气公司诺瓦泰克公司和俄罗斯天然气有限公司（Gazprom）均对该技术依赖程度较高，限制热交换设备进口将使俄罗斯天然气行业发展受到极大的限制。此外，美国贝克·休斯公司（Baker Hughes）宣布不再向俄罗斯提供电力服务和涡轮机设备。[①] 建设新液化天然气项目的关键技术、融资和设备出口均被禁止，将导致诺瓦泰克公司尚未竣工的北极液化天然气 2 号项目面临重大延误。

面对以美国为首的西方国家实施的逐轮升级制裁，俄罗斯积极采取行动应对制裁危机。首先，为回应欧盟开展的石油和管道天然气禁令，俄罗斯选择以运输液化天然气暂时减缓对欧洲天然气出口量的强烈跌幅。欧盟禁止从俄罗斯进口海运原油的禁令于 2022 年 12 月生效，而禁止从俄罗斯进口石油产品（主要是中间馏分油）的禁令于 2023 年 2 月生效。在此期间，俄罗斯诺瓦泰克公司订购了两座世界上最大的浮动式液化天然气转运站以提高规模经济，转运站可储存多达 36 万立方米的液化天然气。[②] 俄罗斯通过提高船只运输使用效率，在全面制裁彻底到来之前保持一定的欧洲市场占有率，缓解制裁危机对天然气出口的影响。加之短期内欧盟无法彻底切断与俄罗斯的能源贸易往来，且石油价格上涨抵消了制裁带来的负面影响。在俄乌冲突爆发后的 6 个月内（2022 年 2 月 24 日—8 月 24 日），俄罗斯从化石燃料出口中获得了 1580 亿欧元的收入，而欧盟的进口量占其中的 54%，价值约 850 亿欧元。

其次，为稳定因大型石油公司退出市场导致的能源市场震荡，俄罗斯回收外国能源企业在俄股份并寻找新的合作伙伴。2022 年 6 月 30 日，普京签署了一项将壳牌公司和两家日本公司拥有的大型石油和天然气项目的全部控制权移交一家新成立的俄罗斯公司的命令；7 月 26 日，俄罗斯宣布将收购目前由法国和挪威公司所持有的北极油田的股份。此外，俄罗斯也积极寻求

① 《美国工程师退出使俄罗斯北极液化天然气项目陷入困境》，极地与海洋门户网，http://www.polaroceanportal.com/article/4234。

② "Western Sanctions Delay Opening of Arctic LNG 2 Project by One Year," https://www.highnorthnews.com/en/western-sanctions-delay-opening-arctic-lng-2-project-one-year.

新的合作伙伴以解决能源生产技术与设备缺位问题。为重新启动因美国贝克·休斯公司退出而停滞的北极液化天然气2号项目，诺瓦泰克公司通过租用土耳其能源公司（Karpowership）的浮动发电厂，以电力驱动代替无法准时交付的涡轮机设备，以实现工程进度的恢复。[①] 诺瓦泰克公司也将目光转向新的合作伙伴——阿联酋的绿色能源方案公司（Green Energy Solutions）[②]，该公司尚未受欧盟制裁俄罗斯政策的影响，有望成为俄罗斯天然气公司新的技术合作伙伴。

最后，俄罗斯面对能源制裁并未坐以待毙，而通过以卢布结算的方式进行反制裁。2022 年 3 月俄罗斯总统普京签署“卢布结算令”，该政策特别针对“不友好”国家，明确要求这些国家需以卢布购买天然气。在俄乌冲突爆发前，俄罗斯占据约 1/3 的欧洲天然气能源市场，强大的市场占有率使能源成为俄罗斯撬动制裁政策最有力的杠杆。从 2022 年 4 月底起，面对拒绝以卢布支付的芬兰、丹麦、保加利亚和荷兰等国，俄罗斯先后采取了停止天然气供应的反制措施。2022 年 6 月中旬俄罗斯借设备维修之名减少了主要运输至欧盟国家的“北溪 1 号”管道中占正常出口量 60%的天然气，部分欧盟国家能源告急。之后，俄罗斯短暂恢复了“北溪 1 号”的供气，但在 7 月下旬再次通过缩减天然气出口量压制西方制裁的嚣张气焰。对此，赵隆认为俄罗斯采取间接性断气举措是有意主动配合甚至营造“短缺恐慌”，借机延长能源价格的峰值窗口缓解压力，并使欧洲天然气价格保持高位运行。[③] 2022 年 9 月 2 日，俄罗斯天然气工业股份公司彻底停止向欧洲国家输出天然气。截至 2022 年 9 月，俄欧能源脱钩导致俄罗斯对欧

---

① “Novatek Looks to Floating Turkish Power Plant to Save Its Arctic LNG 2 Project,” https://www.highnorthnews.com/en/novatek-looks-floating-turkish-power-plant-save-its-arctic-lng-2-project.

② “Russia’s Novatek to Use Closer Ties with UAE to Secure Key Technology for Arctic LNG Project,” https://www.highnorthnews.com/en/russias-novatek-use-closer-ties-uae-secure-key-technology-arctic-lng-project.

③ 赵隆：《双重冲击下俄罗斯能源战略调整与中俄能源合作议程更新》，《东北亚论坛》2023 年第 1 期。

洲天然气供应量较往年下降近 80%，欧洲国家无法在短期内寻找充裕的替代供应。与 2021 年同期相比，欧洲在 2022 年前 8 个月的液化天然气进口量增加了约 450 亿立方米，但该交付量仅占往年俄罗斯管道天然气正常交付量的一小部分。加之，与管道运输相比，液化天然气的运输成本更高，能源需求激增也导致油价上涨，声势浩大的经济制裁与天然气能源供应短缺使欧洲国家陷于进退两难的境地。

3. 调整能源出口重心向亚洲转移

虽然欧美国家的制裁使俄罗斯的欧洲能源市场份额受到挤压，但 2022 年俄罗斯的石油产量和出口仍然能维持俄乌冲突之前的水平，究其原因，俄罗斯积极调整能源贸易重心向亚洲转移。同时，俄罗斯也通过价格折扣、以能源外交维持与“欧佩克+”成员国既定协议等行动对冲能源制裁。2022 年俄罗斯重点推进中俄能源战略合作，中俄双方能源部门和企业签署一系列合作文件。普京在符拉迪沃斯托克（Vladivostok）参加东方经济论坛（Eastern Economic Forum）期间强调加深与中国的合作伙伴关系，并计划推出新的管道基础设施实现两国能源长期合作。目前，俄罗斯天然气工业股份公司计划建设一条新天然气管道，该管道将连接亚马尔半岛与中国。并计划建造“西伯利亚力量 2 号”和“西伯利亚力量 3 号”管道（Power of Siberia 2 and 3），预测“西伯利亚力量”项目天然气出口量可增加至每年约 480 亿立方米。[①] 2022 年中国从俄罗斯进口石油原油总量（包括从沥青矿物提取的原油）约 8625 万吨，较 2021 年 7964 万吨同比增长 8.3%。2022 年中国从俄罗斯进口液化天然气总量约 648.5 万吨，远超 2021 年从俄罗斯进口总量 451.8 万吨和 2020 年从俄罗斯进口总量 504.7 万吨。[②]

此外，俄罗斯与印度、巴基斯坦等南亚国家的能源合作也在 2022 年达到新高峰。2022 年俄罗斯计划启动 TAPI（土库曼斯坦—阿富汗—巴基斯

① 《俄罗斯天然气工业股份公司的北极新项目可能面临失败》，极地与海洋门户网，http://www.polaroceanportal.com/article/4353。

② 数据来源：中华人民共和国海关总署，海关统计数据在线查询平台，http://stats.customs.gov.cn/。

坦—印度）管道项目，向中南亚开辟新市场。① 2022 年 3 月，巴基斯坦财政部部长沙卡·塔林（Shaukat Tarin）在接受采访时表示，连接巴基斯坦和俄罗斯的"巴基斯坦溪"天然气管道项目最终合作协议基本达成，该项目管道全长约 1100 公里，由俄罗斯将液化天然气气化后，再通过管道输送至巴基斯坦北部的主要电站，预计运输量达 124 亿立方米天然气，最终有望增加到 160 亿立方米。② 俄罗斯与印度的能源合作则主要集中在核能和油气能源领域。在核能方面，俄罗斯国家原子能公司（Rosatom）助力印度库丹库拉姆（Kudankulam）核电站反应堆建设。在化石燃料合作方面，俄印两国就液化天然气、石油能源合作进一步加深，俄罗斯天然气工业股份公司与印度国有天然气管理局公司（GAIL）签订了长达 20 年的天然气供销协议。荷兰能源与洁净空气研究中心（Center for Research on Energy and Clean Air）统计显示，俄乌冲突爆发以来，俄罗斯出口到印度的化石燃料从约 1.1 万吨/日升至约 17.6 万吨/日，单日运输量在未来有望继续增加。③ 印俄在能源领域的合作不仅包括扩大能源进出口体量，同时印度公司也逐步进入俄罗斯能源市场，填补西方能源公司退出后留下的资金和技术缺位空白，并参与俄罗斯北极能源开发项目。

新形势下，俄罗斯继续坚持能源经济助力国家发展的基本战略。在能源制裁逐轮升级的外部环境下，俄罗斯进一步加大国内油气资源的开发力度，推进国内油气资源开采运输基础设施建设。同时积极回应欧美国家能源制裁，通过实施卢布结算和停止供能等方式进行反制裁。并且积极寻找新的合作伙伴，转移能源输出市场，以维持俄罗斯能源供应大国地位。

---

① 单卫国、李昀霏、白桦、张晓宇：《2022 年世界油气市场重大变化及 2023 年展望》，《国际石油经济》2023 年第 2 期。

② 王林：《连接俄罗斯的项目即将开工，连接伊朗的项目提上日程——巴基斯坦天然气管道建设"左右开弓"》，人民网，http://paper.people.com.cn/zgnyb/html/2022-03/21/content_25909162.htm。

③ "Tracking the Impacts of EU's Oil Ban and Oil Price Cap," https://energyandcleanair.org/russia-sanction-tracker/.

（二）美国

21 世纪以来，实现能源独立一直是美国重点关注的议题。小布什政府时期通过增加本国油气供应以减少对外能源依赖，并发展清洁能源以弥补国内化石燃料资源不足短板，保障国家能源安全。美国创新性地通过水平钻井和水力压裂技术进行油气开采，使页岩油气生产成为美国和全球能源格局的重要支柱。随着页岩气勘探与开发技术的成熟，天然气发电取代煤电成为美国新的能源宠儿。碳排放议题也是影响美国能源政策的重要因素。奥巴马政府时期，美国能源政策的总体基调是强调提高能源利用效能，降低对外石油依赖，限制化石燃料的使用，鼓励新能源开发，提高燃料经济性标准以及减少碳排放，保障能源安全，促进能源独立。① 奥巴马政府极其重视北极地区环境维持，对阿拉斯加国家石油储备区②实施严格的管理政策。特朗普政府时期，美国又重新放宽了阿拉斯加北极圈以内地区的石油储备政策，并试图允许开发该区 80%的石油保护区，甚至将石油租赁范围扩大至特谢普克湖（Teshekpuk Lake）③。拜登上台后，美国能源政策处于不断调整状态。最初，为履行拜登竞选时做出的“清洁能源革命”承诺，美国土地管理局恢复了奥巴马政府时期对阿拉斯加国家石油储备区的管理政策，该政策包含了一项在 2013 年提出的计划——允许对近一半的石油保护区进行租赁，同时恢复奥巴马政府对北极生态系统和原住民及其重要环境区域的保护政策。此外，美国积极倡导推广绿色清洁能源使用，支持全球气候变化应对行动，并准备重新加入《巴黎协定》。俄乌冲突爆发后，美国能源政策进行调整。2022 年 4 月拜登政府宣布放松对国内石油和天然气勘探租约的管制，以期通过增加石油产量缓解国内能源问题。由此，2022 年美国化石燃料开采量大幅提升，鼓励新油田的勘探开发。化石燃料产量提高、欧洲市场的开拓

---

① 王震、赵林、张宇擎：《特朗普时代美国能源政策展望》，《国际石油经济》2017 年第2 期。

② 该区位于阿拉斯加北坡西侧，面积达 2300 万英亩，合计 931 万公顷。

③ 特谢普克湖是阿拉斯加北坡最大的湖泊，因是野生动物的天堂而备受珍视，对该湖的保护政策自里根总统执政时就已开始实施。

及国际油价的飙升使美国一跃成为此次能源危机中的最大受益者。

1. 化石能源出口量实现大幅增加

俄乌冲突爆发后，全球能源格局发生重大调整，美国成为全球最大的液化天然气出口国，并超越俄罗斯成为欧洲最大的天然气输入国。国际天然气信息协会（CEDIGAZ）统计数据显示，美国在 2022 年上半年成为世界上最大的液化天然气出口国。与 2021 年下半年相比，2022 年上半年美国液化天然气出口增长约 12%，日均出口量约为 3100 万立方米。2022 年美国原油出口量达到创纪录的 360 万桶/日，同比增长 22%。[①] 美国化石燃料出口量急剧飙升归因于俄乌冲突爆发后长期依赖俄罗斯进口能源的欧洲国家亟须进口他国替代能源。而国际天然气价格上涨也进一步刺激美国加大出口力度。

欧洲国家对美国的能源需求提升。因地理位置和能源资源优势，俄罗斯成为欧盟主要能源进口国。据统计，2020 年俄罗斯天然气供给占欧盟天然气进口总量的 46.1%。[②] 随着经济制裁的逐步升级，俄罗斯天然气管道运输量大幅下降，加之冬季能源需求增加以及国际油价上涨，欧盟短期内能源供需关系越发紧张。2022 年 3 月，拜登访问欧洲时达成与欧盟在液化天然气与清洁能源供给方面的合作协议，美国承诺为缓解欧盟能源危机将扩大液化天然气出口，帮助欧盟摆脱能源供应困境。2022 年 G7 峰会期间，欧美国家领导人发表欧洲能源安全联合声明。双方表示为降低对俄罗斯能源依赖，美欧将联手采取一系列措施并对俄罗斯实施能源限价。俄乌冲突爆发后，欧洲进口美国原油 175 万桶/日，较 2021 年增长约 70%。[③] 天然气方面，大宗商品数据分析公司克普勒的数据显示，2022 年欧盟从美国进口大量液化天然

① "In 2022, U.S. Crude Oil Exports Increased to a New Record, 3.6 Million Barrels a Day," https://www.eia.gov/todayinenergy/detail.php?id=56020.

② "EU Energy Mix and Import Dependency," https://ec.europa.eu/eurostat/statistics-explained/index.php?title=Archive:EU_energy_mix_and_import_dependency.

③ "U.S. Crude Oil Exports to EU Support WTI as Global Benchmark," https://www.cmegroup.com/openmarkets/energy/2023/u-s--crude-oil-exports-to-eu-support-wti-as-global-benchmark.html.

气，达 113 亿立方米/日，较 2021 年增长 141%。[①]

能源价格上涨刺激美国提高产量。受前期天然气勘探开发投资增长缓慢、地缘政治阻碍天然气开发进程、世界天然气消费大幅增加需求，以及全球性环境与气候治理推动能源行业面向低碳转型发展等因素影响，国际天然气市场价格整体出现大幅上涨趋势。截至 2022 年 9 月底，荷兰天然气（TTF）平均价格已达到 41.98 美元/百万英热，较 2021 年同期增长 33.8%。[②] 美国化石能源和碳管理办公室（Office of Fossil Energy and Carbon Management）统计数据显示，2022 年美国液化天然气产能达到 8820 万吨/年，全年天然气产量为 1.1 万亿立方米，增速由 2022 年的 3.1%提高到 4.3%，[③] 相继超越马来西亚、卡塔尔和澳大利亚，成为世界第一大液化天然气生产国。

2. 美国国内液化天然气行业蓬勃发展

庞大的液化天然气出口量也促进了美国国内能源上中游行业的繁荣发展。2022 年，美国得克萨斯州和路易斯安那州的海恩斯维尔页岩，以及宾夕法尼亚州和西弗吉尼亚州的阿巴拉契亚盆地钻井活动增加，单井产量显著提升。从 2021 年 12 月至 2022 年秋季，美国将萨宾帕斯 6 号生产线、卡尔克苏帕斯液化天然气项目投入运营，并将完成萨宾帕斯、科珀斯克里斯蒂液化天然气项目提高生产能力的改造。[④] 美国几家主要的页岩气生产商，如 EQT 能源公司和切萨皮克能源公司（CHK）也表示有兴趣入股液化天然气项目，以获得丰厚的出口利润。金德摩根等管道开发商和运营商也对中游开发潜力以及增加液化天然气出口能力表示乐观，美国国内油田长期承包活动

① "Europe was the Main Destination for U. S. LNG Exports in 2022," https://www.eia.gov/todayinenergy/detail.php? id=55920.

② "Dutch TTF Gas Futures at the Beginning of Each Week from January 4, 2021 to May 15, 2023," https://www.statista.com/statistics/1267202/weekly-dutch-ttf-gas-futures/.

③ "LNG Monthly Published February 2022," https://www.energy.gov/sites/default/files/2022-05/LNG%20Monthly%20February%202022.pdf.

④《2022 年美国油气产量将创新纪录》，中国石油新闻中心网，http://news.cnpc.com.cn/system/2022/02/08/030057976.shtml。

愈加频繁。2022 年悬而未决的康菲公司（Conoco Phillips）开发阿拉斯加北坡的“柳树”（Willow）项目也在 2023 年 3 月通过。“柳树”项目是康菲石油公司在阿拉斯加国家石油储备区北坡最西端申请开发的油田项目。项目年开采量预计达到约 6 亿桶，峰值产量将超过每天 16 万桶。但受到美国内政部和环保组织反对，且美国联邦法院在 2021 年 8 月以环境评估无法通过为由推翻了联邦政府的审批，“柳树”项目开发进程受阻。拜登政府上台后，试图在应对气候变化的目标与面对油价上涨增加燃料供应的呼吁之间取得平衡。[①] 但碍于其上台时做出的环保承诺以及国内各方政治压力，该项目迟迟无法落地。俄乌冲突爆发后，国际油价飙升刺激美国最终于 2023 年 3 月批准阿拉斯加国家石油储备区的“柳树”项目，允许该项目实施按计划总量的 3/5 开展钻井点建设。

3. 清洁能源政策部署稳步推进

早在 20 世纪 70 年代，美国已主张清洁能源[②]的推广使用。奥巴马执政期间通过《美国清洁能源与安全法案》，该法案强调提高能源利用效率，建立碳交易市场机制，大力发展可再生能源、清洁电动汽车和智能电网的方案等。2014 年美国进一步提出“清洁电力计划”以减少二氧化碳等温室气体排放，以实现 2050 年的脱碳目标。2019 年为美国的清洁能源大年，截至当年美国可再生能源发电量较往年增长 77%，其中风能和太阳能发电占主要部分。2021 年第 26 届联合国气候变化大会中，美国表示将稳步推进“零碳”目标达成。新形势下，美国扩大国内化石燃料资源开采的同时，也继续扩大清洁能源利用效能，加快推进国内清洁生产革命。

---

① “Biden Administration Considers a Range of Options for Conoco Phillips’ Willow Drilling Project,” https://www.arctictoday.com/biden-administration-considers-a-range-of-options-for-conocophillips-willow-drilling-project/.

② 清洁能源、洁净能源或绿色能源是指不破坏、不危害环境及不排放污染物的能源。可再生能源与清洁能源概念相似但不完全相同，典型的可再生能源包括水能、风能、太阳能、地热能、海潮能、海水温差发电等。根据美国能源部最新的定义，并不是可再生能源的核能也将列入清洁能源。由于几乎所有的绿色能源也是可再生能源，近年因为气候变化问题日益严重，世界各国采取了鼓励绿色能源发展的政策，推行了很多风能、太阳能等生产清洁能源的计划。

2022 年 5 月 28 日，拜登政府公布了 2022 年度美国能源部价值 462 亿美元的预算纲要，较 2021 年上调了 23%。纲要中明确指出加大清洁能源创新和开发清洁能源项目的投资力度，积极应对全球气候变暖危机，促进清洁能源经济建立与发展等。其中，4 亿美元预算将用于建立清洁能源示范办公室（OCED）。①

OCED 将作为美国能源部的核心部门，负责加速推进近中期清洁能源技术和系统市场化转化，以实现清洁能源的市场化推广。2022 年 6 月，美国计划利用《国防生产法》（Defence Production Act）提速美国的清洁能源生产进程，暂停对柬埔寨、马来西亚、泰国等东南亚国家的太阳能电池板征收关税（为期 2 年）；同时扩大国内清洁能源生产技术的研发规模，主要包括太阳能技术、热泵、绝缘、绿色氢和变压器等电网组件。2022 年 8 月，美国国会通过《降低通货膨胀法》（Inflation Reduction Act，IRA），法案内容涵盖税收、清洁能源、医疗等领域。该法案规定美国将在气候和清洁能源领域投资约 3700 亿美元。② IRA 是美国迄今为止为应对气候危机、发展清洁能源进行的一次最大政策投入，巨额投资将促进美国清洁能源的增长，最终在 2030 年前将风能、太阳能和电池储能的年度安装量增加两倍以上。该法案建立的税收和金融机制将帮助美国在实现到 2030 年减排 50%的目标方面取得大约 80%的进展。③

在新形势下，全球能源格局逐步呈现“美升俄降”的新态势。短期内欧洲能源市场供给空白以及油价飙升使美国成为这场能源战中的主要获益者。美国化石燃料出口量大幅增加，带动了国内液化天然气行业进入繁荣发展阶段，美国政府对阿拉斯加油气资源开采的态度从倾向于严格的保护主义

---

① “Department of Energy FY 2022 Congressional Budget Request,” https://www.energy.gov/sites/default/files/2021-06/doe-fy2022-budget-in-brief-v4.pdf.

② “The Inflation Reduction Act Drives Significant Emissions Reductions and Positions America to Reach Our Climate Goals,” https://www.energy.gov/sites/default/files/2022-08/8.18%20InflationReductionAct_Factsheet_Final.pdf.

③ “H.R.5376-Inflation Reduction Act of 2022,” https://www.congress.gov/bill/117th-congress/house-bill/5376/text/rh.

向适度合理开发转型。同时美国继续稳步推进国内清洁能源的开发进程与开发规模，加大清洁能源的市场化投资力度，推动国内能源结构转型升级。

（三）挪威

自 20 世纪 50 年代在北海勘探发现碳氢化合物踪迹后，1971 年在北海发现的第一口油田——埃克菲斯克（Ekofisk）油田开始生产，挪威开启石油时代。如今，挪威成为世界上最大的能源出口国之一，这得益于挪威国内丰富的石油和天然气储量。挪威是能源净出口国，2020 年挪威国内总产量 87%的能源用于出口。挪威作为世界第七大天然气生产国，2020 年供应了全球 3%的天然气。2020 年挪威石油产量占全球总产量的 2.3%。石油和天然气行业不仅是挪威重要的支柱性产业，同时作为信誉较高的能源生产国，在保障世界能源消费国供给安全方面也发挥着举足轻重的作用。俄乌冲突爆发后，挪威在缓解欧洲能源供需关系紧张方面发挥的作用尤为突出。欧盟国家能源需求量急剧升高，使挪威能源政策和对外供给结构发生显著变化。同时，挪威也是支持缓解全球气候变化的有力倡导者。2017 年挪威发布了到 2050 年减排量达到 1990 年减排量的 90%~95%的减排目标。[①] 挪威也持续推进能源供给结构改革，丰富的可再生能源成为支持挪威实现能源转型的重要基础，仅水电就能覆盖挪威总发电量的 92%，丰富的水电资源也加快了挪威能源密集型产业电气化进程。此外，挪威计划建设海上风能供应链。目前，挪威正在建设世界上最大的海上漂浮风电场（Hywind Tampen），基于挪威国家石油公司（Equinor）的漂浮技术可实现风电总装机容量为 88 兆瓦的目标。但挪威的海上风电建设仍处于制定法律许可框架阶段，该项目预计于 2030 年之前投入运营。[②]

1. 扩大近北极地区能源开发规模

尽管挪威蕴含丰富的油气资源，但受全球气候危机和近北极特殊地理

① "Norway 2022 Energy Policy Review," https://www.iea.org/reports/norway-2022.

② "Norway 2022 Executive Summary Overview," https://www.iea.org/reports/norway-2022/executive-summary.

环境影响，挪威油气资源开发进程缓慢。俄乌冲突爆发后，欧盟国家对挪威能源的进口需求大幅提升，叠加高油价激励，挪威扩大了其在近北极地区化石燃料资源的开发。挪威财政部数据显示，2022 年挪威石油和天然气销售收入攀升至 1. 17 万亿挪威克朗（约合 1088. 1 亿美元），较 2021 年增长 4 倍。挪威油气巨头挪威国家石油公司（Equinor）2022 年公布了创纪录的第三季度业绩，该公司在 2022 年 7～9 月实现利润 243 亿美元，远远超过 2021 年同期的 97. 7 亿美元利润。[①] 2022 年度挪威能源领域的主要变动是扩张性的油田勘探开发政策，挪威和欧盟之间拟议的长期能源合作也成为挪威在北极扩大油气生产规模的额外动力。

挪威石油和能源部部长泰耶·阿斯兰（Terje Aasland）在奥斯陆举行的挪威国家石油公司秋季会议上发表总结讲话表示，挪威可以为全球能源供应做出的最重要贡献是继续在挪威大陆架上进行勘探和生产投资。2022 年 6 月 7 日，挪威石油和能源部已批准对挪威大陆架上的多个油田生产许可证进行调整，批准提高 2022 年和 2023 年的油气产量及诺瓦（Nova）油田的开发。经过调整，挪威大陆架天然气总销量预计将达到 1220 亿立方米。[②] 2022 年 6 月 15 日，挪威石油和能源部宣布了新一轮的 APA（Allocations in Predefined Areas，APA-2022）地区的许可轮次。APA 计划是挪威管理石油公司在其大陆架进行勘探活动的许可制度，经过 50 多年发展，APA 计划已经覆盖了挪威大陆架上大部分开放、可进入的勘探区域。除将 3 个区块排除在 APA-2022 计划外，挪威新一轮 APA 计划适用区域新增了 28 个巴伦支海区域。[③] 2022 年 9 月，挪威石油和能源部已收到 26 家公司关于 APA -2022 的申请。对此泰耶·阿斯兰表示挪威需要勘探和新发现，以长期维持石油和

---

① Felicity Bradstock，“Norway's Oil Profits Soared to New Heights in 2022，” https：//oilprice. com/Energy/Energy-General/Norways-Oil-Profits-Soared-To-New-Heights-In-2022. html.

② “Adjusted Production Permits for Several Fields on the Norwegian Shelf，” https：//www. regjeringen. no/en/aktuelt/justerte-produksjonstillatelser-for-flere-felt-pa-norsk-sokkel/id2922102/.

③ “Announcement of Exploration Area Through APA 2022，” https：//www. regjeringen. no/en/aktuelt/announcement-of-exploration-area-through-apa-2022/id2918891/.

天然气的生产，这对挪威和欧洲都很重要，① APA -2022 最终提供了 47 个新的挪威大陆架生产许可证。2022 年 11 月，挪威国有石油公司宣布了一项价值 14.4 亿美元的投资决定，将位于博德（Bodø）以西约 340 公里处北极圈北方的挪威海中的伊尔帕（Irpa）天然气田投入生产。天然气将通过伊尔帕油田以东约 80 公里处的阿斯塔·汉斯汀（Aasta Hansteen）平台分阶段进入天然气基础设施，并被输送到尼哈姆纳（Nyhamna）加工厂，并最终通过天然气管道输送至欧洲。②

2. 加速与欧洲国家能源合作进程

欧美国家对俄罗斯的经济制裁和俄罗斯断气事件加剧了欧洲紧张的能源供给关系，却为挪威实现能源出口量再创新高以及加强与欧洲其他国家能源合作提供了机遇。2022 年度挪威出口德国天然气大幅提升，满足了德国天然气市场 33%的需求份额。此外，挪德两国建立“可再生能源和绿色产业的气候战略伙伴关系”（Strategic Partnership on Climate Renewable Energy and Green Industry），就“绿色”氢气能源开展合作，并计划建设欧洲第一条氢气管道。该设想是 2022 年 3 月德国副总理哈贝克访问挪威时首次提出，2023 年 1 月两国正式建立能源伙伴关系。伙伴关系的建立将有助于实现欧盟内部和“在氢能、海上风能、电池、碳捕获和储存、绿色航运、微电子和原材料方面进行更密切的合作”来实现能源利用可持续发展。③ 2022 年 9 月，连接波兰、丹麦与挪威上游天然气管道网络的波罗的海管道正式投入运营。作为战略性天然气基础设施项目，其目标是在欧洲市场打造一条新天然气供应线，预计年输气量可达 100 亿立方米。④ 该管道可以将挪威大陆架

① “Applicant for Production Licenses on the Norwegian Continental Shelf,” https://www.regjeringen.no/en/aktuelt/sokere-pa-utvinningstillatelser-pa-norsk-sokkel/id2927489/.

② “Norway Now Germany's Largest Gas Supplier, Future Supply from Arctic to Support Exports,” https://www.highnorthnews.com/en/norway-now-germanys-largest-gas-supplier-future-supply-arctic-support-exports.

③ “Germany, Norway Want to Tie the Knot with New Hydrogen Pipeline,” https://www.euractiv.com/section/energy/news/germany-norway-want-to-tie-the-knot-with-new-hydrogen-pipeline/.

④ “Launch of the Baltic Pipe,” https://commission.europa.eu/news/launch-baltic-pipe-2022-09-27_en.

气田产生的天然气直接输送到南斯堪的纳维亚半岛、波兰和该地区其他国家，给波兰、丹麦以及波罗的海和中东欧地区带来显著的社会经济效益，并有效保障欧洲国家能源供给安全。

3. 稳步推进可再生能源开发利用

挪威作为可再生能源利用的坚实倡导者，在IEA成员国范围内其可再生能源在最终能源消耗（TFEC）中所占比例最高。2020年，可再生能源占挪威国内TFEC的61%。挪威也是北欧电力市场中的主要供应国（通过可再生能源实现供电），并通过与德国、荷兰、波兰、波罗的海国家以及俄罗斯的联通，开拓了更广泛的欧洲电力市场。俄乌冲突爆发后，挪威加大了国内化石燃料资源开发力度，但在全球气候变暖与保护北极地区脆弱生态环境的压力下，扩张性的化石能源政策仅能作为应对欧洲能源危机的缓兵之计。此外，俄乌冲突也刺激欧洲加快能源转型的进程，地缘政治因素的介入促使欧洲调整了能源转型的路径与节奏。[①] 挪威作为欧洲主要的能源输出国，2022年继续稳步推进可再生能源的开发利用。首先，挪威将继续提高部门电气化程度。欧洲国家能源结构转型和能源出口带来巨额的经济效益刺激挪威可再生能源和电力的扩大出口，对外出口量的增加以及气候目标影响了挪威国内部门电气化程度的提高。其次，海上风电将成为挪威发展可再生能源的新领域。目前，挪威已经确立了两个大型海上风电区［北海南部2号（Sørlige Nordsjø II）和乌兹拉北（Utsira Nord）］。并且一项新的风电项目海温德·坦本（Hywind Tampen）也即将投入生产，并将成为世界上第一个为海上石油和天然气平台提供动力的最大的浮动风电场。最后，氢能也成为挪威重点发展的清洁能源。挪威重点推进蓝氢和绿氢的开发，其中蓝氢被认为是挪威短期内大规模生产的现实替代方案。

在新形势下，挪威实施扩张性的化石能源开发政策，并继续推进可再生能源开发进程以实现预计的脱碳目标。主要表现为对欧洲石油和天然气出口量大幅增加，并跃升为欧洲市场最大的能源供给国。同时挪威也加强与其他

① 陈新、杨成玉：《欧洲能源转型的动因、实施路径和前景》，《欧亚经济》2022年第4期。

欧洲国家的可再生能源和电力合作，巩固其在欧洲能源转型中引领者和有力支持者的地位。

（四）芬兰、丹麦、瑞典、冰岛和加拿大

北欧四国（芬兰、丹麦、瑞典和冰岛）国内化石燃料资源较为匮乏，主要通过发展可再生能源和电力满足国内能源需求，化石燃料仅占四国能源供应总量的一小部分，且主要依靠进口获得。北欧四国在发展经济的同时也注重环境保护，在确立减碳目标后加快能源结构转型升级，减少化石燃料使用，扩大可再生能源利用，并逐步提高国内各部门电气化程度。上述举措使北欧四国在绿色经济发展以及可再生能源利用效率上都达到了世界领先水平。[①] 加拿大化石能源储备丰富，石油出口量位居世界前列。俄乌冲突爆发后，这五国根据内外部形势进行能源政策调整，且调整动向大致趋同。

1. 芬兰

芬兰作为北极国家，约有 1/3 的国土面积位于北极圈内。寒冷的气候和能源密集型产业制约了该国实现碳中和能源转型目标。为如期实现脱碳计划，芬兰重点推进新型能源发展，包括对新型能源技术的开发、投资和商业化及政策支持，以助力化石燃料消耗较高的工业和重型运输业实现能源转型升级。此外，芬兰提高核能的开发利用，保持核能在能源结构中的高比例。芬兰主要利用可再生能源进行发电和供热，并不断提高能源利用综合效能。芬兰在能源转型进程中也充分利用本国自然环境优势，因地制宜地开发生物能源作为替代燃料。芬兰的森林覆盖率达到 72%，林木产业发达，发展了从木材到造纸、用于能源生产的木材和第二代生物燃料的完整供应链。目前，林业生物材料是芬兰电力和热能的主要来源。芬兰缺乏化石燃料资源，因此煤炭、石油和天然气资源主要依靠进口。2021 年，来自俄罗斯的化石能源占芬兰原油净进口量的 81%，天然气净进口量的 75%。[②] 俄乌冲突爆发

① 由于冰岛 2022 年能源结构和政策变动较小，本文不再陈述。

② “Russia Has Cut off Its Natural Gas Exports to Finland in a Symbolic Move,” https://www.npr.org/2022/05/21/1100547908/russia-ends-natural-gas-exports-to-finland.

后，俄罗斯停止向芬兰供应大部分木制品、电力和天然气能源。为解决俄罗斯能源供给缺口，芬兰致力于实现能源供给多样化以摆脱对俄罗斯的依赖。2022 年 5 月，芬兰签订了一项浮动储存和再气化终端的十年租约，旨在通过进口波罗的海国家的液化天然气以满足芬兰的能源需求。此外，芬兰积极开发可再生能源，通过提高工业电气化和能源利用效率，促进沼气和氢气等低排放能源替代天然气的使用。同时芬兰加大核能、风电和地热能等可再生能源的使用规模。2022 年 7 月，芬兰正式更新《气候变化法案》，进一步明确了国家碳中和目标，并颁布了更为可行的具体方案以促进目标达成。

2. 丹麦

丹麦作为化石燃料资源匮乏的北极国家，在 20 世纪严重依赖石油进口。20 世纪 70 年代全球石油危机爆发后丹麦能源供应严重不足，国民经济增长放缓。此后，丹麦开启了能源转型之路。随着北海油气资源的开发，丹麦实现了从能源净进口向能源出口国的转变。此外，丹麦也逐步开始构建国内能源供应系统，推广可再生能源使用，开展节能技术研究、优化制造产业以及投资绿色能源技术，并通过整合和协调各部门共同推进能源利用效能的提高，以实现节能减排目标。丹麦能源结构有三重基础：能源效率、可再生能源、系统集成和开发（包括电气化）。其中，集成系统能够平衡风能等可再生能源与传统能源的使用，保障能源供应安全。丹麦也通过对热电联产和区域供热的广泛使用，将大量风能整合到热能源系统中。据 IEA 统计，俄罗斯虽为丹麦的能源进口国之一，但来自俄罗斯的化石能源进口量仅占丹麦化石能源进口总量的 9.8%。[①] 丹麦主要从俄罗斯进口煤炭，但随着丹麦能源转型升级，煤炭在丹麦国内能源结构中的占比也逐渐降低。到 2020 年，煤炭占丹麦国内电力生产的 10.7%和区域供热生产的 5.7%。丹麦一直是天然气净出口国，但由于 2018 年北海泰拉（Tyra）油田正在翻新，2018～2022 年，丹麦约 75%的天然气消耗量从德国进口。俄乌冲突爆发后，丹麦转向

① "Which Countries are Most Reliant on Russian Energy," https://www.iea.org/reports/national-reliance-on-russian-fossil-fuel-imports/which-countries-are-most-reliant-on-russian-energy.

全球市场寻找更多化石能源供应渠道，加快推进可再生能源推广利用进程，以减少对俄罗斯天然气的依赖。同时高油气价格、气候问题和欧洲天然气市场的供应紧缺压力也推进了丹麦国内节能行动的开展，鼓励所有公民节约能源。并且丹麦通过降低电力税、提高对家庭的财政支持和再分配因油价上涨丹麦出口石油获得的额外收益等措施降低国内通货膨胀率。

3. 瑞典

瑞典拥有丰富的流动水能和生物质资源，这使得可再生能源在瑞典能源结构中占比较高。其中，水力主要用于发电，而生物能源主要用于供暖。瑞典发展的绿色能源还包括风能、太阳能、波浪能和热泵、乙醇、氢气等。同时，瑞典政府积极部署绿色能源政策以促进可再生能源利用规模扩大。如瑞典国内推行的“电力证书系统”是一种基于市场的可再生能源电力生产支持系统。电力公司如要获取该证书，其生产的电力必须来自风能、太阳能、地热能等清洁能源。挪威政府以此来激励电力生产部门扩大对可再生能源的使用。由于丰富的可再生能源和发达的电力供应系统，瑞典成为北欧主要的电力出口国之一。俄罗斯是瑞典的能源进口国之一，但是 2021 年瑞典从俄罗斯进口的能源仅占瑞典能源进口总量的 6.7%。[①] 俄乌冲突爆发后，瑞典立即宣布停止从俄罗斯进口能源，2022 年 5 月瑞典议会通过了一项提案，要求积极采取措施以降低瑞典对俄罗斯能源进口的依赖。此外，俄乌冲突爆发后瑞典国内供能供电和对外输出状况总体稳定，但受俄罗斯断气影响，瑞典冬季对外输出电力流量减少。瑞典延长国内电力供应系统运行时间，并鼓励开展节能行动以缓解能源供应紧张问题。瑞典还与他国积极开展能源合作，瑞典表示将向北欧和波罗的海能源公司提供数千亿美元的流动性担保，以避免因俄罗斯天然气工业股份公司关闭“北溪 1 号”天然气管道而引发金融危机。

4. 加拿大

加拿大国内蕴含着丰富的石油、天然气资源。截至 2022 年，加拿大探

① “Which Countries are Most Reliant on Russian Energy,” https://www.iea.org/reports/national-reliance-on-russian-fossil-fuel-imports/which-countries-are-most-reliant-on-russian-energy.

明的国内石油储量约 1697 亿桶，仅次于委内瑞拉和沙特阿拉伯，占世界石油储量的 9.8%。加拿大国内天然气储量约 2 万亿立方米，煤炭储量约 65.82 亿吨，化石能源储备稳居世界前列，因此成为全球液化天然气和石油的重要供应商，加拿大的化石燃料产品主要出口美国（占出口总量的 97%）。[①] 此外，加拿大也积极发展可再生能源和电力系统。加拿大运行的电力系统也被誉为世界上最清洁的电力系统之一。加拿大的电力系统主要依靠水力发电，同时核能也是支持加拿大电力系统运行的清洁能源之一。随着全球气候变暖，加拿大宣布到 2030 年将温室气体排放量减少到 2005 年排放量的 55%~60%，并颁布法案引导国内能源结构调整。加拿大也积极推进多项减排技术的研发，近期加拿大宣布将增加额外投资支持碳捕获利用和储存（CCUS）、氢能和核能［小型模块化反应堆（SMR）］的发展，以期成为世界能源和气候解决方案的重要贡献者。俄乌冲突爆发后，加拿大表示其将为全球能源供应安全贡献力量。为此，加拿大提高了国内的石油产量（新增约 20 万桶/日），并扩大向欧洲能源市场的石油出口。加拿大自然资源部部长乔纳森·威尔金森（Jonathan Wilkinson）表示，加拿大的石油和天然气生产商可以在 2022 年底前将产量提高到 300 万桶/日，以帮助欧洲减少对俄罗斯化石燃料的依赖。[②] 此外，加拿大和德国开展能源合作项目，计划未来向德国输送氢气能源以缓解德国的能源危机。

总之，2022 年，北极国家中俄罗斯、美国和挪威的能源政策变动和能源结构调整变动较为显著，其他北极国家受外部环境因素影响也做出了相应的政策调整。由于欧俄能源脱钩和油气价格的大幅攀升，美国加大了化石能源的生产和出口力度，美国国内液化天然气行业发展迎来新冠疫情后的首次繁荣，取代俄罗斯成为欧洲能源市场中最大的液化天然气供应国。巨大的能源供给缺口也刺激挪威加大近北极地区油田的开发规模，并加强与周边国家

① https://www.iea.org/countries/canada.

② "Wilkinson Expects Plan for Supplying Some Oil to Europe Ready by March 23," https://www.ctvnews.ca/politics/wilkinson-expects-plan-for-supplying-some-oil-to-europe-ready-by-march-23-1.5816748.

合作，包括加快化石能源运输基础设施建设，以缓解未来几年内欧盟能源紧张问题。同时，芬兰、丹麦、瑞典和冰岛等北极国家则进一步扩大国内可再生能源的利用，提高行业电气化程度以摆脱对化石燃料的依赖。加拿大提高国内油气资源开采量以支援欧洲，但能源出口重心未发生明显变化，最大的出口市场仍然是美国。欧美国家的经济制裁对俄罗斯的化石能源行业产生了一定的消极影响。俄罗斯继续扩大国内能源开采规模，加强能源运输基础设施建设以提高能源开发综合效能。同时，俄罗斯积极寻找新型合作伙伴以支持国内能源行业发展，并逐步调整能源出口方向，亚洲成为俄罗斯主要的能源输出市场。最后，北极国家继续协调气候变化危机与化石燃料供需关系平衡，并通过提高可再生能源在能源总消耗中的比重，推进政策部署以加大对清洁能源技术的研发力度和市场化，促进清洁能源生产。

二　北极八国能源政策调整和能源供给结构变化动因

北极国家 2022 年能源领域的新动向根植于全球气候危机大背景，各国正加速国内能源转型，致力于实现到 2050 年的脱碳目标，气候危机大背景是影响北极国家能源政策调整的常量因素。然而，目前世界正处于新工业时代的早期阶段，化石燃料仍是支撑各国国民经济发展和维持国民基本生活的主要来源。虽然可再生能源利用率逐步提高，但各国尚无法完全摆脱对化石能源的依赖。2020 年新冠疫情全球大流行以来，全球范围内能源经济发展进入低迷状态。俄乌冲突爆发导致全球能源格局发生改变，俄乌冲突在能源领域的外溢效应引发了全球能源结构链的震荡，是北极国家能源政策调整和供给结构变化的变量因素。

（一）全球气候危机大背景驱动清洁能源扩大生产

气候变化催生了全球能源结构的转型。进入 21 世纪以来，全球清洁能源利用技术开始起步，如部分国家尝试利用光伏电板收集太阳能，建设水力发电站利用水能和开发氢能等，总体呈现清洁能源多样化的发展态势。随着国际社会逐渐重视气候变化带来的挑战，各国纷纷提出适应本国国情的减碳目标，并正在加紧研发清洁能源的生产和利用技术。北极国家也积极开展脱碳政策部署，采取措施逐步减少化石燃料的使用，提高可再生能源的使用比例。其中芬兰、瑞典、冰岛和挪威国内的清洁能源结构发展较为成熟，可再生能源利用率较高，绿色能源经济位列世界前茅。

新形势下，全球能源市场波动、地缘政治冲突加剧、油气价格飙升，使各国逐步认识到可再生能源技术的经济性和立足本土绿色资源开发的可靠性。该时期也成为全球清洁能源转型的关键时刻，全球就开发安全的清洁能源、发展有弹性和可持续的供应链的重要性达成共识。扩大可再生能源在能源消耗结构中的比重不仅有利于缓解气候危机，更有利于减少各国对能源进口的依赖，保障本国能源供给的独立和安全。俄乌冲突爆发后，欧盟大力投资清洁能源的举措，也激励欧洲各国争取在新一轮能源革命中抢占先机。芬兰、挪威等北极国家加速可再生能源技术的投资和开发进程，进一步提高国内生产部门的电气化普及程度，在满足国内能源需求的前提下还通过向外输出电力、天然气能源等方式缓解欧盟国家能源供应危机。此外，美国、加拿大和挪威在加大国内化石能源开发的同时，也积极推进可再生能源的政策部署，加速氢能、太阳能、水能、风电和碳捕获技术的发展。据 IEA 统计，2022 年全球对能源转型的投资总额达到 1.11 万亿美元，创下历史新纪录，并首次与全球化石能源领域的投资规模相当。①

（二）国家能源安全需求激励能源政策调整

保障能源安全历来是各国战略部署的重点领域。IEA 将能源安全划分为长期能源安全和短期能源安全，前者是能源供应投资、能源与经济发展和环境需求的紧密联系，后者则主要解决能源系统如何应对能源供需周期

① "Global Low-Carbon Energy Technology Investment Surges Past $1 Trillion for the First Time," http://about.bnef.com/blog/global-low-carbon-energy-technology-investment-surges-past-1-trillion-for-the-first-time/.

的突然变化并迅速做出应对。能源作为各国长期稳定发展的基础要素，关系到该国经济增长、政治稳定以及农业和制造业等行业的整体发展和安全，而过度依赖能源进口无疑是将国家发展命脉转交他国手中。能源安全的具体评估指标包括能源的可及性、可负担性和可持续性。各国都致力于建设稳定的国家能源安全体系，包括从长期能源安全角度设计国家能源结构发展趋势，从短期能源安全角度，部署实施稳定阶段性能源供给的具体措施。

俄乌冲突爆发后，全球能源格局动荡，影响能源安全的不稳定因素被成倍放大。欧盟各国身处能源危机之中，越发认识到加速摆脱对俄罗斯的能源依赖、实现能源结构多样化、提供可负担和可持续的能源供给是保障国家能源安全的重要基础。同样在此次危机中，主要依赖西方能源开发技术的俄罗斯，国内能源行业也遭受重创，西方能源公司大规模撤资和关键技术回收使俄罗斯的能源开发项目短期内停滞。在此情形下，北极国家均积极调整能源政策以保障能源安全。以丹麦为例，为保障短期能源安全需求，丹麦积极寻找替代性的能源供给渠道，实现能源进口多样化，并加快推进泰拉油田翻新进程，与欧盟其他成员国进行能源合作以缓解丹麦的能源供应危机。此外，能源价格飙升也导致丹麦国内居民能源消费金额增加。为此，丹麦推行节能政策，降低能源税以减轻居民负担，并支持国际社会对俄罗斯能源的限价行动。为保障长期能源安全需求，新形势下，丹麦加快推进国内能源结构转型，逐步降低俄罗斯能源进口量，加大可再生能源投资和政策支持力度，推进能源集成系统的稳定运行，以提高国内能源供给的自主性。俄罗斯长期将能源经济作为国家发展的重要驱动力，新形势下俄罗斯进行能源政策调整以保障长期和短期能源安全。从短期能源安全角度出发，俄罗斯积极寻找新兴能源合作伙伴，就关键技术与资金投入进行合作，以抵消欧俄能源脱钩带来的消极影响。从长期能源安全角度出发，俄罗斯加快自主研发能源开发和运输技术，开拓新兴能源市场，调整出口重心以保持能源经济的稳步增长。

（三）俄乌冲突引发全球能源领域蝴蝶效应

俄乌冲突爆发后1个月内，危机迅速从经济制裁转向政治、军事化行动，并有继续向气候、科技、渔业等专业领域渗透的趋势。全球气候危机和保障国家能源安全是影响北极国家能源结构和能源政策调整的决定性因素，也是长期且较为稳定的常量因素。2022年全球能源系统引入“俄乌冲突”这一突发性的变量因素，欧俄能源脱钩在全球能源领域范围内引发蝴蝶效应，北极国家也受这一变量因素影响做出相应政策调整。

俄乌冲突爆发后，美国、欧洲对俄罗斯实施了大规模的能源禁运、能源限价和能源装备及技术出口管制。俄罗斯则通过转移能源出口方向，对欧盟实施断气、卢布结算令等反制措施，由此引发全球能源供应链加速断裂、重组。[①] 一方面，全球能源供应秩序被扰乱，导致能源价格飞速增长。世界液化天然气能源主要向欧洲市场流动，欧洲从“水槽市场”（价格低于平均水平）演变为“溢价市场”（价格高于平均水平），推动欧洲TTF天然气价格稳居世界前列。2022年国际油价曾飙升至近140美元/桶，而全年平均布伦特原油均价也保持在99美元/桶左右，同比2021年上涨近28美元/桶。高油价刺激了美国、俄罗斯、挪威和加拿大等能源出口大国实施宽松的油气开发政策，从而扩大国内化石能源开采规模。同时持续上涨的油气价格促使国际社会释放能源储备以稳定油气价格。2022年3月1日和4月1日，IEA通过两项释放能源储备决定，协调从公共库存或行业义务库存中紧急释放约1.82亿桶石油。在此基础上，一些国际能源署成员国还自主增加了公共库存释放量，从而使2022年3~11月的释放总量达到2.4亿多桶。[②] 而美国自2021年底以来也已释放3轮能源储备以抑制俄罗斯石油出口。挪威为缓解欧洲天然气供应危机，加大近北极地区化石燃料开发力度，建设欧洲能源输送管道和电力运输网络。另一方面，俄乌冲突也迫使各国加速能源转型

① 冯玉军、张锐：《俄乌冲突下国际能源供应链断裂重组及其战略影响》，《亚太安全与海洋研究》2023年第3期。

② “Global Energy Crisis,” https://www.iea.org/topics/global-energy-crisis? language=en.

进程，尤其是欧盟国家将此次危机视为清洁能源扩大利用的关键时期。芬兰、挪威、瑞典、冰岛等国积极推进绿色清洁能源政策实施，美国则通过《通胀削减法案》加大清洁能源投资力度，扩大可再生能源利用规模。2022年以可再生能源和电力运输为主导的全球清洁能源技术投资增长到1.1万亿美元，同比增长31%。国际能源署预测，未来5年世界新增可再生能源发电量将与过去20年持平，全球可再生能源总装机容量增长近一倍。

三 结语

新形势下，北极国家能源政策调整与能源供给结构变动根植于全球气候危机大背景，保障国家能源安全是各国政策调整和结构变动的主要动力。而俄乌冲突这一变量因素，使北极国家在2022年的能源政策调整和能源结构变化幅度较往年更为剧烈。北极国家能源政策调整总体趋势为加速推进可再生能源技术的开发和利用，同时化石能源储备较为丰富的俄罗斯、美国和挪威则在短期内加大国内化石燃料开采力度以稳定供需关系。北极国家能源供给结构调整主要表现为俄罗斯开拓新兴能源市场，出口重心向亚洲转移；挪威、美国通过向欧洲出口液化天然气以填补欧洲能源供给缺口；电力供应系统较为发达的北极国家则通过与周边国家开展合作，建设电力供给网络暂缓能源危机。为应对全球气候危机叠加能源危机的现实困境，联合国提出了五项促进可再生能源生产的举措，具体包括：使可再生能源技术成为全球公共产品、改善全球对零部件和原材料的获取、为可再生能源技术创造公平的竞争环境、将能源补贴从化石燃料转向可再生能源和加大对可再生能源投资力度（3倍计划）。[①] 北极国家未来也将加大可再生能源开发投资力度，加强国际能源技术合作，以保障国家能源安全。绿色经济也将成为各国可持续发展的重要支柱。

① "Five Ways to Jump-Start the Renewable Energy Transition Now," https://www.un.org/en/climatechange/raising-ambition/renewable-energy-transition? gclid=CjwKCAjws7WkBh BFEiwAIi168-kByPqgbU9a4oYMygQkQRBNx1tGVfvXTnQxKKl3LE067sYfucUHYxoCgXQQAvD_BwE.

在俄乌冲突的持续影响下，北极国家落实能源政策规划也面临着一些挑战。首先，欧俄能源脱钩或将持续产生消极影响。俄罗斯作为欧洲国家管道天然气的输入大国，短期内无法快速转移欧洲市场的天然气份额。虽然俄罗斯与中国、印度加深了能源合作关系，但仍需考虑天然气运输管道设施建设的时间成本。欧盟对俄罗斯能源依赖程度较高，暂停能源进口后短期内通过输入液化天然气作为替代产品，即使加拿大增加向欧盟的能源供应，也仅是杯水车薪，远远无法达到俄乌冲突前的俄罗斯的供应水平，紧张的供需关系仍然存在。加之液化天然气运输成本较高，冬季欧盟国家能源需求激增，未来煤炭需求量预计将出现回升，全球脱碳进程迟滞。其次，俄罗斯、美国、挪威和加拿大扩大国内化石燃料资源开发将加剧影响北极地区脆弱的生态环境。高北地区大规模的能源开发活动将导致航运和建筑污染加剧，二氧化碳等温室气体排放量增加。由此，北极地区生境将遭到破坏，进而影响极地气候发挥缓解全球气候危机的关键作用。最后，国际政治局势加剧北极国家能源政策复杂程度。世界政治格局影响全球能源体系，北极国家身处其中，各国国内能源经济必然受制于当前紧张的国际对立关系，不稳定因素成倍增加。未来几年如何平稳度过全球能源危机并实现能源结构转型升级，是北极国家需要重点攻克的难关。

北极问题已超出北极国家间问题和区域问题的范畴，涉及北极域外国家的利益和国际社会的整体利益，关乎人类生存与发展的共同命运，具有全球意义和国际影响。如何保持北极正常合作免遭俄乌冲突带来的政治和经济风险，是各国都必须思考的问题。非北极国家应当从维护本国利益、全球能源和经济安全的角度出发，科学和客观地评估北极油气开发项目的风险，维护现有北极油气资源开发项目的稳定性。同时，还应当警惕西方国家将非北极国家与俄罗斯的北极科研合作“标签化”和“政治化”的倾向。[①] 中国作为近北极国家，北极地区的安全与发展与中国利益攸关。在全球能源格局变动的新环境下，中国的能源安全和能源经济面临着机遇与挑战。中国应积极

① 《俄乌冲突对北极地区影响评估》，https://mp.weixin.qq.com/s/23JDaki4ZpcYkFPPqDA0Qg。

开展与俄罗斯等北极国家在能源领域的合作，通过“一带一路”倡议更好地为欧亚国家开展能源贸易和发展能源经济提供桥梁。俄罗斯扩大亚洲市场能源出口规模正契合了中国长期以来对外部能源稳定输入的需求。长远来看，中国应加强与俄罗斯的合作，加快建设管道天然气、石油等化石能源运输网络，这有利于中国实现能源的供给平稳。但与此同时，新形势下中国能源安全也面临挑战。中俄天然气输送管道建设成本较高，且短期内无法实现庞大的输送目标，如何在美俄对抗的国际政治格局下妥善制定中国的能源政策仍是一个重要问题。最后，过度依赖俄罗斯的能源进口也可能使中国重蹈欧盟覆辙。在全球气候危机大背景影响下，中国应稳步推进“双碳”目标如期实现，扩大清洁能源在能源总消耗结构中的占比，推动能源构成从以煤炭、石油为主向可再生能源、油气和核能等多元化结构发展，以实现能源供应安全。

B.8

北方海航道运输面临的新困境与展望*

刘惠荣　丁晓晨**

摘　要： 随着全球气候变化、地区传统安全与非传统安全新形势和地缘政治格局的演变，北方海航道作为连接欧洲和亚洲的重要航线，正面临着新的困境和挑战，主要表现为航道利用率和开放性的降低。为了应对复杂的外部环境挑战，提振经济，俄罗斯积极采取行动，加强对北方海航道开发利用的战略规划，加大政策性扶持，形成了航道管理机构调整、航道管制规则制定、港口码头等基础设施建设、加强合作开发等全路径和多方面的综合发展态势。基于国家安全方面的考量，俄罗斯还出台法令加强对北方海航道建设和利用的控制管理，限制航行自由。但是，无论是西方的制裁，还是俄罗斯的封闭管理，都不能改变北极地区合作、开放的发展趋势。

关键词： 北方海航道　国际货运　航道开放　中俄北极合作

一　2022年北方海航道发展概况

俄乌冲突已经持续一年有余。在这一年内，因俄乌冲突爆发导致的地缘政治局势紧张、全球经贸合作停滞等因素已经对国际和平、经济发展造成了

* 本文为国家社科基金“海洋强国建设”重大专项课题（项目编号：20VHQ001）的阶段性成果。

** 刘惠荣，中国海洋大学海洋发展研究院高级研究员，法学院教授、博士生导师；丁晓晨，中国海洋大学法学院国际法专业硕士研究生。

巨大阻碍。与此同时，俄乌冲突的消极影响不断外溢，甚至波及北极地区，尤其是对北极航道的开发和利用产生了较为严重的冲击。

相比于加拿大沿海的西北航道，东北航道（Northeast Passage）从北欧出发，向东穿过北冰洋巴伦支海、喀拉海、拉普捷夫海、新西伯利亚海和科奇海直到白令海峡进入日本海，是连接北欧和东北亚的最短的海上航线。东北航道是北极海运开发程度相对成熟的部分。而东北航道的大部分航段是位于俄罗斯北部沿海的北冰洋离岸海域的北方海航道（Northern Sea Route, NSR）。2009 年北极理事会出台的《北极海运评估报告》指出，“北方海航道连接了西边的喀拉海峡和东边的白令海峡，被俄罗斯当作一条国内水路进行高度开发”①。北方海航道从新地岛以东，从喀拉海沿西伯利亚一直到白令海峡，航道跨越俄罗斯北极海岸。北方海航道沿线中只有位于喀拉半岛上的摩尔曼斯克港是全年不冻港，其他北极港口通常只能在每年 7~10 月使用。如果不考虑管辖海域的划分，北方海航道包含从沿海到高纬多条不同的航线，船舶航行中可以根据实际冰情状况选择使用不同航行路线。俄罗斯《2013 北方海航道水域航行规则》明确了俄罗斯北方海航道水域的管辖范围限于其专属经济区海域以内，这意味着通行高纬航线时在很大程度上可以不受俄罗斯北方海航道管理法规的管控。②

与传统的非北极航线相比，跨北极的航运存在独特优势。首先，东亚与中北欧之间的航运距离大幅缩短。例如，对于北欧和东亚之间的航运，与通过苏伊士运河的传统航线相比，沿北方海航道的跨北极航运距离缩短了 40%。通航里程的缩短也带来了总航行成本的降低。其次，地处极地海域的北方海航道在总体安全性方面也更具优势。③ 在以苏伊士运河和巴拿马运河为代表的传统航道上，都有海盗频繁出没。相较而言，北冰洋海域所特有的

① Arctic Council, “Arctic Marine Shipping Assessment,” 2009, p. 44, https://www.pame.is/index.php/projects/arctic-marine-shipping/amsa.

② 刘惠荣、李浩梅：《国际法视角下的中国北极航线战略研究》，中国政法大学出版社，2019，第 24 页。

③ 《北极航道的优与劣》，国际船舶网，http://www.eworldship.com/html/2017/ship_inside_and_outside_0606/128794.html。

严寒与大风天气不便于海盗的活动与藏匿，这使得取道北方海航道的船舶能够有效地避开海盗的滋扰与威胁。

在俄乌冲突爆发前，无论是贸易商还是研究者，人们越来越聚焦于从商业角度来看待北极航道，而逐渐弱化航道的地缘政治风险。但是，由于北极航道中的北方海航道主要途经俄罗斯管控的海域，俄罗斯声称该片区域是其管辖范围下的“内水”，所以北方海航道是一条充满政治色彩的航运走廊，与俄罗斯的国家政策干预密切相关。也正因如此，俄乌冲突和世界政治格局的变动给北方海航道造成的冲击超出了人们的预期。具体来讲，2022 年北方海航道利用情况的变化主要体现在以下两个方面。

（一）利用北方海航道运输的货物总量下降

2022 年，北方海航道货物运输量达 3403.4 万吨，[①] 超出了由俄罗斯国家原子能公司（Rosatom）策划的联邦项目“北方海航道发展”中计划的 3200 万吨货运量的过渡目标。而早在 2022 年 12 月中旬，俄罗斯国家原子能公司就宣布北方海航道水域货物运输量已经达到该既定目标。这其中，既有自然条件变化因素的影响，也有俄罗斯加快开发北方海航道政策的作用。

但是，应当注意到，尽管 2022 年的北方海航道货物运输量超出既定目标 200 万吨有余，但相较 2021 年出现了下降：略低于 2021 年的 3485 万吨货运总量。

1996 年以来，北方海航道年度总货物运输量一直呈现稳步上升的趋势，但是图 1 显示，2022 年的货运总量并未按照以往规律增加，较往年出现了自 1996 年以来的首次回落。因此，从整体上看，2022 年北方海航道利用受挫，一段时间内的发展形势不容乐观。

（二）北方海航道开放程度降低

除了货运量下降之外，2022 年北方海航道利用情况的变化还体现在航

① CHNL，“Shipping Traffic at the NSR in 2022，” https://arctic-lio.com/nsr-2022-short-report/.

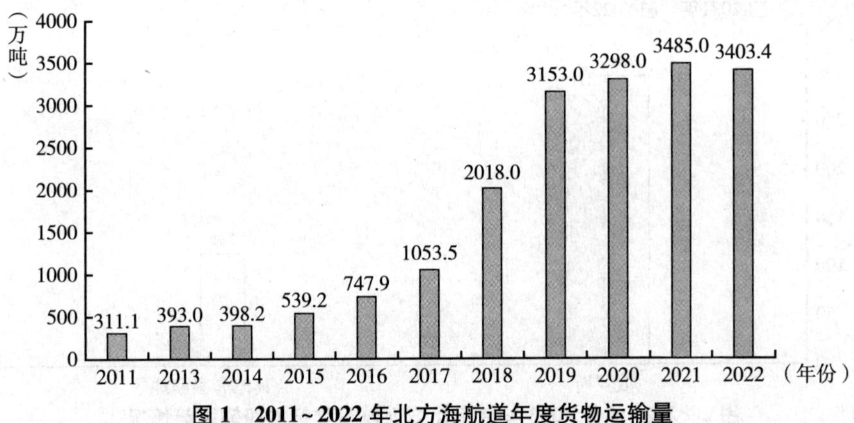

图1　2011~2022 年北方海航道年度货物运输量

资料来源："Shipping Traffic at the NSR in 2022," 北方海航道信息办公室官网，https://arctic-lio.com/nsr-2022-short-reports/。下同。

道的开放性程度降低。

2010 年以来，俄罗斯一直将北方海航道定位为替代苏伊士运河的欧亚货运线路。[①] 航运业具有显著的国际性特征，开放性是北方海航道发展情况的体现。经北方海航道航行的外国船舶数量和进行国际航行的次数是衡量北方海航道开放情况的重要指标。

1. 非俄籍船舶通行量减少

图 2 统计了 2022 年俄罗斯籍船舶与非俄罗斯籍船舶在北方海航道的通行状况。在此基础之上，图 3 对通行北方海航道的非俄罗斯籍船舶进行了汇总，展示了 2022 年非俄罗斯籍船舶利用北方海航道的详情。2022 年北方海航道上非俄罗斯籍船舶通行频率降低，越来越少的非俄罗斯籍船舶选择北方海航道。与此同时，欧盟国家使用北方海航道的情况堪忧，几乎呈现完全放弃的态势。

2021 年，在北方海航道上共有 3227 次、414 艘船舶航行。在这 414 艘船舶中，有 116 艘船舶悬挂非俄罗斯籍旗，其他 298 艘属于俄罗斯，占通行船舶总量的 72.0%。2022 年，在北方海航道上共有 2994 次、314 艘船舶航

① 《俄副总理称北极航道可成为苏伊士运河航线替代方案》，新华网，http://www.xinhuanet.com/world/2021-04/01/c_1127282242.htm。

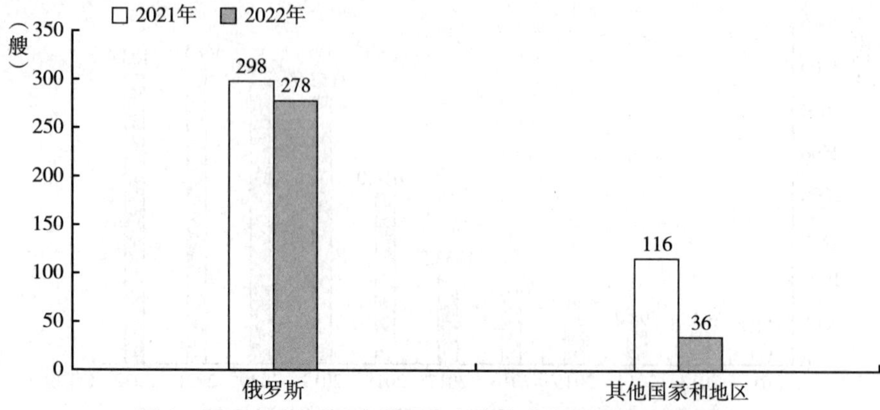

图 2　2021 年和 2022 年使用北方海航道航行的船舶国籍情况

行，其中仅有 36 艘船舶来自俄罗斯以外的国家和地区，其他 278 艘船舶均悬挂俄罗斯国旗，占船舶通过总量的 88.5%。① 因此，从绝对数值上看，2022 年选择北方海航道通航的非俄罗斯籍船舶数量明显减少，俄罗斯籍船舶占比较往年大幅上升；从比例上看，非俄罗斯籍船舶对于北方海航道货运量的贡献率下降。

此外，通过对近两年北极航道通行的船舶属地分析发现：一方面，相较于 2021 年，各国船舶在 2022 年使用北方海航道通航的次数均有减少。另一方面，2022 年取道北方海航道的非俄罗斯籍船舶总量减少的主要原因是一些欧盟国家放弃使用北方海航道。图 3 显示，荷兰、葡萄牙、比利时、挪威等欧盟国家的船舶在 2021 年都曾多次穿行北方海航道，但在 2022 年，却并未见到上述国家的船舶在北方海航道上出现。

2. 利用北方海航道过境通行的国际货运频率降低

首先，从航行次数来看，图 4 显示，2022 年北方海航道过境航行一改自 2015 年以来呈现的持续发展态势，过境航行次数降低，且本次减幅巨大，下降到 2021 年过境航行次数的一半左右。与此同时，2022 年内通过北方海航道进行完全国际航行（从一个非俄罗斯港口到另一个非俄罗斯港口）的

① “Shipping traffic at the NSR in 2022,” https://arctic-lio.com/nsr-2022-short-report/.

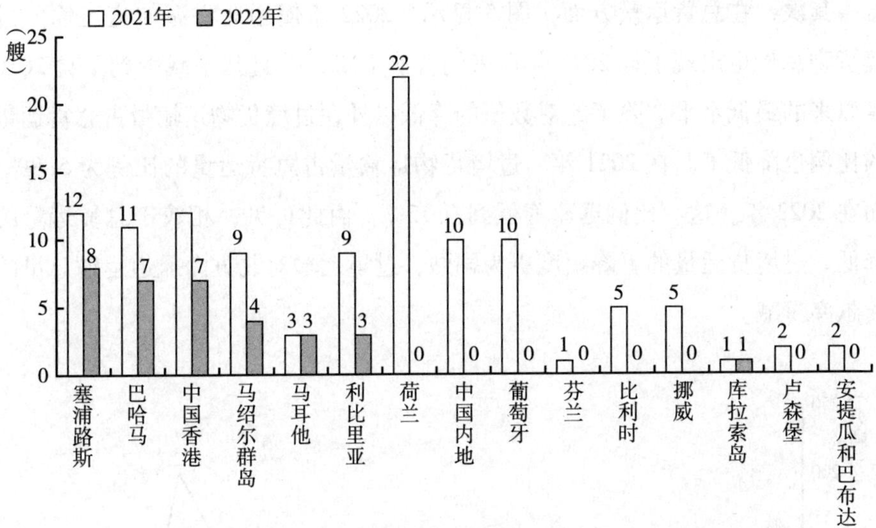

图 3　2021 年和 2022 年使用北方海航道通行的主要非俄罗斯籍船舶对比

航次为 0。2022 年的过境航次总数为 43 次，且大多数（35 次）过境航行都是在俄罗斯港口之间进行的，其他（8 次）过境航行是在俄罗斯和外国港口之间进行的。①

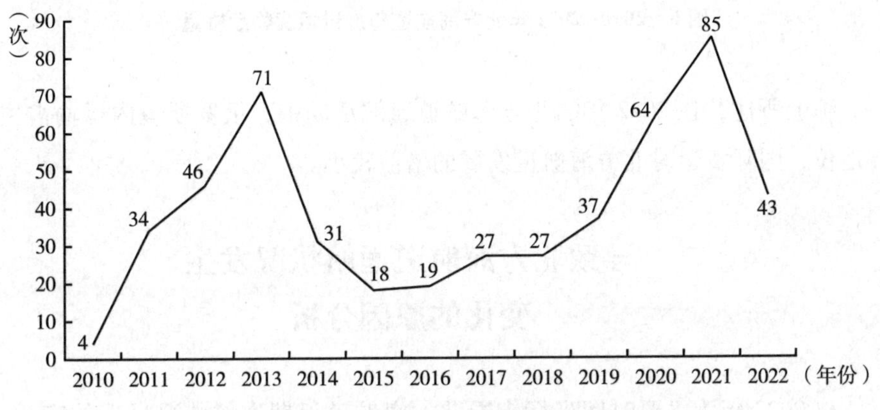

图 4　2010~2022 年北方海航道年度过境通行次数

① CHNL, "Shipping Traffic at the NSR in 2022," https://arctic-lio.com/nsr-2022-short-report/.

其次，在总货运量方面，图 5 显示，2022 年使用北方海航道运输的过境货物总量也出现了自 2015 年以来的首次下降，并且几乎减少到了自 2010 年以来的最低水平。除了绝对数值的降低以外，过境货物运输量占总货运量的比例也降低了。在 2021 年，过境货物运输量占总货运量的比例为 5.8%。而在 2022 年，这一比例迅速降低到 0.12%。由此可见，相较于总货运量的降低，过境货运量的下降幅度更为剧烈，过境运输对北方海航道运输总量的贡献率骤减。

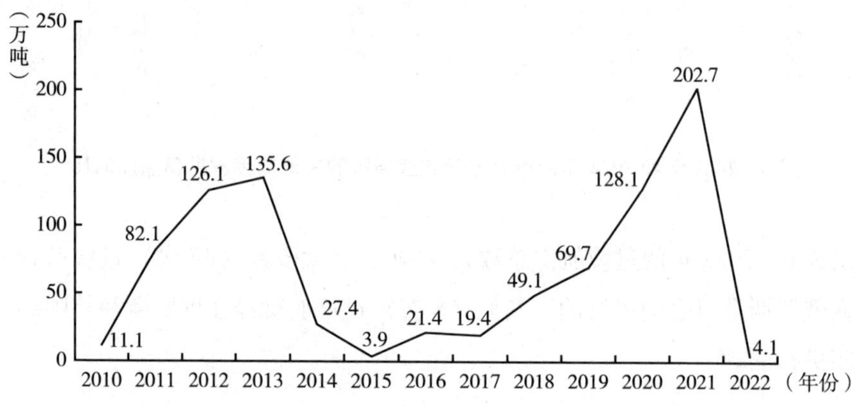

图 5　2010~2022 年北方海航道年度过境货物运输量

综上所述，在 2022 年的北方海航道通航活动中，俄罗斯境内运输占主导地位，国际货运对北方海航道发展的增益较小。

二　导致北方海航道通航状况发生变化的原因分析

以 2022 年为主要时间坐标来看北方海航道近期通航状况呈现的变化，这种变化是多重因素相互作用的结果，而在诸多因素之中，区域安全形势引发国际政治局势的变动因素起着决定性作用。

（一）西方国家阵营对俄罗斯的政治孤立与经济制裁

近年来俄罗斯的北极地区事务一直是国家发展战略的第一要务，但2022年2月以来，随着俄乌冲突的演变，西方各国对俄罗斯的政治孤立与经济制裁层层加码，北极地区发展面临严重的挑战，北方海航道建设与开发受阻。

2022年4月8日，欧盟理事会通过了对俄罗斯的第五轮制裁方案。根据该方案，欧盟自2022年8月起禁止从俄罗斯进口煤炭和其他固体化石燃料，禁止在俄罗斯注册的船只进入欧盟各成员国港口。并将俄罗斯更多个人和企业列为制裁对象。在第六轮制裁中，欧盟规定禁止从俄罗斯进口包括原油在内的其他能源。①

欧盟国家对俄罗斯的制裁对北方海航道的利用带来了消极影响，主要表现在四个方面。

1. 对俄罗斯的航运制裁冲击北方海航道运营

欧盟第五轮制裁的内容包括禁止俄罗斯籍的船舶进入欧盟成员国的港口，以及悬挂欧盟成员国船旗的船舶过境北方海航道或停靠俄罗斯北极沿线港口。这意味着，欧盟对俄罗斯实施直接的航运制裁。截至2023年底，全球排名前5位的集装箱航运公司中已经有4家明确宣布停止俄罗斯航运业务，以响应西方国家对俄罗斯实施的制裁措施。

与此同时，尽管近年来俄罗斯政府进行了大规模投资，但北方海航道仍然缺乏必要的船舶设备和基础设施以支持北方海航道沿线大规模的国际贸易。这是由于部分船舶和北方海航道沿线基础设施具有军民两用的功能，而俄罗斯军方在北方海航道沿线的交通基础设施和搜救作战方面发挥了主导作用。军民两用的船舶和基础设施使其性质更加敏感，受制裁的程度也由此加深。

---

① "Timeline：Measures Adopted in 2022-2023，" https：//finance. ec. europa. eu/eu-and-world/sanctions-restrictive-measures/sanctions-adopted-following-russias-military-aggression-against-ukraine_ en#timeline-measures-adopted-in-2022-2023.

在国际政治博弈加剧的情况下，北方海航道船舶和基础设施的军用性质使得相当数量的设备不能发挥应有作用。而俄罗斯的技术和资金又不足以支撑其迅速建设新一批基础设施，直接影响了北方海航道的航运。

2. 对俄罗斯的能源制裁使国际贸易受到影响，北方海航道的航运需求降低

北方海航道的利用受国际因素与国内需求的共同驱动，其中国际因素占主导地位。北方海航道“国际航运走廊”的角色定位决定了其发展目标——主要进行国际货物运输的重要交通动脉。

但是就目前来看，外部需求不足仍然是北方海航道开发的软肋所在。北方海航道的利用依赖各国的贸易往来，北极域内国家对俄罗斯的制裁行为中断了俄罗斯的资源进出口与贸易往来，这将极大地降低北方海航道的运输需求，航运发展陷入僵局。在欧盟公布的几轮对俄罗斯的制裁措施中，都不同程度地限制或禁止从俄罗斯进口某些货物。据统计，2022 年，在全球 68 个经济体中，与俄罗斯进出口保持增长的仅有 36 个。[①] 在俄罗斯出口结构中，适合通过海路运输的货物商品占据绝对主力。以俄乌冲突爆发前的 2021 年为例，俄罗斯出口的产品中，燃料和能源产品的出口金额占出口总金额的 54.3%。[②] 化肥、小麦占比也较高，俄罗斯是全球最大的小麦出口国。与此同时，俄罗斯也是钯、锑、钒、铂、钛、镍、黄金等金属的重要供应国。这些货物都具有体积大、重量大、可长时间运输的特点，因此海运是其主要的运输方式。这也就意味着经由北方海航道运输的俄罗斯货物数量减少，而这一变化必然导致经由北方海航道的船舶通行量降低。

除此之外，俄罗斯受到的经济制裁还使俄罗斯国内能源开发放缓，能源开采量的降低导致俄罗斯能源的出口量和北方海航道的货物运输量减少。俄乌冲突爆发以来，包括道达尔（Total）、埃克森美孚（Exxon Mobil）、英国石油（BP）、壳牌（Shell）和挪威国家石油公司（Equinor）在内的一些参

---

① https://gtm.sinoimex.com/? cn.

② 管小红：《2021 年俄罗斯进出口贸易情况分析：进出口贸易快速增长，中国是俄罗斯最大进出口贸易合作伙伴》，https://www.chyxx.com/industry/1101750.html。

与俄罗斯北极能源项目的主要能源公司纷纷撤出参与的俄罗斯合资企业，或进行财务注销。

以液化天然气（Liquefied Natural Gas，LNG）为例。北极 LNG 2 号项目是俄罗斯在北极地区的重要天然气开发项目，俄罗斯最大的独立天然气生产商诺瓦泰克（Novatek）公司就北极 LNG 2 号项目开展合作的中国船厂将在 2023 年 5 月底前停止该项目的工作，诺瓦泰克公司主要负责液化天然气的建设模块。在此之前，只有北极 LNG 2 号项目的第一条生产线顺利建成。根据最初的计划，第二条和第三条生产线将分别于 2024 年和 2025 年建设完成。种种迹象表明，北极 LNG 2 号项目不能如期完工，这将阻碍俄罗斯对能源的进一步开发。俄罗斯副总理诺瓦克接受塔斯社专访时表示，2022 年俄罗斯天然气出口量较上年下降约 25%，产量减少 12%。[①]

3. 北方海航道建设的资金和技术合作受阻导致航道的开发进程放缓

2023 年 2 月 25 日，欧盟理事会通过了对俄罗斯的第十轮制裁。第十轮制裁规定：根据从乌克兰、欧盟成员国和包括美国在内的相关合作伙伴收到的信息，对有助于俄罗斯军事能力和技术提升的先进技术实行新的出口限制。[②] 欧盟早在之前的第六轮制裁中就已经开始限制向俄罗斯出口先进技术。

先进技术在俄罗斯的北极海洋运输系统和通信系统建设中发挥着重要作用。然而，俄罗斯国内航运业无法持续满足继续发展北极航运需要的能力和专业知识。

一方面，目前俄罗斯造船业缺少的主要是技术工种，如焊接、涂装、机械加工。对俄罗斯来说，北方海航道建设的成功在很大程度上取决于国际合作的有效性。然而俄乌冲突爆发后，许多为俄罗斯造船业提供技术和资金支

---

① 《俄副总理：2022 年俄天然气出口下降约 25%》，新华网，http://www.news.cn/world/2022-12/26/c_1129233828.htm。

② "Timeline: Measures Adopted in 2022-2023," https://finance.ec.europa.eu/eu-and-world/sanctions-restrictive-measures/sanctions-adopted-following-russias-military-aggression-against-ukraine_en#timeline-measures-adopted-in-2022-2023.

持的外国企业选择终止与俄罗斯的合作。这些已经撤资的外国企业在此之前都为航道设施和船舶的建设提供重要的供应或维护服务，许多已经在建的基础设施项目被迫叫停。从短期来看，俄罗斯既不可能找到与撤资企业实力相当的新的合作伙伴，也不具备迅速弥补这些技术短板的能力。

另一方面，俄罗斯至今还没有在北方海航道建立起一套完整的导航和数字生态系统。北方海航道水域的气象、结冰情况以及航行条件等方面的数据仍然需要其他国家提供。这意味着在缺乏其他国家支持的情况下，俄罗斯不能提供足够的数据支撑，以保障船舶在进行北方海航道航行时的便利和安全。没有西方国家的技术支持，沿北方海航道的有效导航也极具挑战性。

因此，西方国家减少对俄罗斯的技术和资金投入，导致俄罗斯基础设施建设进度放缓，而且不能提供包括有效数据导航系统在内的后勤服务。这些因素阻碍了俄罗斯实现其所期望达到的北方海航道货运目标，北方海航道竞争力的提升进一步陷入停滞。

（二）全球气候变暖导致的海冰消融

近几十年来，地球经历了气候的持续变暖，由此引发北极地区海冰的不断消融。根据卫星测量，2003~2018 年，北极海冰体积在秋季每 10 年减少 5130 立方千米，冬季每 10 年减少 2870 立方千米。[①] 航道的通航性受海冰条件、气象水文条件、水深、地方法律法规等诸多因素的影响。然而，海冰目前是北极航道上最大的自然障碍，北极海冰的消融延长了东北航道的可通航时间、扩大了可通航区域范围，可以使北方海航道的商业价值得到充分发挥。

北极海冰范围在 1979~2023 年总体上呈现下降的趋势，每 10 年下降 2.4%。[②] 与此同时，北极地区的航行活动也在稳步增加。在海冰面积创历史新低的年份（2012 年和 2020 年），通过北方海航道所进行的航行也具有

① Ron Kwok, "Arctic Sea Ice Thickness, Volume, and Multiyear Ice Coverage: Losses and Coupled Variability (1958-2018)," *Environmental Research Letters* 13 (2018): 1-9.

② "Arctic Sea Ice News & Analysis," https://nsidc.org/arcticseaicenews/.

最佳通航性。因此，海冰持续消融与北方海航道利用率上升之间的因果关系是不言而喻的。预计 2040~2050 年夏季，北极圈内的海冰将完全消失。[①] 届时，船舶在没有破冰船帮助的情况下独立实现北极航道全年航行的可能性将极大提升。

需要注意的是，根据美国国家冰雪数据中心披露的数据，近几十年来北极地区海冰面积的变动呈现波动下降的趋势。这也就意味着，虽然从整体上看北极地区的海冰一直在融化，但是相邻年份的北极地区海冰面积并不具有必然的增减规律。例如，在过去的几年里，北方海航道地区 10 月底和 11 月初的冰层状况允许大量船只沿着俄罗斯广阔的北极海岸航行。但 2021 年和 2022 年的情况却并非如此，北方海航道水域在深秋时节就早早地迅速结冰。此外，除了海冰的面积之外，冰的厚度也会对船舶通航产生重要影响。而冰的厚度取决于天气条件和气候条件，天气条件在本质上是随机的，气候条件也随着时间的推移而不断变动，这导致冰厚数据具有随机变异性。[②] 北极海冰的融化在本质上属于不可控因素。北方海航道不能被视为一条明确界定的直线路线，而应被理解为俄罗斯以北的整个海域。因此，冰情的变化将会导致船舶通行北方海航道的最佳航线选择有所区别。就目前而言，对航道海冰情况和通航具体可行性进行预测和评估仍然相当困难。海冰消融具体情况的不确定性是稳定利用北方海航道通航的极大挑战。

此外，尽管气候变化导致的海冰消融被视为扩大北方海航道运输的有利因素，但它也不可避免地对航行安全造成消极影响。

首先，冰的融化增加了利用北方海航道航行的通航成本。不可否认，气候变化、海冰消融形成了更不稳定的天气条件，政府和航道客户们不得不投入更多资金用于预测航行条件和在事故发生后开展救援。永久冻土融化增加了海岸洪水泛滥、设施故障的风险，导致有关设备的维修频率增加。随着冰

① "Climate Change 2022: Impacts, A Daptation and Vulnerability," https://www.ipcc.ch/report/ar6/wg2/.

② Ali Cheaitoui et al., "Ice Thickness Data in the Northern Sea Route (NSR) for the Period 2006-2016," *Data in Brief* 24 (2019): 1-8.

层消退，冷空气会暴露在更多温暖的水中，温暖的蒸汽在这些新通道中凝结成雾。北冰洋变得更加雾气弥漫，能见度降低，船舶为了避免撞上危险的海冰而放慢速度，造成代价高昂的延误。此外，北方海航道沿线发生环境灾难和事故的可能性增加也是客户严重关注的问题。因此，要使北方海航道大规模应用于沿线的航运运输，需要在基础设施和海洋服务方面进行更多投资，以确保航运的安全运输，并且将对环境的影响降到最低。①

其次，海冰消融还会导致北方海航道政治稳定性下降。随着海冰的不断消融，北极海域的环境发生变化，俄罗斯管控海域范围也正在扩大。一方面俄罗斯管控海域面积的增加导致世界各国的不满，引发大国之间为争取尽可能多的领土而进行的竞争，北极航线管辖权争端或将进一步加剧；另一方面，海冰的消融也对包括《联合国海洋法公约》第 234 条在内的现行的北极航道法律规则产生冲击。②

应当看到，海冰消融给北方海航道带来的影响具有两面性。海冰减少在提高航道可通航性的同时，对航行安全和航道政治稳定性也产生了不利影响，给北方海航道的开发和利用带来了极大挑战。在这种复杂的情况之下，北方海航道应有价值的成功发挥依赖于航行安全和政治稳定的实现程度。

三　俄罗斯航道管控措施的调整

北方海航道在俄罗斯的政治、经济和军事领域中均有着特殊地位。北方海航道是俄罗斯经济发展的潜在来源，同时也是俄罗斯作为北极国家身份的

① Joshua Ho, “The Implications of Arctic Sea Ice Decline on Shipping,” *Marine Policy* 34 (2010): 713-715.

② 《联合国海洋法公约》第 234 条规定：“沿海国有权制定和执行非歧视性的法律和规章，以防止、减少和控制船只在专属经济区范围内冰封区域对海洋的污染，这种区域内的特别严寒气候和一年中大部分时候冰封的情形对航行造成障碍或特别危险，而且海洋环境污染可能对生态平衡造成重大的损害或无可挽救的扰乱。这种法律和规章应适当顾及航行和以现有最可靠的科学证据为基础对海洋环境的保护和保全。”该条实际上赋予了北冰洋沿海国管理北极水域航行的权力。

重要组成部分。在俄乌冲突背景下，北方海航道更是成为俄罗斯国家安全的重要事项，沿北方海航道所进行的商业运输也将成为俄罗斯新的经济增长点。俄罗斯政府在连续的战略政策文件中重申，北方海航道的开发不能因为外部限制和制裁压力而推迟，应将北方海航道发展为国家运输走廊。

2022 年 7 月 31 日，俄罗斯总统普京在“俄罗斯海军日”当天签署了新版《俄罗斯联邦海洋学说》。在这一份长达 55 页的《俄罗斯联邦海洋学说》战略文件中，有 22 页提到了北极，充分体现了俄罗斯对这一战略地区的高度重视。《俄罗斯联邦海洋学说》中的一项条款指出俄罗斯的主要优先事项是：加强俄罗斯在包括大陆架在内的北极海洋影响力，以及将北方海航道运输走廊发展为在全球市场上具有竞争力的国家运输动脉。[①] 其中对北方海航道的预期目标为：该航线货运量预计到 2025 年达到 8000 万吨，到 2030 年增长到 2 亿吨。[②]

在俄乌冲突背景下，北方海航道发展面临困境，为了维持北方海航道对俄罗斯国家利益的持续贡献，俄罗斯在 2022 年采取了一系列拯救行动。

（一）对北方海航道的管理机构进行改革

2022 年 6 月 15 日，俄罗斯联邦国家杜马（议会下院）通过法律，将北方海航道水域的管理权进一步集中交给俄罗斯国家原子能公司。法案从其正式公布之日起生效。

法案的主要内容是授权俄罗斯国家原子能公司对北方海航道进行集中管理，具体包括：组织监测船舶交通和破冰船队船舶的使用；提供有关水文气象、冰面和航行情况的信息；协助组织清理船舶危险和有害物质污染的行动，以及开展预防和清理石油和油品泄漏的工作。其中，最为重要的一点是将发放北方海航道水域航行许可证的权力从联邦运输部下属的北方海航道管

---

① The Russian Government, “Decree of the President of the Russian Federation of 31. 07. 2022 No. 512—On Approval of the Maritime Doctrine of the Russian Federation,” http://static. government. ru/media/acts/files/1202207310001. pdf.

② 李振福：《俄乌冲突后北极航线中的新机遇》，中国船东网，http://www. csoa. cn/doc/23091. jsp。

理局转移到俄罗斯国家原子能公司。该法案还授权俄罗斯国家原子能公司可以暂停、延长、终止北方海航道水域航行许可证的有效期，以及在不违背航行安全和保护海洋环境免受船舶污染相关要求的情况下修改许可证，并确定提供上述服务的下属机构。[①] 此外，根据俄罗斯联邦政府的决定，俄罗斯国家原子能公司有权代表国家行使为北方海航道航行而设立的国家预算机构的权力。

将更多责任从俄罗斯联邦运输部转移到俄罗斯国家原子能公司的直接背景是2021年冬季供应期间出现的协调失灵。2021年最后一个季度通过北方海航道的船舶异常多，但是冰况也异常严峻。但只有一艘核动力破冰船可以提供护航，未得到破冰船及时支援的船只被困在海冰中长达数周，而在船只被困期间，俄罗斯联邦运输部没有及时组织物资的供应。所以，让俄罗斯国家原子能公司承担更多责任的初衷是确保运输与破冰船服务协调进行，以确保船只及时到达。

俄罗斯国家原子能公司在被授予北方海航道集中管理权后，采取了诸多措施。

1. 组建管理北方海航道航行的机构——北方航道管理总局

2022年8月1日，俄罗斯联邦政府总理米哈伊尔·米舒斯京签署了俄罗斯联邦政府第1318号令，该法律规定在俄罗斯国家原子能公司框架内建立北方航道管理总局（Glav Sevmorput）。北方航道管理总局是国家财政预算单位，由俄罗斯国家原子能公司组建，负责管理北方海航道的船舶通行，其职责包括发放和撤销通过该航道的许可证。这一机构的设置不是为了重新厘清俄罗斯国家原子能公司与俄罗斯联邦运输部之间的权力界限，而是为了俄罗斯国家原子能公司能够集中管理北方海航道水域船舶航运事宜，提高这一重要战略区域的航行安全。

2. 加强航标、码头等基础设施的建设

俄罗斯国家原子能公司及其隶属的企业相继完成了包括码头、港口、航

① http://publication. pravo. gov. ru/documents/block/government.

标在内的一系列航行基础设施的建设与改造。2022 年 11 月 7 日，俄罗斯国家原子能公司的下属企业 FSUE Hydrographic Enterprise 宣布其已经完成了叶尼塞河的航海设备——航标的现代化改造。借助这些新设备，该公司可以对航标的运动进行远程监控，同时确定它们的地理位置和电池电量、位移坐标、变形和倾斜情况。由此形成了一个有效的信息汇总机制：收集到的信息通过无线电信道从一个浮标传输到另一个浮标，汇总在沿岸的固定标志上，然后通过卫星通信信道传输到该企业所在的圣彼得堡办事处。① 2023 年 2 月 10 日，FSUE Hydrographic Enterprise 还完成了液化天然气和稳定凝析气的 Utrenny 码头建设。Utrenny 码头的建设是在俄罗斯联邦项目“北方海航道发展”的框架内进行的，该项目是主要基础设施现代化和扩建综合计划的一部分。在工作过程中，该公司同时完善了与确保航行安全有关的码头基础设施，并完成了包括跨越国家边界的检查站在内的国家控制服务大楼的建设工作。2023 年 4 月 24 日，Utrenny 码头已经全面投入使用。

3. 构建北方海航道数字服务统一平台

俄罗斯国家原子能公司旗下的破冰船运营商 FSUE Atomflot 于 2022 年 2 月 18 日签署协议，旨在创建一个统一的数字服务平台（Unified Platform of Digital Services，UPDS），使通过北方海航道的航运更加安全。该项目价值 13.3 亿卢布，预计将于 2024 年第一季度完工。这是俄罗斯发展北方海航道整体战略的一部分。该平台的一个重要特点是综合性，它囊括了北方海航道水域的航行、水文气象、冰况和环境条件等各方面的信息。该平台将成为航线数字生态系统的核心元素，为北方海航道用户提供多项数字服务，以实现物流运营和船队调度同步进行。② 这一系统将允许多达 1500 个独立用户访问各种功能用途的数字服务，并且在接受指令后即时提供相关信息。

① Rosatom，“Rosatom's Hydrographic Enterprise has Improved the Safety of Navigation on the Yenisei River 07 November，2022/13：057814，” https://www.rosatom.ru/journalist/news/gidrograficheskoe-predpriyatie-rosatoma-povysilo-bezopasnost-navigatsii-na-reke-enisey/？sphrase_id=4176910.

② “Rosatom's Hydrographic Enterprise has Completed a Record Volume of Research on the Northern Sea Route，” Rosatom.

（二）进一步限制北方海航道航行自由

俄罗斯在北方海航道的法律地位和实际控制上一直坚持着传统的地缘政治思维。早在 21 世纪初，俄罗斯就对航道所处海域的法律性质做出了清晰的界定，提出北方海航道是指位于俄罗斯北方沿岸的内水、领海或专属经济区内的国家交通干线，包括适宜冰区领航的航线。[①] 俄乌冲突爆发之后，国家安全因素的考量更是在北方海航道发展策略的制定过程中占据了主导地位。俄罗斯在北极地区的国土安全和军事存在，在优先级上要高于北方海航道的开放。

2022 年 8 月 11 日，俄罗斯国防部提议修改北方海航道通行规则——《俄罗斯联邦内水、领海和毗连区法》的联邦法律。该提议已获得俄罗斯政府立法活动委员会的批准，并得到了外交部、联邦安全局和运输部的支持。经过修订、补充，该法案于 2023 年 5 月 21 日生效。

在此之前，俄罗斯北方海航道海域的航行规则仅适用于商业性目的的船舶，不适用于享有主权豁免的外国军舰和其他非商业目的政府船舶。根据《联合国海洋法公约》规定，外国军舰的无害通过权只适用于领海，通过内水的法律制度通常由沿海国自行制定。俄罗斯一直将北方海航道视为自己的内水，但俄罗斯国内对关于外国军舰通过俄罗斯北方海航道的具体程序未进行明确规定。

俄罗斯国防部建议在现行法律中补充一项条款，对外国军舰通过北方海航道的程序做出具体规定：俄罗斯允许外国军舰和政府船舶进入北方海航道内水（不进入港口或海军基地），但需要在预计抵达前至少 90 天通过外交渠道申请许可。除非有俄罗斯政府的特别决定，停泊在北方海航道内水的外国军舰和其他政府船舶不得超过一艘。此外，来访船只必须确保航行安全、保护环境、保护海底电缆和管道，以及保护水生生物资源。为了确保国家安全，俄罗斯政府将可以在一定时期内暂停外国军舰和其他政府船舶进入北方

① 赵隆：《论俄罗斯北方海航道治理路径及前景评估》，《世界地理研究》2016 年第 2 期。

海航道内海水域。法令草案中还有一个单独条款专门针对外国潜艇：外国潜艇必须在海面航行，悬挂所属国国旗，并遵守北方海航道规则。[①]

2022 年 11 月 30 日，俄罗斯联邦委员会（议会上院）批准了一项法案，对北方海航道上的航行自由进一步加以限制。该法案的主要内容包括：取消外国军舰在俄罗斯自身所主张的北方海航道“内水”的权利；除了不能有超过一艘外国军舰和其他政府船舶在北方海航道的内水停留之外，这些船舶还不得停靠在俄罗斯海港、海军基地或军舰基地。根据该法案，俄罗斯可以发出航行警告，并且迅速暂停外国军舰和其他政府船只在俄罗斯领海和内水的通行。

先后两次立法活动使外国船舶在北方海航道的航行受到俄罗斯更加严格的管控，通过北方海航道的申请和审批程序异常烦琐。俄罗斯对北方海航道的治理一直以来都过于注重短期效益，设置了过多的收费服务项目。由此，可以解释为什么 2022 年通过北方海航道的非俄罗斯籍船舶数量骤降。

（三）制定规制北方海航道建设与利用的总体规划和具体规则

针对北方海航道，俄罗斯出台了一系列政策、法令。其批准的《2035 年前北方海航道发展计划》是对 2035 年前北方海航道发展的顶层设计和宏观安排，为航道的建设与开发指明了方向。在航道管控和航行的具体规则方面，为了适应发生巨大变革的国际政治环境，俄罗斯也积极制订新方案，对现行规则做出补充、修订，使船舶使用北方海航道通航和俄罗斯政府开发北方海航道的活动有更加明确、详细的制度可以遵循。

2022 年 8 月 4 日，俄罗斯总理米哈伊尔·米舒斯京签署法令，批准《2035 年前北方海航道发展计划》，该计划强调从国家层面对北方海航道予以扶植并提升其国际竞争力，部署了继续发展北方海航道配套基础设施、确保为俄罗斯北极地区人口提供安全可靠的货运保障，以及为北极地区投资项

① RBC, “The Ministry of Defense Proposed to Change the Rules of Passage along the Northern Sea Route,” https://www.rbc.ru/politics/25/07/2022/62de9f5c9a7947f5812e7920.

目的实施提供有利条件的一系列安排。预计启动该计划框架内的所有项目将花费约 1.8 万亿卢布。

《2035 年前北方海航道发展计划》中的初步安排具体包括货物基地、运输基础设施、货运和破冰船队、北方海航道航运安全和北方海航道航运管理和发展等板块。之后的项目开发也将围绕这几个板块进行。在初步规划中就囊括了 150 余项活动，主要包括四个方面：一是增加出口货物基地、沿海运输和过境运输的措施；二是建设港口基础设施和通道、铁路和河流运输通道、航线水域疏浚等现代化设备；三是北极货运和破冰船队的发展、北极造船和修船设施的完善；四是完善紧急救援制度和导航系统。①

在此基础之上，俄罗斯还制定了一系列关于北方海航道发展的具体规定，主要分布在以下三个领域。

一是航行规则。2022 年 8 月 11 日，俄罗斯国防部建议对现行的北方海航道通行制度予以细化，对外国军舰和政府船舶利用北方海航道通航的准入条件、审批程序和航行规则进行了明确规定。

二是投资与补贴规则。上文提到，由于欧盟对俄制裁，许多与俄罗斯已经建立合作关系的外国企业纷纷从有关项目中撤资，而对于俄罗斯来说短期内寻找到替代的合作伙伴的难度极高。在这种情况之下，俄罗斯在 2022 年不断加大对航道开发项目的国内投资和政府补贴力度，并出台了一系列保障、规制这些资金投入的规章制度。据笔者统计，从俄乌冲突爆发以来至 2023 年 6 月，俄罗斯联邦政府发布的所有法令中，法令名称中直接提到对航道建设进行投资和补贴的法令就有 7 部。② 这些法令对俄罗斯联邦国家补助的申请条件和程序、负责补贴有关事宜的国家机构以及商业投资者需要满足的条件做出了规定。

三是基础设施建设规则。航道设施建设的成败不仅与对航道基础设施

① The Russian Government, "Mikhail Mishustin Approved a Plan for the Development of the Northern Sea Route until 2035," http://static.government.ru/media/files/StA6ySKbBceANLRA6V2sF6wbOKSyxNzw.pdf.

② http://publication.pravo.gov.ru/documents/block/government.

的投入资金有关，而且也受相关建设规则完善程度的深刻影响。一套科学完备的基础设施建设规则，决定了有关基础设施建设活动能否依法进行，进而直接作用于航道建设的成效。鉴于此，俄罗斯联邦政府颁布了《关于批准关于改变货物转运量建立海港基础设施协议修正案的条例》《关于批准通过海港基础设施建设协议确定投资者对海港基础设施建设的责任类型和规模的规则》等一系列规范航道设施建设的法令，完善了基础设施建设规则体系。

（四）加快航道基础设施的建设进程

北方海航道商业价值的实现有赖于基础设施作用的成功发挥。上文中提到，俄罗斯在北方海航道建设的许多基础设施兼有军用和民用属性。俄乌冲突爆发之后，一方面航行基础设施的军用功能占据主导地位，支持商业航行的功能本身薄弱，另一方面这些基础设施的军用性质导致其受欧盟制裁的程度更为深刻。既有的基础设施不能发挥应有作用，这也是阻碍北方海航道发展的重要原因。

因此，俄罗斯考虑到北方海航道在国家发展中的战略优先位置，加大了北方海航道基础设施建设的力度。主要有以下几个方面。

1. 建设港口、码头，完善交通枢纽体系

随着欧盟制裁加剧，全球四大疏浚巨头相继退出俄罗斯市场，负责北方海航道基础设施开发的 FSUE Hydrographic Enterprise 开始探索建立自有疏浚部门。2023 年 2 月 10 日，该公司完成了液化天然气和稳定凝析气的 Utrenny 码头建设。2022 年 12 月 25 日，俄罗斯联邦政府通过了第 3927 号令，规定政府将投资建设摩尔曼斯克交通枢纽，相关费用预计将由联邦政府预算支出。[①] 芬兰加入北约，瑞典政府也决定申请加入北约，波罗的海有逐渐转化成北约内海的趋势。这一趋势使得通过摩尔曼斯克的货物转运线成为俄罗斯的

① The Russian Government, “The Government will Invest in the Construction of the Murmansk Transport Hub,” http://government.ru/news/47344/.

主要运输路线之一。摩尔曼斯克是俄罗斯在欧洲地区唯一的全年不冻港，可直接通往北大西洋，因此摩尔曼斯克交通枢纽的建设具有重要的战略地位。

2. 扩大破冰船队伍，对造船和修船设施进行改造升级

俄罗斯 22220 型核动力破冰船建设取得进展。2022 年 10 月 14~31 日，第三艘 22220 型核动力破冰船“乌拉尔”号在芬兰湾进行海试，并成功通过所有审查，计划在年底前由波罗的海造船厂移交给客户——FSUE Atomflot 公司。22220 型核动力破冰船项目是俄罗斯“2035 年前北极国家政策基础”计划的一部分，其目的是发展北方海航道，保障北方海航道的全年开放、北冰洋航线的探险和维护。另外，在 2022 年 6 月 23 日举行的北极国家委员会会议上，俄方代表提出计划对北方海航道沿线的造船厂和修船设施进行现代化改造。这是由于虽然俄罗斯国内主要的造船厂在建设大吨位船队方面发挥着重要作用，但它们的能力均不足以单独开展船舶建设。现代化改造的具体工作将由北方造船厂（Severnaya Verf，隶属于俄罗斯联合造船集团）实施。

3. 完善沿北方海航道航行的数字服务系统，加强对水文等航行条件的监测

俄罗斯国家原子能公司自接管北方海航道之后，一直致力于建设一个统一的数字生态系统。在系统建成之前，相关企业开展了一系列前期工作。2022 年，FSUE Hydrographic Enterprise 在北方海航道的水域研究量方面打破了纪录。2022 年夏秋航测共测线 4.52 万公里，这是俄罗斯历史上的最高数字。[①] 与此同时，俄罗斯联邦自然资源部正在开发北方海航道水域环境监测系统，将为航行安全做出重大贡献。这样一个完善的数字服务系统会为北方海航道航行提供一条强大的“后勤动脉”。

（五）加强与其他国家在航道开发方面的合作

受全球气候变暖影响，北极冰盖融化，北方海航道的开发条件日趋完备。俄罗斯在北方海航道开发中具有天然的地理优势，俄罗斯希望将这种地

---

① “Rosatom's Hydrographic Enterprise has Completed a Record Volume of Research on the Northern Sea Route,” Rosatom.

理优势转化为经济、政治收益，实现国家整体发展，提高国际政治影响力，突破西方国家围堵。

但是由于俄乌冲突的影响，欧美国家对俄罗斯的政治孤立和国际制裁日益冲击着俄罗斯对北方海航道的开发和利用。一方面，合作伙伴不断流失，欧盟国家对俄罗斯进行航运制裁，许多投资者撤出俄罗斯，中断与俄罗斯的合作；另一方面，俄罗斯自身无力独立进行北方海航道开发，政治孤立和经济制裁使俄罗斯固有经济结构的漏洞越发明显，极地开发所需资金及相关技术、设备不足。因此俄罗斯迫切需要寻找替代解决方案和新的合作伙伴，积极推动与包括以印度和中国为代表的非北极国家的合作。

在北方海航道适航性提升的背景下，印度将会在海事人力资源供应、水文测绘和地区环境监测等方面广泛参与航道开发。在 2021 年 12 月 6 日举行的第 21 届印俄峰会上，印度就表达了希望与俄罗斯就北方海航道建设方面开展合作。[①] 此后，印度一直致力于北方海航道的基础设施建设，目标是将其打造成俄罗斯向印度供应能源的主要航线。2023 年 3 月 28 日，俄罗斯远东和北极发展部部长切昆科夫表示，俄罗斯和印度正在讨论沿北极航道启动跨北极集装箱运输线和加工设施项目，印度正计划协助开发俄罗斯的北极航道，并将其打造成一条全球贸易路线。[②]

2022 年 9 月 6 日，在符拉迪沃斯托克举行的东方经济论坛上，俄罗斯专家强调俄罗斯北极地区和北方海航道的持续发展，中国专家呼吁中国和俄罗斯在北极开展更多合作。中俄两国在北极能源项目和航道基础设施方面的合作可能成为关键领域，对双方经济都有利，有助于中国缩短运输时间并确保能源供应，同时也帮助俄罗斯为其北极项目获得资金、技术和基础设施的支持。亚马尔液化天然气项目（Yamal LNG）和北极 LNG 2 号项目的发展都表明，在未来相当一段时间内中国将是俄罗斯的主要合作伙伴。

---

① 参见刘惠荣、谢炘池《印度的北极政策：六大支柱与利益考量》，载刘惠荣主编《北极地区发展报告（2021）》，社会科学文献出版社，2022，第 118 页。

② 《俄方宣布：印度正考虑投资俄罗斯北极航道》，新华网，http://www.xinhuanet.com/world/2021-06/05/c_1127533591.htm。

四 北方海航道未来发展的展望

2022年俄乌冲突波及全球发展的各地区、全领域。地缘政治格局波动使北方海航道开发等问题的前景日趋复杂。近年来，俄罗斯致力于复兴北方海航道和推动俄属北极地区的全面发展，但是如果俄乌冲突持续甚至升级，俄罗斯对北方海航道的宏伟规划在短期内难以突破。在这种情况之下，在航道开发过程中秉承合作共赢、开放包容的心态显得尤为重要。

合作是北方海航道建设的主线。北方海航道建设开发的成效取决于国际合作的深度与广度。俄乌冲突爆发之后，北极地区合作精神倒退。具体表现在西方阵营基于国家利益做出政治选择，纷纷中止与俄罗斯在航道开发方面的合作。冷战以后蓬勃发展的北极合作是从全球治理的角度出发，认为北极是世界的，是人类的。过去一年北极合作的退化造成了北方海航道发展的停滞，阻碍了其航运价值的发挥。因此，航道的进一步建设需要俄罗斯与北极域内、域外国家打破认知界限，共同合作治理。

开放是北方海航道利用的要义。根据北方海航道信息办公室披露的航道利用情况数据，2022年北方海航道跨境运输回落，俄罗斯境内货物运输占总货运量的绝大部分。开放性不足是2022年北方海航道运输情况的显著特点。北方海航道的封闭性主要归因于两方面，一是俄罗斯国内日趋严格的准入条件和程序。二是西方国家阵营普遍对俄罗斯实施的航运制裁和进口禁令。提高开放性是改善北方海航道利用格局的重要路径，一方面，俄罗斯国内货运量有限，很难支撑北方海航道“到2025年货物运输量达到8000万吨”的发展目标；另一方面，吸引更多外国船舶和国际货运是实现北方海航道大规模商业应用的必然要求。在内外挑战日益严峻的背景下，俄罗斯应结合自身实际情况，制定更合理的航道管理制度，以开放合作的心态，推进北极国际航运逆势上扬。

对于中国来说，北极航道开发利用存在新机遇。首先，俄罗斯在北极能源开发、北方海航道基础设施完善与船舶建造等方面均需要较大的技术和投资支持。俄乌冲突导致多家外国公司退出或暂停与俄罗斯的合作，多个项目被迫叫停，要想继续发展北方海航道，俄罗斯势必要寻求以非北极国家为主的新的合作伙伴。实际上，俄罗斯也多次向中国抛出橄榄枝，邀请中国加入北方海航道的开发合作。其次，相较于其他国家，俄罗斯与中国存在良好的政治互信和合作基础，航道开发合作对中俄两国有双赢的效果。最后，西方国家与俄罗斯在北极地区的博弈日益加剧，这在很大程度上稀释了其他北极国家对中国参与北方海航道开发的关注。

就目前中俄北极航道合作开发的情况来看，近年来，以习近平同志为核心的党中央对北极航道开发利用问题高度重视。[①] 早在 2015 年，中俄总理第 20 次定期会晤时就首次达成了“加强北方海航道开发利用合作，开展北极航运研究”的共识。[②] 2017 年 6 月，中国国家发改委和原国家海洋局联合发布《“一带一路”建设海上合作设想》，北极航道被明确为“一带一路”海上合作的三大通道之一。2017 年 7 月，习近平主席在莫斯科会见时任俄罗斯总理梅德韦杰夫时首次提出：“要开展北极航道合作，共同打造‘冰上丝绸之路’。”[③] 2022 年 2 月 4 日，中俄两国共同发布《中华人民共和国和俄罗斯联邦关于新时代国际关系和全球可持续发展的联合声明》，双方明确深化可持续交通领域的务实合作，特别提及“发展运营北极航道，助力全球疫后复苏”。[④]

目前，中国对北方海航道的开发利用已从拓荒期步入守成期，而俄乌冲突爆发势必会带来中国参与北方海航道建设、利用的全新时代。新航线的开辟可以促进中国海上贸易航线的多元化，减轻对于传统航线的依赖，消解国际政治动荡对于贸易运输的掣肘。同时，对北方海航道的利用有望改善中国

---

① 邓贝西：《当前国际形势下北极航道利用前景及对我国影响》，《船舶》2023 年第 1 期。

② 《中俄总理第二十七次定期会晤联合公报》，中国外交部官网，https://www.mfa.gov.cn/web/wjdt_674879/gjldrhd_674881/202212/P020221230481509603114.pdf。

③ 《习近平会见俄罗斯总理梅德韦杰夫》，央广网，http://china.cnr.cn/gdgg/20170704/t20170704_523833388.shtml。

④ 《中华人民共和国和俄罗斯联邦关于新时代国际关系和全球可持续发展的联合声明（全文）》，中国政府网，https://www.gov.cn/xinwen/2022-02/04/content_5672025.htm。

国际货物运输的格局、增加对外交往的途径，并最终助益中国开放型经济体制的建成。

中国应当牢牢把握俄乌冲突深化所带来的航道开发新契机，积极参与北方海航道开发工作，并引导船舶在条件成熟的情况下取道北方海航道。同时，中国应充分考虑俄罗斯受西方制裁和全球经济波动等多方因素，防范复杂政治背景之下的北方海航道合作开发风险。一方面，中国需要从综合领域出发，科学评估中俄北方海航道合作风险，优化相关项目的重要性排序，降低投入风险；另一方面，中国在坚持与深化同俄罗斯合作的同时保持独立性，并且尽量避免合作对象的单一化，继续开展与其他利益相关国家的合作，为中国的国际海洋运输通道多元化打下基础。

五　结语

俄乌冲突及其所引发的一系列地缘政治事件对北极航运的冲击足以抵消海冰融化等利好因素，进一步凸显北极航运与全球政治经济大环境的联动趋势。俄乌冲突爆发之后，北方海航道走到了十字路口：发展还是停滞？开放还是封闭？

从更长远的角度来看，俄乌冲突给北极地区的冲击是一时的。我们应当认识到，在北极地区，和平、合作的发展主题不会改变，开放、共赢的发展模式也将会在波折中不断巩固。我们要通过国际合作来降低冲突升级的风险，可持续的合作将有助于防范国际危机在北极的蔓延。

搁置矛盾，合作开发，以更加开放包容的态度对待北方海航道，是俄罗斯和西方各国下一步参与北极治理、促进自身发展的重要命题。

B.9

新形势下北极渔业治理的新发展及其启示*

于敏娜　徐金兰**

摘　要： 俄乌冲突持续升级、气候变化和 BBNJ 协定通过等因素正在改变北极渔业治理格局。一方面，在地区安全态势日趋严峻的背景下，北极渔业成为国际合作的宝贵平台；另一方面，渔业资源分布变化和国际立法新发展在一定程度上冲击了当前北极渔业治理格局的稳定性，推动了北冰洋沿海国法律政策的新变化。北极渔业议题是我国参与北极事务的重要平台，我国应从国际政治和国际法的角度，持续关注北极地区局势、相关国际法律框架和北冰洋沿海国政策实践的新发展，以有的放矢地与各国进行渔业对话，并将合作拓展至航运、科学研究、环境保护等领域。同时积极地进行国际法应对，把握相关国际法理论和规则解释发展的主导权。

关键词： 北极渔业治理　国际合作　北冰洋沿海国

---

* 本文为中国博士后科学基金第 70 批面上资助项目（项目编号：2021M703027）、2022 年度山东省社科规划打造山东对外开放新高地研究专项"东北亚渔业治理格局下山东海洋渔业产业升级法治保障研究"（项目编号：22CKFJ19）、中央高校基本科研业务费专项（项目编号：202213010）的阶段性研究成果。

** 于敏娜，中国海洋大学法学院讲师、师资博士后，海洋发展研究院双聘研究员；徐金兰，武汉大学国际法研究所博士生。

一 北极渔业的现状

北极海域通常是指北极圈以北的海域，其面积占北极地区面积的60%以上，联合国粮农组织（The Food and Agriculture Organization of the United Nations，FAO）也以北极圈为分界线统计北极海域的渔业产量。[①] 北极理事会北极监测与评估计划工作组（Arctic Monitoring and Assessment Program，AMAP）基于生态系统的连通性，将其监测的北极海域范围扩大至北极圈以南的北冰洋边缘海域。北极理事会北极动植物保护工作组（Conservation of Arctic Flora and Fauna Working Group of Arctic Council，CAFF）定义的北极海域也包括了巴伦支海、挪威海、白令海、楚科奇海等渔业资源丰富的北冰洋边缘海，[②] 北极海域渔业资源的分布和发展与次北极海域生态息息相关，将北极海域界定为包括北冰洋及其边缘海的做法可以更科学地体现北极渔业及其治理的全貌。

根据《联合国海洋法公约》确立的海域制度，北极海域的法律地位可划分为公海和隶属于北冰洋五个沿海国（美国、加拿大、俄罗斯、挪威和丹麦）的领海、毗连区及专属经济区。其中，北极海域的公海部分包括北冰洋中央公海、白令海的甜甜圈洞（Doughnut Hole）、巴伦支海的漏洞（Loop Hole）和挪威海的香蕉洞（Banana Hole）。

北极海域鱼类种群繁多，以鳕鱼、毛鳞鱼、鲱鱼、鲭鱼、格陵兰马舌鲽等种群为主。这些鱼类种群大部分分布于挪威海、巴伦支海、白令海、巴芬湾等环北冰洋的北极海域，其中中上层鱼的资源数量更为可观。目前，北极海域已经存在的大型商业渔业活动主要发生于这些海域，[③] 集中于沿海国的

① 邹磊磊：《北极渔业及渔业管理与中国应对》，中国海洋大学出版社，2017，第22页。

② "Arctic Biodiversity Assessment: Status and Trends in Arctic Biodiversity", https://wedocs.unep.org/handle/20.500.11822/8668.

③ See Erik J. Molenaar and Robert Corell, "Arctic Fisheries, Arctic Transform," February 9, 2009, https://www.arctic-transform.eu/download/FishBP.pdf.

专属经济区内。大型围网、整层拖网等捕捞方式主要针对的目标就是前述中上层鱼。至于北冰洋中部的大片公海，根据 2021 年 6 月生效的《预防中北冰洋不管制公海渔业协定》，缔约方承诺在协定有效期内[1]不允许本国船只在北冰洋中部公海区域开展商业捕鱼。

二　新形势下北极渔业治理面临的机遇和挑战

（一）俄乌冲突持续

2022 年 2 月俄乌冲突爆发后，北极地缘政治地位重要性凸显，不稳定、不确定性因素上升，地区安全态势日趋严峻。[2] 2022 年 5 月，芬兰和瑞典申请加入北约；[3] 10 月，拜登政府先后发布新版《北极地区国家战略》和《国家安全战略》，规划了美国未来十年的北极战略，[4] 首次将“维护北极和平”列为重点关注的国家安全战略方向。[5] 实践中，美国持续加强在北极的政治和军事部署，将北极安全作为深化美国和盟友间关系的平台，频繁在北极地区进行联合军事演习。2023 年 5 月 29 日~6 月9 日，瑞典、瑞士以及 12 个北约国家共同举行了“北极挑战-2023”军事演习，美国派遣“福特”号航母参与其中。

北极地区的国际合作在俄罗斯的有限参与中艰难维系。2022 年 3 月，北极理事会暂停工作；6 月，北极理事会在不涉及俄罗斯参与的项目中有限

---

① 《预防中北冰洋不管制公海渔业协定》第十三条规定了协定的期限：该协定将在未来 16 年内阻止签署国在北冰洋中部公海进行商业捕捞；此后，双方可以决定以 5 年为增量续签协议。在此期间，签署方承诺不批准任何悬挂其国旗的船只在北冰洋中部公海区域从事商业捕鱼。

② 参见李嘉宝《加紧布局，美谋求“北极霸权”》，《人民日报（海外版）》2023 年 6 月 10 日。

③ 芬兰已于 2023 年 4 月 4 日正式获准加入北约，截至 2023 年 8 月瑞典的入北约议定书尚未获得土耳其和匈牙利的正式批准。

④ The White House, “National Strategy for the Arctic Region,” https: //www. whitehouse. gov/wp-content/uploads/2022/10/National-Strategy-for-the-Arctic-Region. pdf.

⑤ The White House, “National Security Strategy,” https: //www. whitehouse. gov/wp - content/uploads/2022/11/8-November-Combined-PDF-for-Upload. pdf.

地恢复工作。2023 年 5 月，挪威接替俄罗斯成为北极理事会轮值主席国。[①] 此外，俄乌冲突导致北极科考合作暂停、海上作业和航运改变。[②] 在地缘政治紧张局势不断加剧的背景下，北极渔业仍是国际合作的宝贵平台。[③] 2022 年 5 月 31 日和 8 月 31 日，俄罗斯参与了《预防中北冰洋不管制公海渔业协定》线上会议，讨论了缔约方议事规则及科学协调小组的职权范围。2022 年 11 月，《预防中北冰洋不管制公海渔业协定》第一次缔约方大会以包括俄罗斯在内的协商一致方式通过了《缔约方议事规则》。

与矿产资源开发、北极航道相比，渔业问题在北极事务中似乎不是一个关键、紧迫的议题，但在俄乌冲突持续升级并引发日趋严峻的地区安全态势的背景下，北极渔业为各国进行对话和合作提供了重要的窗口和契机。

（二）气候变化

科学研究表明，全球气候变暖将导致海水温度升高、海洋酸化和海平面上升，影响鱼类种群的生存、分布和发展，并给北极海域的渔业治理带来挑战。

气候变化对北极海域的生态系统以及渔业资源的发展带来的影响是深刻且复杂的，其具有分海域、分种群、分季节等特点，很难准确预测气候变化条件下北极渔业资源的发展动态。[④] 整体来看，随着北极海域温度升高，浮游生物、饲料鱼和一些大型捕食者的分布范围向北扩展到北极。[⑤] 多种鱼类种群呈现向北迁徙的趋势，一些次北极鱼类种群也很可能迁移至北极海域生

---

① Abbie Tingstad, Stephanie Pezard, "What is Next for the Arctic Council in the Wake of Russian Rule?" https://www.rand.org/blog/2023/05/what-is-next-for-the-arctic-council-in-the-wake-of.html.

② Lawson W. Brigham, "Ten Ways Russia's Invasion of Ukraine Impacts the Arctic and the World," https://thehill.com/opinion/international/3736434-ten-ways-the-russia-ukraine-war-impacts-the-arctic-and-the-world/.

③ Olav Schram Stokke, "Arctic Geopolitics, Climate Change, and Resilient Fisheries Management," *Ocean Yearbook Online* 36 (2022): 440.

④ 邹磊磊：《北极渔业及渔业管理与中国应对》，中国海洋大学出版社，2017，第 36 页。

⑤ See Franz J. Mueter, "Arctic Fisheries in a Changing Climate," in Mattias Finger and Gunnar Rekvig (eds.), *Global Arctic*, Springer, 2022.

存。加上海冰融化将导致北极渔场的范围进一步扩大，国际社会对北极渔业发展的前景总体持乐观态度，且日益重视北极渔业资源的开发、养护和管理。另外，海洋酸化使食物链中一些重要的物种减少或迁徙，从而影响鱼类种群的生存和繁殖，有的鱼类种群将丧失其赖以生存的栖息地，这也导致渔业资源的种类、数量和分布发生变化。

这些变化将使北极渔业治理面临新的挑战。一方面，国际法将气候变化、海洋、渔业作为密切相关又相对独立的议题。在北极海域，《联合国气候变化框架公约》《联合国海洋法公约》《联合国鱼类种群协定》《负责任渔业行为守则》《预防中北冰洋不管制公海渔业协定》分别对前述议题进行了规制。然而，这些国际条约之间未能建立有效的衔接机制，这就使气候变化条件下北极海域渔业资源的动态变化引发的问题难以得到有效治理。另一方面，鱼类种群分布的地理位置和数量发生变化，很有可能引发国家间围绕配额分配和专属经济区准入等问题产生冲突，导致新的争端。例如，挪威、欧盟和法罗群岛共享东北大西洋的鲭鱼资源，由于鲭鱼种群的分布发生变化，三方关于渔业资源配额安排产生纠纷。

由此可见，在国际法规制有所不足且缺乏专门的区域性渔业管理组织的背景下，气候变化所造成的北极渔业资源的动态变化将持续挑战北极海域现有的渔业资源管理结构的稳定性和有效性，北冰洋沿海国国内渔业法律和政策的波动也将对北极渔业治理造成大幅影响。

（三）《BBNJ 协定》

2023 年 6 月，193 个国家在联合国总部一致通过了《〈联合国海洋法公约〉下国家管辖范围以外区域海洋生物多样性的养护和可持续利用协定》（以下简称“《BBNJ 协定》”）。[①] 该协定虽未直接提及北极渔业治理问题，但其具体内

① United Nation, The Secretary - General, "Statement at the Intergovernmental Conference on an International Legally Binding Instrument under the United Nations Convention on the Law of the Sea on the Conservation and Sustainable Use of Marine Biological Diversity of Areas Beyond National Jurisdiction," https://www.un.org/bbnj/sites/www.un.org.bbnj/files/06-15-2023-final_bbnj_statement.pdf.

容都与北极海域公海的渔业资源养护和开发存在密切联系。从适用范围来看，北极海域的公海属于《BBNJ 协定》界定的国家管辖范围外海域；从内容来看，根据《BBNJ 协定》规定，未来必要时会通过建立划区管理工具对北极海域公海的特定部分实施更严格的环境保护标准，其中的环境影响评价制度又会对各个国家参与北极渔业治理提出新的要求。另外，《BBNJ 协定》第 5 条规定，对于《BBNJ 协定》的解释和适用不应妨害《联合国海洋法公约》的解释和适用，也不应损害相关法律文书和框架以及相关全球、区域、次区域和领域机构。就北极渔业治理而言，现有的国际法律文件、全球性和区域性渔业管理组织和机构未来可能面临与生效后的《BBNJ 协定》如何进行协调配合的现实问题。

由此可见，《BBNJ 协定》的通过及其未来生效将会使北极海域的法律地位及其治理情况出现更为复杂的局面，不确定性和变动性将进一步增强。这也必将对参与北极渔业治理的多元主体在管理和开展渔业活动的能力方面提出更高的要求。

三　北冰洋沿海国北极渔业管理政策的新发展

大部分北极海域处于北冰洋五个沿海国（美国、俄罗斯、加拿大、丹麦和挪威）的专属经济区内，它们在各自管辖的北极海域内实施其国内法并执行国内渔业管理措施，其国内政策的发展变化必将对北极渔业治理格局产生无法忽视的影响。

（一）美国

美国因阿拉斯加的存在而成为北冰洋沿海国，渔业是美国北极利益的一个重要方面。[①] 综合来看，美国是北极渔业治理中的“激进派”，也是北极

① See Congressional Research Service, “Changes in the Arctic: Background and Issues for Congress”, https: //sgp. fas. org/crs/misc/R41153. pdf.

海域禁捕政策的发起者、推动者和实践者，《预防中北冰洋不管制公海渔业协定》的达成就离不开美国的积极推动。因此，实际上美国长期以来以北极渔业治理的领导者、北极渔业管理预防性措施的倡导者自居。①

在北极地缘局势日益复杂和气候变化持续影响的背景下，美国国内各部门也在美国《国家安全战略》和《北极地区国家战略》的指导下，积极调整其北极战略，以应对北极地区日益凸显的安全风险，确保美国在北极地区的领导地位，增强自身参与北极治理的能力建设。② 就渔业方面而言，美国持续加大科学研究投入，积极应对气候变化，为在北极海域开展商业捕捞积极准备。

1. 迎接北极海域商业捕捞的机遇

鉴于 20 世纪 90 年代白令海峡鳕鱼资源几乎枯竭的前车之鉴，美国从 2009 年起实行“北极渔业管理计划”，在白令海峡以北、阿拉斯加海岸外的北极海域的专属经济区内实行禁捕政策，包括楚科奇海和波弗特海。③ 然而，2020 年俄罗斯在其控制的楚科奇海域内开放了商业捕鱼，且美国注意到，由于气候变化，太平洋鳕鱼向北迁徙，俄罗斯从中持续受益。2023 年 3 月，阿拉斯加渔猎部（the Alaska Department of Fish and Game，ADFG）宣布，沿岸社区正面临发展北极渔业的机遇，美国不能落于俄罗斯和其他国家之后，其正在积极为解除联邦禁捕令做准备，且正在筹措资金进行科学研究，旨在探明白令海峡以北商业捕捞的鱼类种群的存量，并计划建立一个识别渔业参加者的系统。④

---

① 邹磊磊：《北极渔业及渔业管理与中国应对》，中国海洋大学出版社，2017，第 70 页。

② See The White House，“National Security Strategy，” https://www.whitehouse.gov/wp-content/uploads/2022/11/8-November-Combined-PDF-for-Upload.pdf；See White House，“National Strategy for the Arctic Region，” https://www.whitehouse.gov/wp-content/uploads/2022/10/National-Strategy-for-the-Arctic-Region.pdf.

③ See“PFMC（2009）Arctic Fishery Management，” https://www.npfmc.org/fisheries-issues/fisheries/fishing-in-the-arctic/.

④ See Trine Jonassen，“Alaska Investigates Possibilities for Commercial Fishing in Arctic Waters，” https://www.highnorthnews.com/en/alaska-investigates-possibilities-commercial-fishing-arctic-waters.

2. 美国采取措施打击 IUU 捕捞

2022 年 3 月，美国国会研究服务部（Congressional Research Service）为国会议员和委员会准备的报告中指出，美国国家海洋和大气管理局（National Oceanic and Atmospheric Administration，NOAA）的研究表明，海洋温度升高可能会推动白令海的鱼类种群向北进入北冰洋，从而增加北极地区的商业和非法捕鱼活动，加剧北极国家和非北极国家间关于捕鱼权的争端。①

2022 年 10 月和 12 月，美国先后推出了《打击非法、未报告和无管制捕捞五年战略（2022—2026 年）》和《2022—2025 年 NOAA 渔业战略计划》，强调海洋渔业在推动美国经济增长中的作用，② 打击非法、未报告和无管制捕捞（Illegal，Unreported and Unregulated Fishing，以下简称“IUU 捕捞”），成立由美国国家海洋和大气管理局、美国国务院和美国海岸警卫队担任主席、21 个联邦机构组成的跨机构工作组，在国内和国际层面统筹开展各项工作，利用美国国内工具，打击公海和其他国家管辖范围内的 IUU 捕捞。③

（二）俄罗斯

俄乌冲突的爆发和持续使俄罗斯与西方国家的关系跌至历史性谷底，双方在各领域的国际合作几乎都陷入停滞。在此背景下，俄罗斯的北极政策发生较大的方向性调整，它将开展国际合作的中心转移至中国，俄罗斯对北极海域商业捕鱼和水产养殖也呈现积极的发展和治理态势，这将给中国发展北极渔业带来一定机遇。

1. 修改北极基本政策

2023 年 2 月，俄罗斯总统普京签署法令对 2020 年发布的《2035 年前

① See Congressional Research Service，“Changes in the Arctic：Background and Issues for Congress，” https：//sgp. fas. org/crs/misc/R41153. pdf.

② U. S. Department of Commerce，National Oceanic and Atmospheric Administration，“NOAA Fisheries Strategic Plan 2022 - 2025，” https：//www. fisheries. noaa. gov/s3//2022 - 12/NOAA - Fisheries - 2022-25-StrategicPlan. pdf.

③ See U. S. Interagency Working Group on IUU Fishing，“National 5 - Year Strategy for Combating Illegal，Unreported，and Unregulated Fishing（2022-2026），” https：//media. fisheries. noaa. gov/2022-10/2022_NationalStrategyReport_USIWGonIUUfishing. pdf.

俄罗斯联邦北极地区国家基本政策》做出较大修改。修订后的北极政策删除了在经济、科学、文化和跨境合作领域加强与北极国家的睦邻友好关系以及在多边合作框架内开展合作的内容，包括北极理事会和巴伦支海欧洲-北极圈理事会等，转而呼吁在双边基础上发展与外国的关系，考虑俄罗斯在北极的国家利益，并努力使其北极工业项目自力更生。对比来看，修订后的北极政策将俄罗斯在北极地区的国家利益置于经济、科技和文化方面的合作之上。①

2023 年 3 月，俄罗斯总统普京批准了新版《俄罗斯联邦外交政策构想》，指出俄罗斯对其他国家和国际组织的态度取决于对方的对俄政策是建设性的、中立的还是不友好的。这份文件表明，俄罗斯希望维护与美国之间的战略平衡、积极应对来自西方国家的挑战、进一步加强与中国的全面战略协作伙伴关系。②

2. 保障北极渔业资源的商业捕捞

西方国家制裁下的俄罗斯更大程度上依赖国内的资源，包括渔业资源，国内政策和法律的发展也趋向于鼓励和保障渔业资源的开放利用。俄罗斯的海岸线占北极海岸线的 53%，且在其海岸线周围分布着许多岛屿，因此有足够的浅陆架区供不同鱼类生存。其中有一些具有重要商业价值的鱼类种群，如大西洋鳕鱼、雪蟹等，且具有足够的规模进行商业捕捞。它们是联合国粮农组织列明的主要渔区。随着气候变化，鳕鱼、波洛克鱼等多种鱼类种群向白令海峡以北的海域迁徙，楚科奇海南部成为商业捕捞雪蟹的新地区。在科学研究的基础上，俄罗斯的渔业公司计划增加在北极海域的商业捕捞活动。结合俄罗斯近年来对其北部领土的多方面开发计划，北极有望成为俄罗斯主要的战略资源基地，包括从北极海域获取的渔业资源。整体来看，由于受到

① See Malte Humpert, "Russia Amends Arctic Policy Prioritizing 'National Interest' and Removing Cooperation Within Arctic Council," https://www.highnorthnews.com/en/russia-amends-arctic-policy-prioritizing-national-interest-and-removing-cooperation-within-arctic.

② See Astri Edvardsen, "Russia's Top Arctic Diplomat: Long-Term Cooperation in the Arctic Requires Conditions Now Lost," https://www.highnorthnews.com/en/russias-top-arctic-diplomat-long-term-cooperation-arctic-requires-conditions-now-lost.

西方国家的经济制裁，俄罗斯试图依靠国内资源保障经济发展和粮食安全，并计划在北极海域成功运作一个渔业管理框架。[①]

俄罗斯 2020 年 10 月批准的《2035 年前俄罗斯联邦北极地区发展和国家安全保障战略》列明了渔业领域的事项，包括建立鱼类加工综合体、鱼类育种和温室企业以及畜牧综合体并使之现代化、发展渔业的技术装备和进行设施调适等内容,[②] 并指出渔业发展的四个主要方向：根据科学建议获取渔获量，加强对公海的科学勘探，保护传统渔业，实施可持续渔业管理政策以提高经济效率，以及与北极和非北极捕鱼国进行国际合作。[③]

2022 年 7 月，俄罗斯发布新版《海洋学说》取代 2015 年版《海洋学说》，成为反映俄罗斯国家海洋政策和海洋活动官方立场的战略规划文件。[④] 该文件指出，俄罗斯发展海洋渔业和水产养殖的优先领域是：建造新渔船，并为国内造船企业优先订购新渔船创造条件；鼓励俄罗斯的渔船为国内鱼类加工企业转运捕捞的水生生物资源；建造新型现代化鱼品加工和冷藏设施；扩大渔业科学研究、海洋水生生物资源定期研究和国家监测的范围；养护和合理利用俄罗斯领海、专属经济区和大陆架的水生生物资源；发展水产养殖和海水养殖；增加在外国专属经济区协议区域、国际条约区域和开放海域水生生物资源的捕获量。[⑤] 从落实情况来看，长期以来，俄罗斯的远洋捕捞船队主要在东亚地区作业，俄罗斯政府鼓励造船厂和渔业公司建造新船，同时分配给它们额外的捕捞配额，但是日益严格的经济制裁使俄罗斯船舶建造成本上升、

---

① Ekaterina Uryupova, "Perspectives of the Development of the Fisheries Sector in the Russian Arctic," https://www.thearcticinstitute.org/perspectives-development-fisheries-sector-russian-arctic/.

② See "Указ Президента Российской Федерации от 26.10 2020 г. № 645 О Стратегии развития Арктической зоны Российской Федерации и обеспечения национальной безопасности на период до 2035 года [Decree of the President of the Russian Federation dated 26 October 2020 No. 645 on the Strategy for the Development of the Arctic Zone of the Russian Federation and Ensuring National Security for the Period Until 2035]," http://www.kremlin.ru/acts/bank/45972.

③ Ekaterina Uryupova, "Perspectives of the Development of the Fisheries Sector in the Russian Arctic," https://www.thearcticinstitute.org/perspectives-development-fisheries-sector-russian-arctic/.

④ See Yuval Weber, "Russia's New Maritime Doctrine," *MES Insights*, 13 (2022).

⑤ See Russian Federation, "Presidential Decree No. 512 Validating Marine Doctrine of the Russian Federation," https://faolex.fao.org/docs/pdf/rus211462.pdf.

部分设备难以进口，船舶建造进度较慢。①

俄罗斯持续完善国内的渔业法律体系，加大政策支持力度。2022 年 3 月，俄罗斯公布《关于国家在农业保险领域的支持和关于农业发展联邦法修正案》，为在农业保险领域提供国家支持奠定了法律基础，规定为商业水产养殖对象损失（死亡）相关的财产权益保险提供国家支持。② 2022 年 9 月，俄罗斯面对外部制裁压力下的复杂经济形势，公布了新版《2030 年俄罗斯联邦农工和渔业综合体发展战略》，提出了“增加对农工和渔业综合体的投资”的主要目标。③ 此外，俄罗斯《渔业法》为鱼类种群设定了总允许捕捞量水平，且对捕捞区域进行了界定，预计俄罗斯未来可能审议两项新的联邦法律，即“沿海渔业”和“水产养殖”，以弥补《渔业法》存在的漏洞。

至于对渔业具有较大影响的气候变化问题，俄罗斯于 2022 年 2 月发布《2021—2030 年俄罗斯联邦环境发展和气候变化领域的联邦科学和技术计划》，目的在于开发监测俄罗斯境内大气中黑碳的系统，建立对世界海洋关键区域、俄罗斯沿海领土和沿海水域进行气候和环境监测的系统，开发陆地水圈、冰川、永久冻土、土地覆盖和土壤气候监测系统。④ 这也为北极渔业的开发、养护和治理提供了重要的支持。

（三）加拿大

加拿大管辖着广袤的北极海域面积，却尚未制定全面的北极战略；加拿大有丰富的渔业开发和管理经验，却没有出台有针对性的、统一的北极渔业政策。

---

① Eugene Gerden, “Russian Fishing Sector Faces Shortage of New Trawlers as Sanctions Bite,” https://eurofish.dk/russian-fishing-sector-faces-shortage-of-new-trawlers-as-sanctions-bite/.

② “Federal Law No. 260-FZ on State Support in the Field of Agricultural Insurance and on Amendments to the Federal Law on Agricultural Development,” https://faolex.fao.org/docs/pdf/rus210358.pdf.

③ “Правительство утвердило Стратегию развития агропромышленного и рыбохозяйственного комплексов до 2030 года,” http://government.ru/docs/46497/.

④ “Federal Scientific and Technical Program in the Field of Environmental Development of the Russian Federation and Climate Change for 2021-2030,” https://faolex.fao.org/docs/pdf/rus211190.pdf.

1. 北极渔业政策具有地域性

加拿大的北极渔业主要是指在北冰洋边缘海开展的渔业捕捞活动。其中，加拿大西部的北极海域主要用于进行油气资源勘探和开发，渔业仅限于部分淡水和沿海渔业，渔获量较小。对于存在主权争议的波弗特海，美国和加拿大协议实施限制商业捕捞的政策，仅允许原住民因生计需要进行小规模的渔业捕捞活动；加拿大在东部的北极海域与丹麦（格陵兰）长期进行比较稳定的双边合作，共同开发渔业资源，在此捕捞的渔获物占加拿大总捕捞量的80%，但因为原住民自治政府的存在，渔业资源的开发需要兼顾保障原住民权益，在渔业管理机制上存在联邦政府、地方政府和原住民自治政府多层管理共同存在、权力重叠和冲突的问题。① 由此可见，加拿大的北极渔业开发和管理政策具有较明显的地域性。

2. 重视环境保护和渔业资源养护

加拿大北极渔业政策具有共通性的特点，这可以从其国内立法和政策实践中进行总结。加拿大海洋环境保护历史悠久，这也体现在其渔业政策上。加拿大《渔业法》适用于其内水、领海和专属经济区，其为加拿大的渔业管理确定了整体方向。加拿大《渔业法》的立法目的是适当管理和控制渔业、养护和保护鱼类和鱼类栖息地。② 2023 年 2 月，加拿大修订了《濒危物种法》中濒危野生动物物种的名单，涉及北极海域的鱼类种群。③ 2016 年，加拿大制定了一系列法律和监管要求的计划，以重建枯竭的渔业资源。按照该计划，2022 年 7 月，加拿大联邦政府决定在未来 9 年追加投资 20 亿美元，用于海洋保护计划的实施。2022 年 4~11 月，加拿大渔业和海洋部对鱼类种群的重建计划持续进行监测和修订，预计在 2023 年增加至《渔业法》相关规定中，加拿大联邦政府将于 2024 年对《渔业法》实施五年一次的审查，加拿大渔业和海洋部也将于 2024 年落实完成全部的渔业监测政策。

① 邹磊磊：《北极渔业及渔业管理与中国应对》，中国海洋大学出版社，2017，第 74~78 页。

② Fisheries Act of Canada, Article 2.1.

③ "Species at Risk Act (S. C. 2002, c. 29)," https://laws-lois.justice.gc.ca/eng/acts/S-15.3/section-sched435646.html.

由此可见，加拿大在保护环境的前提下发展北极渔业，遵循基于科学的预防性渔业管理措施的理念，尊重原住民的权利及其掌握的知识，将对生态系统的影响纳入渔业决策过程，优先重建枯竭的饲料鱼资源，最终建立复原力，对冲气候变化的风险，以养护和发展渔业。①

（四）丹麦

丹麦是一个北极国家，由丹麦本土、格陵兰和法罗群岛三部分构成，因格陵兰岛的存在，丹麦得以成为北冰洋沿海国。受俄乌冲突影响，2023 年 5 月，丹麦仅时隔一年就发布了新的外交战略。这份文件指出，北极正在发生巨大而彻底的变化，气候变化和科技发展使该地区巨大的经济潜力更易获得，应当根据国际法对该地区进行国际管理，以确保一个和平、安全、合作的北极。② 同时，丹麦政府计划在未来 10 年内投资 1430 亿丹麦克朗，提高在北极地区及其东部邻近地区的防御能力，以抵御来自俄罗斯的威胁和更好地承担在北约的责任。③

丹麦《2011—2020 年北极战略》已经到期，目前正在筹备 2021～2030 年的北极战略。2022 年 10 月，在冰岛雷克雅未克举行的北极圈论坛大会上，法罗群岛发布了题为《北极地区的法罗群岛》的报告，指出其关注的 8 个关键领域，包括稳定和安全，国际合作，环境、自然和气候，经济机会和可持续经济发展，海洋生物资源，文化和社会，准备和响应，研究、知识进步和教育。④ 在对这 8 个关键领域内的具体内容进行论述时，法罗群岛多次提到北极渔业，表达其利益关切和立场。

---

① https：//fisheryaudit. ca/? gclid = Cj0KCQjwj _ ajBhCqARIsAA37s0y 0rlKLLHlCdxG3DKKy1i4k7t9DRxvQrpcF3W_Mh-ppEl6-thWDCysaAmgaEALw_wcB.

② See Ministry of Foreign Affairs of Denmark, "Foreign Policy, The Arctic," https：//um. dk/en/foreign-policy/the-arctic.

③ Hilde-Gunn Bye, "Denmark to Strengthen Defense in the Arctic and the Baltic Sea," https：//www. highnorthnews. com/en/denmark-strengthen-defense-arctic-and-baltic-sea.

④ See Uttanríkis-Og Mentamálaráðið, Ministry of Foreign Affairs and Culture, "The Faroe Islands in The Arctic," https：//lms. cdn. fo/media/17154/arktis_eng_web. pdf? s = q2otK3D7WxD4 nUvQf-QZJp6-SnQ.

1. 高度重视北极渔业治理

《北极地区的法罗群岛》报告首先强调了法罗群岛拥有利用和管理北极渔业资源的权利，高度重视自身在北极渔业治理中的作用。法罗群岛的大陆架延伸至北极圈以北，鱼类种群向北迁移至北冰洋，因此其有权管理和利用北极圈内的资源，并提出权利主张。目前，法罗群岛积极主张自身在跨界鱼类种群治理上独立的沿海国身份，以及在未来鱼类种群向北迁移至北冰洋中央海域的情况下，保障自身参与跨界鱼类种群治理的权利。法罗群岛指出，北极渔业对其有重要的经济和社会意义，其将努力确保以可持续的方式捕捞所有海洋资源，并充分利用渔获物。在政府间合作的层面，北极渔业为经济可持续发展、海洋生命的科学研究合作提供了无数机会，法罗群岛是管理世界上一些最大迁徙鱼类的关键伙伴。跨界渔业合作的目标必须是可持续管理渔业资源，同时确保适当顾及海洋环境和海洋生命。因此，法罗群岛将通过区域性渔业组织积极进行国际合作以防止、制止和消除 IUU 捕捞。

另外，法罗群岛也十分重视科学研究在渔业治理中的作用，将在北极地区的研究工作列为优先考虑事项，促进北极活动相关知识的专门研究，积极参与《预防中北冰洋不管制公海渔业协定》的缔结及后续科学研究和监测计划。

2. 以开放的国际合作保障自身参与能力

基于北极渔业对法罗群岛经济社会发展的重要作用及其丰富的极地渔业经验，法罗群岛认为，北极冰层融化和新航线开通将使法罗群岛成为重要的海上交通枢纽，也带来了更好的渔业、航运和旅游机会。丹麦国内公司将为海运业、渔业和水产养殖业提供先进的技术、装备和高科技解决方案，同时，法罗群岛也将加强对船只的控制，检查船只是否符合安全、排污和合法渔业要求的标准。

法罗群岛在北冰洋潜在渔场中应当扮演积极的伙伴角色，在有关北冰洋中部任何未来渔业管理方面的多边协商中都发挥明确和积极的作用，以保障任何新型权利。法罗群岛也高度重视北冰洋中央海域未来渔业治理问题，在北极海域的海洋生态系统和鱼类种群研究等方面与邻国加强合作。

在国际合作部分，法罗群岛通过双边协定、多边协商和区域渔业管理组织将围绕北极渔业资源可持续管理开展国际合作列为最优先事项，积极寻求成为东北大西洋渔业委员会（The North East Atlantic Fisheries Commission，NEAFC）的独立成员，并将以准会员身份积极参加国际海事组织、联合国粮农组织、联合国教科文组织和世界卫生组织的活动，继续加强与其他北极国家的关系，和英国、日本、韩国、中国、欧盟及其成员国等在北极地区拥有特殊利益和兴趣的国家发展关系也很重要。

值得注意的是，在俄乌冲突背景下，格陵兰岛 2022 年停止了与俄罗斯进行渔业配额互换，法罗群岛却认为，其向俄罗斯出口的鱼类不在制裁范围内，停止合作可能导致俄罗斯违背对整个北大西洋可持续捕捞的承诺，因而它决定继续与俄罗斯进行渔业配额互换的合作，并与俄罗斯签订了 2023 年的双边渔业协议，约定法罗群岛渔民可以在巴伦支海捕捞鳕鱼，而俄罗斯人可以在法罗群岛水域捕捞鲱鱼、鲭鱼等中上层鱼类。[①] 不过法罗群岛对俄罗斯的制裁也在同步进行，2023 年 6 月，其宣布将严格限制俄罗斯拖网渔船进入港口。[②] 随后，法罗群岛政府出台一项法案，规定根据法罗群岛和俄罗斯双边渔业协定专门从事渔业活动的俄罗斯船舶才能进入法罗群岛的港口，渔船在港口内的活动限于船员换班、加油、补给、上岸和转运。[③]

（五）挪威

挪威海岸线漫长且拥有巴伦支海、挪威海等渔产丰富的著名渔场，其沿

① See Martin Breum, "Greenland Halts Fisheries Quota Swaps with Russia," https://www.arctictoday.com/greenland-halts-cooperation-on-fish-with-russia/.

② Undercurrent News, "Faroes Tightens Up Port Access Restrictions for Russian Vessels," https://www.undercurrentnews.com/2023/06/02/faroes-tightens-up-port-access-restrictions-for-russian-vessels/.

③ The Maritime Executive, "Faroe Islands Restricts Russian Fishing Vessels on Spying Accusations," https://maritime-executive.com/article/faroe-islands-restricts-russian-fishing-vessels-on-spying-accusations.

海地区的自然条件也非常适宜水产养殖，渔业是挪威的支柱产业之一。在气候变化条件下，挪威也将是重要的受益方。长期以来，挪威渔业的繁荣得益于得天独厚的地理优势，也离不开积极的国际合作和科学、严格的渔业管理政策。

1. 继续推动国际渔业合作

挪威的渔业是在严格的配额制度下展开的。一方面，地缘位置使挪威的渔业配额几乎均在与俄罗斯、法罗群岛、格陵兰、冰岛、欧盟等国家、地区或经济实体谈判的基础上得以确定；另一方面，挪威国内也通过配额制度实行严格的渔业管理政策。因此，顺畅的国际合作对于挪威的渔业而言至关重要。

俄乌冲突并未中断挪威与俄罗斯之间的渔业合作。挪威渔业部声明确保遵守对俄罗斯的制裁措施，同时倡导可持续渔业发展。2022 年 3 月，国际海洋考察理事会（International Council for the Exploration of the Sea，ICES）暂停了俄罗斯的活动，并强调该暂停也适用于为鱼类种群和生态系统的可持续管理提供渔业方面意见的工作。在此背景下，俄罗斯-挪威北极渔业工作组经过 6 月和 8 月两期会议，就东北北极鳕鱼、黑线鳕、喙红鱼的捕捞配额达成一致意见。[①] 2022 年 10 月，挪威和俄罗斯谈判确定了 2023 年巴伦支海的渔业捕捞配额，确定的鳕鱼总可捕量约 56.7 万吨，挪威 2023 年的配额约 26 万吨。[②]

挪威和俄罗斯的渔业合作也影响着港口海运等其他领域的合作程度。俄乌冲突以来，欧盟对俄罗斯出台了一系列制裁措施，包括禁止俄罗斯船舶进入欧盟的港口，但出于渔业合作的需要，挪威允许俄罗斯渔船在挪威港口进行卸货等作业。

2. 完善国内渔业立法

挪威是世界上第一个成立渔业管理和规制部门的国家。它在渔业管理方

① Institute of Marine Research, Daniel Howell et al., "Report of the Joint Russian-Norwegian Working Group on Arctic Fisheries (JRN-AFWG) 2022," https://www.hi.no/en/hi/nettrapporter/imr-pinro-en-2022-6#sec-3-23.

② See Astri Edvardsen, "Norway and Russia Reached a Fisheries Agreement for 2023," https://www.highnorthnews.com/en/norway-and-russia-reached-fisheries-agreement-2023.

面具有悠久的历史和制度优势，且制定了完备的渔业管理政策和法律。近年来，挪威修订了部分与渔业相关的国内条例，这也体现出其科学、完备的渔业管理模式。

2023 年 1 月，挪威颁布了《2023 年在西北大西洋渔业组织海域捕捞鳕鱼的第 37 号条例》，其适用于在西北大西洋渔业组织管理的海域内的捕捞活动，并规定了西北大西洋渔业组织区域的禁渔令以及 3M 分区（西北大西洋渔业组织的分区，使用数字和字母进行标识）的总允许捕捞量，且进一步规定了个别船只的配额、季节和在渔船上强制使用观察员等内容。① 2023 年 2 月，挪威修订了《关于实施捕鱼、捕捞和收获野生海洋资源的第 3910 号条例》。该条例适用于挪威的专属经济区、扬马延岛附近的渔区、斯瓦尔巴群岛附近的渔业保护区等地域的挪威和外国船只，且规定了渔具及使用方法的详细规则，禁止在斯瓦尔巴群岛和斯瓦尔巴群岛领海周围属于保护区的捕鱼区捕鱼等内容。② 2023 年 3 月，挪威修订了《关于 2023 年在斯瓦尔巴群岛周围受保护的捕鱼区捕捞鳕鱼的第 2140 号条例》，该条例适用于为商业目的从事捕捞或协助捕鱼船队的任何种类的挪威和外国船只，包括勘探和实验船只。除非另有明确规定，否则该条例禁止在斯瓦尔巴群岛周围的受保护捕鱼区捕捞鳕鱼。它还规定了挪威、俄罗斯、欧盟、英国船只以及法罗群岛船只的总允许捕捞量、配额和季节。③ 此外，挪威还针对特定的鱼类种群分别规定了捕捞条例，例如《关于 2023 年停止捕捞雪蟹的第 361 号条例》《关于 2023 年捕捞鲱鱼的第 334 号条例》《关于 2023 年捕捞竹荚鱼的第 2470 号条例》《关于 2023 年捕捞鲈鱼的第 2145 号条例》等。

---

① Norway, "Regulation No. 37 on Fishing for Cod in the NAFO Area in 2023," https://faolex.fao.org/docs/pdf/nor215446.pdf.

② Norway, "Regulation No. 3910 on Fishing, Catching and Harvesting of Wild Marine Resources (the Harvesting Regulation)," https://faolex.fao.org/docs/pdf/nor215675.pdf.

③ Norway (Svalbard), "Regulation No. 2140 on Fishing for Cod in the Protected Fishing Area around Svalbard in 2023," https://faolex.fao.org/docs/pdf/nor216090.pdf.

四 结语

在气候变化、《BBNJ 协定》通过和俄乌冲突持续升级等因素综合影响下，北极渔业资源的分布变化及其开发前景给北冰洋沿海国带来了全新的发展机遇，海洋环境保护、渔业资源养护和可持续利用等理念也进一步影响了北冰洋沿海国及重要的区域渔业管理组织的渔业管理法律和政策。在北极安全的紧张态势进一步加剧的背景下，渔业及其带动的相关航运、科学研究合作成为有限的国际对话和合作得以开展的重要平台。

2018 年《中国的北极政策》白皮书指出，北极问题涉及北极域外国家的利益和国际社会的整体利益，中国是北极事务的重要利益攸关方，是“近北极国家”，且具有悠久的参与北极事务的历史。在当前形势下，参与北极渔业资源开发、利用和治理是实现我国认识北极、保护北极、利用北极和参与治理北极的政策目标的重要路径。

具体而言，首先，我国应当持续跟踪北冰洋沿海国渔业管理法律政策的发展动态及国际合作的实践，了解各个国家的关注重点和利益需求，有针对性地分别与其展开渔业对话和合作，并将合作拓展至航运、科学研究等领域。其次，以美国为首积极推动的打击 IUU 捕捞的一系列政策发展颇具针对性，对此，中国应当积极地从国际法层面进行应对，把握相关国际法理论及规则解释和发展的主导权，在此基础上加强国际叙事能力以进行强有力的回应，避免陷入法理和舆论上的被动和不利局面。再次，持续完善国内渔业法律体系并使之符合我国的渔业发展现状及目标，是我国进行包括北极渔业在内的各类外向型渔业活动的重要基础和关键保障。最后，在气候变化和《BBNJ 协定》通过的背景下，中国应该持续推动渔业产业转型升级，加大科学研究和科技投入力度，大力发展绿色渔业，积极参与各类国际组织的工作，借鉴双边和多边渔业合作的宝贵经验，为可持续的北极渔业治理做出贡献。

B.10

推进北极地区能源转型：北欧国家的可再生能源政策及实践*

李小涵**

摘　要： 北极是一个敏感脆弱的区域，也是全球气候变化的“前哨站”。北欧国家作为北极理事会的核心成员，高度关注北极环境保护和可持续发展。近年来北欧国家更新了气候目标，并制定了可再生能源政策以实现脱碳转型。这些政策强调发展可再生电力及相关基础设施建设，推进交通、建筑、工业等部门的电气化，同时也将氢能作为关键技术路径。北欧国家的可再生能源政策在减少北极地区碳排放方面发挥了积极作用，有助于引领北极航运部门的绿色转型，也推动北极理事会关注氢能源等新型能源技术，同时为北欧国家参与相关国际规则制定奠定了话语权基础。

关键词： 可再生能源　能源转型　风能　氢能　北欧国家

北极是一个具有独特环境敏感性和脆弱性的地区，是全球环境变化的“前哨站”。海冰和雪盖的减少所产生的反馈作用加速了北极地区的升温，这种现象被称为“北极放大”（Arctic Amplification）。[①] 2022 年来自挪威和

---

* 本文为国家社科基金“海洋强国建设”重大专项课题（项目编号：20VHQ001）的阶段性成果。

** 李小涵，中国海洋大学法学院科研博士后。

① *The Ocean and Cryosphere in a Changing Climate*, Cambridge University Press, 2019, p. 212.

芬兰的一项研究认为，在过去的 43 年中北极变暖的速度几乎是全球平均变暖速度的四倍。[①] 北极海冰的消退、永久冻土的融化、野生动物栖息地的转移，以及海洋和大气环流模式的改变不仅影响了北极地区，还影响了全球。导致北极地区快速升温的温室气体排放主要来自能源领域，因此发展和使用可再生能源不仅是保护北极环境的关键，也具有缓解和适应气候变化的全球意义。

北欧国家（挪威、冰岛、丹麦、芬兰和瑞典）作为北极理事会的核心成员，一向关注北极地区的可持续发展和应对气候变化，并致力于通过扩大可再生能源规模以实现能源领域的绿色转型。2022 年俄乌冲突爆发后，北欧各国通过更新气候目标、战略及政策，加速了在可再生能源及相关领域的部署。

一　北欧国家可再生能源政策变化背景

北欧国家的可再生能源相关政策和战略规划受到其国际气候义务、欧盟范围内的广泛立法与政策指令的影响。出于能源安全及地缘政治等利益的考量，欧盟为摆脱对俄罗斯化石能源的依赖，更新了欧盟可再生能源的相关目标与激励政策，其内容直接适用于作为欧盟成员国的丹麦（本土）、芬兰和瑞典，非欧盟成员国的挪威和冰岛作为《欧洲经济区协议》的缔约国有义务执行欧盟的可再生能源政策[②]。

（一）国际气候义务与欧盟政策目标

2022 年《联合国气候变化框架公约》第 27 次缔约方大会（以下简称

① M. Rantanen, A. Y. Karpechko, A. Lipponen et al., "The Arctic Has Warmed Nearly Four Times Faster than the Globe since 1979," *Communications Earth and Environment* 3, 168 (2022).

② 1992 年签署的《欧洲经济区协议》涵盖了四大自由（货物、服务、人员和资本的自由流动）以及竞争和国家援助规则，它还包括与这些领域相关的横向政策，如环境、社会政策和消费者保护。然而，它并不包括农业和渔业、关税同盟、外交和安全政策、司法和内政以及货币同盟（欧元）等领域。

“COP 27”）重申了《巴黎协定》确定的1.5℃温控目标及冰冻圈在气候变化中的特殊地位。[①] 北欧国家独立地或作为欧盟的一部分履行该国际协议，2020~2022年，北欧五国先后更新了《巴黎协定》所要求的国家自主贡献（Nationally Determined Contributions，NDCs）[②]：承诺与1990年的水平相比，至2030年温室气体排放至少减少55%。这一净减排目标是指冰岛、挪威与欧盟的联合目标，各方在欧盟内部根据《努力分担条例》[③] 和共同商定的规则确定每个国家的各自份额。

欧盟委员会在2021年7月通过了修订可再生能源指令（Renewable Energy Detective，RED）的立法提案，该提案是被称为“适合55”（Fit for 55）一揽子方案的欧盟气候和能源立法广泛改革的一部分。“适合55”一揽子方案的基本目标是实现欧盟的气候行动目标，即到2030年，温室气体排放（与1990年水平相比）减少55%，从而使欧盟更加坚定地迈向到2050年实现气候中和（温室气体净零排放）的长期目标，《欧洲气候法》将2030年和2050年的目标写入了欧盟法律。欧盟委员会的上述提案修订了2018年RED II的许多条款，包括对定义、整体及部门目标、比例计算规则等内容的修改，其核心变化是将欧盟RED II规定的“到2030年确保欧盟可再生能源在最终能源消费总量中的最低占比”从32%提高到40%。[④] 2022年5月18日，欧盟委员会公布了REPowerEU计划，试图通过加快清洁能源转型在2030年前迅速减少欧盟对俄罗斯化石燃料的依赖，欧盟委员会在该计划中提议再次修改欧盟RED II设定的目标，将2030年可再生能源在最终能源消费总量中的比例进一步提高到45%，同时新提案包括强化措施，如

① “Sharm el-Sheikh Implementation Plan,” https：//unfccc. int/documents/624444.

② 《巴黎协定》（第四条第四款）要求各缔约方准备、通报和维持其打算实现的连续国家自主贡献（NDCs）。缔约方应采取国内缓解措施，以实现此类贡献的目标。

③ “Effort Sharing 2021 - 2030：Targets and Flexibilities,” https：//climate. ec. europa. eu/eu-action/effort-sharing-member-states-emission-targets/effort-sharing-2021-2030-targets-and-flexibilities_en.

④ “Fit for 55 Package：Renewable Energy Directive,” https：//www. europarl. europa. eu/thinktank/en/document/EPRS_ATA（2022）733628.

加快新建可再生能源发电厂、改进现有可再生能源设施的许可程序。①

2022 年 6 月 27 日，欧盟理事会同意了一项总体方针，支持欧盟委员会在 2021 年 7 月提出的 40%的可再生能源目标，但允许成员国灵活选择交通运输部门的目标：在 2030 年前将交通运输部门的温室气体强度降低 13%，或在交通部门的能源消耗中达到 29%的可再生能源份额。② 此外，欧盟理事会还为供热和制冷领域及工业领域的可再生能源主流化提出了较低的子目标，也要求提升在工业领域和交通领域对非生物来源的可再生能源（Renewable Fuel of Non-Biological Origins，RFNBOs）的使用比例，尤其是氢。欧盟理事会的总体方针设定的部门目标低于欧盟委员会提案中的目标，但其同样支持收紧生物质可持续标准和加快可再生能源项目的许可发放程序。

欧洲议会的工业、研究和能源委员会（Committee on Industry，Research and Energy，ITRE）在 2022 年 7 月 13 日通过了一份报告，支持欧盟委员会在 2022 年 5 月提出的 45%的可再生能源新目标。③ ITRE 的这份报告收紧了生物质可持续发展标准，并加快了可再生能源项目的许可发放程序，这与欧盟委员会和欧盟理事会的做法基本一致。此外，ITRE 的报告要求成员国应致力于使 5%的新装可再生能源容量来自创新的可再生能源技术；在可再生能源容量的跨境联合项目方面，每个成员国需要在 2025 年底前至少开发两个跨境可再生能源项目。ITRE 还制订了比欧盟委员会最初的提案和欧盟理事会的一般方法中所包含的更雄心勃勃的部门目标：运输部门需要在 2030 年之前将温室气体强度降低 16%，并采取更积极的措施来促

---

① "Fit for 55 Package: Renewable Energy Directive," https://www.europarl.europa.eu/thinktank/en/document/EPRS_ATA（2022）733628.

② " 'Fit for 55': Council Agrees on Higher Targets for Renewables and Energy Efficiency," https://www.consilium.europa.eu/en/press/press-releases/2022/06/27/fit-for-55-council-agrees-on-higher-targets-for-renewables-and-energy-efficiency/.

③ "MEPs Back Boost for Renewables Use and Energy Savings," https://www.europarl.europa.eu/news/en/press-room/20220711IPR35006/meps-back-boost-for-renewables-use-and-energy-savings.

进和推广非生物来源的可再生能源（如氢气）的使用，包括在“难以减少的”海运部门①。

2023 年 3 月 30 日，经过三方谈判，欧盟理事会和欧洲议会最终就 RED 修订达成了临时协议（以下简称“临时协议”）：到 2030 年可再生能源在欧盟最终能源消费总量中的比例提高到 42.5%，并额外增加 2.5%的指示性目标（总目标为 45%）。该临时协议还为运输、工业、建筑、供热和制冷部门设定了次级约束性或指示性目标（详见表 1）。目前该临时协议需要得到欧盟议会和欧盟理事会的正式批准，并在 2023 年秋季进行全体议会表决。②

表 1　欧盟临时协议中商定的可再生能源目标

能源使用部门	目标	目标性质
总体	到 2030 年可再生能源在最终能源消费总量中的比例提高到 42.5%	约束性
	到 2030 年可再生能源在最终能源消费总量中的比例额外增加 2.5%（总目标 45%）	指示性
运输	成员国可选择：1. 到 2030 年交通运输部门温室气体排放强度降低 14.5%；2. 到 2030 年可再生能源在交通运输部门最终能源消费总量中至少占 29%的份额	约束性
	燃料子目标：到 2030 年，先进生物燃料（通常来自非食品原料）和非生物来源的可再生燃料（主要是可再生氢和氢基合成燃料）占运输部门可再生能源份额的 5.5%，其中为了启动海运中的燃料转变，拥有海港的成员国应努力确保到 2030 年，非生物来源的可再生燃料在海运部门能源供应总量中的比例至少达到 1.2%	约束性

① “难以减少的”海运部门（“hard to abate” maritime sector），指海运部门在减少温室气体排放时面临更大的挑战。因海运部门通常使用的燃料的能量密度很高，目前难以被可再生能源完全替代，因此减少碳排放的成本很高，而且减少碳排放的进展缓慢。其他难以减少的行业包括航空、水泥、钢铁、化工和长途公路运输。

② “Renewable Energy：MEPs Strike Deal with Council to Boost Use of Green Energy，” https：//www.europarl.europa.eu/news/en/press-room/20230327IPR78523/renewable-energy-meps-strike-deal-with-council-to-boost-use-of-green-energy.

续表

能源使用部门	目标	目标性质
工业	工业部门每年应增加 1.6%的可再生能源使用比例 到 2030 年,42%的工业用氢应来自非生物来源的可再生燃料,到 2035 年这一比例应达到 60%;但两种条件下成员国可将这一义务比例减免 20%:如果成员国对具有约束力的欧盟总体目标和国家自主贡献达到了预期贡献,或如果成员国消耗的化石燃料来源在 2030 年不超过 23%,在 2035 年不超过 20%	约束性,但可减免
建筑、供热和制冷	到 2030 年,可再生能源在建筑物能源消耗中的份额至少为 49%	指示性
	在成员国一级,到 2026 年每年增加 0.8%,从 2026 年到 2030 年每年增加 1.1%	约束性

资料来源：笔者根据欧盟理事会公布信息及协议文本内容整理，https：//www.consilium.europa.eu/en/press/press-releases/2023/03/30/council-and-parliament-reach-provisional-deal-on-renewable-energy-directive/。

（二）欧盟的可再生能源部署

除通过立法及行政指令的修订调整可再生能源相关法律义务和政策目标外，欧盟还采取了一系列具体措施进行可再生能源部署。

1. 重点部署的可再生能源类型：海上风能、太阳能光伏和氢能

欧盟委员会在 2020 年就提出了《海上可再生能源战略》及《气候中立的欧洲氢战略》（以下简称《欧盟氢战略》），欧盟委员会的 REPowerEU 计划下一步提出欧盟太阳能战略。其《海上可再生能源战略》旨在到 2030 年将欧洲海上风电装机容量从目前的 12000 兆瓦提高到至少 60000 兆瓦，到 2050 年提高到 300000 兆瓦；到 2050 年，海洋能源其他新型技术（如浮式风能和太阳能）的装机容量达到 40000 兆瓦。[①]《欧盟氢战略》概述了氢能

① "Boosting Offshore Renewable Energy for a Climate Neutral Europe," https：//ec.europa.eu/commission/presscorner/detail/en/IP_20_2096.

如何支持整个欧洲的工业、运输、发电和建筑的脱碳。该战略是一个路线图，欧盟的首要任务是利用风能和太阳能开发可再生氢，因为它与欧盟的长期气候中和和零污染目标最兼容。[①] 截至 2022 年第一季度，欧盟已经正式实施了其氢战略的 20 个关键行动的完整清单，[②] 包括 4300 亿欧元将被分配给欧洲的可再生氢气开发项目，以及一个名为“欧洲清洁氢气联盟”的合作平台。在现有的政策框架基础和欧盟排放交易系统（EU Emissions Trading System，EU ETS）基础上，欧盟计划为可再生和低碳氢气的认证定义一个全面的术语和全欧洲的标准。太阳能光伏方面，根据 2022 年欧洲议会简报，欧盟准备出台的太阳能战略旨在使太阳能成为欧盟能源系统的基石。欧盟促进太阳能发展的措施包括规定在特定时间范围内必须在新建筑物的屋顶上安装太阳能电池板、简化可再生能源项目的许可程序、提高太阳能部门的技能基础以及提高欧盟制造光伏电池板的能力。这项计划包括到 2025 年将目前的太阳能光伏发电量提高一倍，到 2030 年生产近 600000 兆瓦。[③]

2. 可再生能源配套设施部署

欧盟理事会就修订《跨欧洲能源网络（TEN-E）条例》（以下简称《TEN-E 条例》）达成了总体方针[④]，以期实现欧盟跨境能源基础设施的现代化、脱碳和互联。《TEN-E 条例》修订版更新了有资格获得支持的能源基础设施类别，重点强调了能源基础设施的去碳化，并新增了对海上电网、氢基础设施和智能电网的关注。与此同时，该条例将终止对天然气和石油新项目的所有支持，并对所有项目引入强制性可持续性标准。欧盟理事会和欧洲议会就第二版“连接欧洲基金”批准了 5.84 亿欧元的能源部门预算

---

① “A Hydrogen Strategy for a Climate-neutral Europe,” https://eur-lex.europa.eu/legal-content/EN/TXT/?uri=CELEX:52020DC0301.

② “A Hydrogen Strategy for a Climate-neutral Europe,” https://eur-lex.europa.eu/legal-content/EN/TXT/?uri=CELEX:52020DC0301.

③ “Solar Energy in the EU, European Parliament,” https://www.europarl.europa.eu/thinktank/en/document/EPRS_BRI（2022）733612.

④ “Cross-border Energy Infrastructure New Rules for TEN-E,” https://www.iea.org/policies/13642-cross-border-energy-infrastructure-new-rules-for-ten-e.

(2021~2027年),该基金旨在促进欧洲能源市场的进一步一体化,其预算将用于提高欧盟内跨界和跨部门能源网络互联,并为可再生能源发电领域的跨境项目提供资金。①

3. 可再生能源的行政许可简化

为应对俄乌冲突背景下欧盟面临的能源危机,提高能源供应安全并稳定能源价格,欧盟委员会在2022年11月9日提出了一项关于加快可再生能源部署的临时紧急法规提案。该提案拟将可再生能源工厂和装置定义为“具有压倒一切的公共利益”的项目,② 因此在确保适当的物种保护措施的前提下,可减损部分欧盟环境立法(如欧盟水框架指令、鸟类指令和生境指令),以在可再生能源许可证发放程序中进行简化评估。该提案主要目的是简化可再生能源项目的许可审批程序,特别是太阳能装置、热泵和涉及可再生能源发电厂再发电的项目。这些技术在减少天然气消耗方面具有相当大的潜力,并且由于运行成本低且短期内可快速实施的技术,有助于快速降低能源费用。此外,欧盟计划实施“可再生能源首选区域”(renewables go-to areas)制度,通过成员国自行指定特别适合可再生能源装置(主要是风能和太阳能)建设的陆地、海洋或内陆水域区域,实施简化的许可程序,以最大限度地减少可再生能源项目的推出和电网基础设施的改善时间。根据欧盟临时协议,成员国当局在“可再生能源首选区域”批准新的可再生能源装置的最长期限为12个月,在这类地区之外该程序的期限应不超过24个月。③

① “Connecting Europe Facility - Energy,” https://www.iea.org/policies/13398-connecting-europe-facility-energy.

② “Accelerating the Deployment of Renewable Energy during the Crisis,” https://www.europarl.europa.eu/thinktank/en/document/EPRS_ATA(2022)739205.

③ “Renewable Energy: MEPs Strike Deal with Council to Boost Use of Green Energy,” https://www.europarl.europa.eu/news/en/press-room/20230327IPR78523/renewable-energy-meps-strike-deal-with-council-to-boost-use-of-green-energy.

二　北欧国家可再生能源事实与数据

（一）北欧国家的可再生能源消耗

根据欧盟统计局最新公开的数据，2021 年北欧五国可再生能源在最终能源消费总量中的比例从 34.72%到 85.79%不等，远高于欧盟 21.78%的平均水平（见图 1）。这意味着挪威、冰岛、瑞典和芬兰 4 个国家已经在本国范围内达成甚至超过了欧盟临时协议中商定的 42.50%可再生能源比例的约束性目标，而丹麦与这个目标还有一定差距。

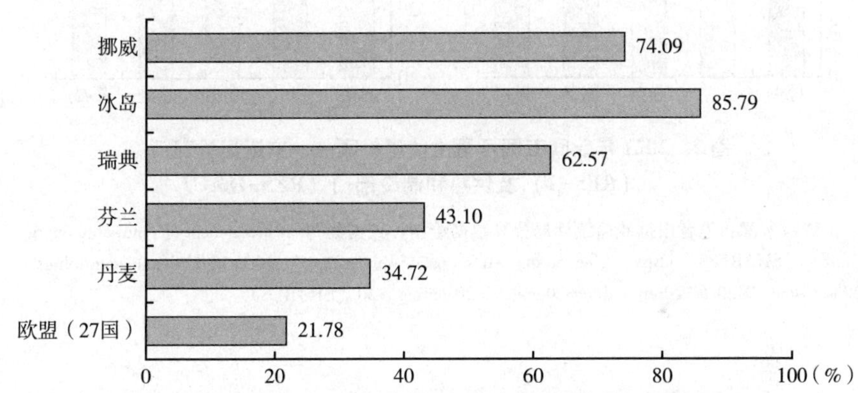

图 1　2021 年欧盟与北欧国家可再生能源占最终能源消费总量比例

资料来源：笔者根据欧盟统计局公开数据绘制，https：//ec. europa. eu/eurostat/web/main/data/database。

具体到可再生能源利用的部门目标，欧盟临时协议对 RED 的修订内容主要针对交通运输部门（2030 年，29%）和供热及制冷部门（2030 年，49%）。根据欧盟统计局的核算规则与欧盟 RED，占欧盟能源消费总量约 25%的工业部门是可再生能源供热和制冷的主要消费者，工业部门这方面的可再生能源消耗主要通过电气化和直接使用可再生能源实现，因此可再生能源发电及可再生能源供热和制冷的份额能够一定程度体现整个工业部门的可再生能源消费基础水平。目前，在交通运输部门仅有瑞典达到了欧盟的2030年约束性目标；在供热及制冷部门，丹麦和挪威距离欧盟2030年指示性目标还有一定差距，冰岛则因其地热能的自然禀赋优势趋于在该部门实现100%可再生能源使用。

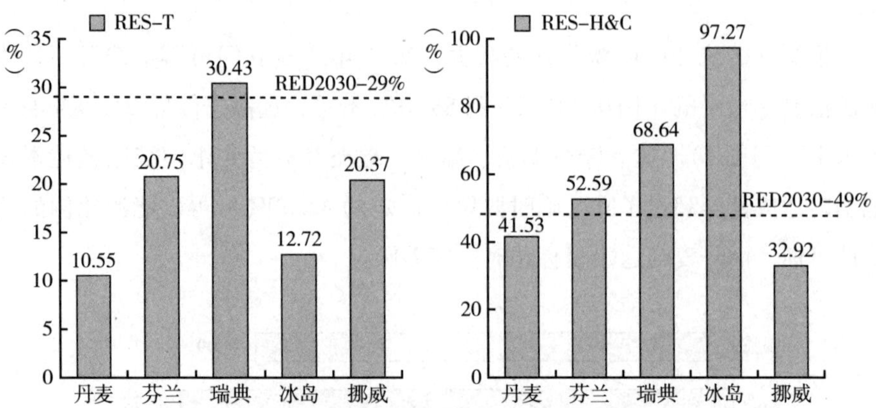

图2　2021年北欧五国可再生能源份额——交通运输部门（RES-T）及供热和制冷部门（RES-H&C）

资料来源：笔者根据欧盟统计局公开数据绘制，数据集 Short assessment of renewable energy sources（SHARES），https：//ec. europa. eu/eurostat/web/energy/database/additional-data#Short%20assessment%20of%20renewable%20energy%20sources%20（SHARES）。

（二）北欧国家的可再生电力结构

从目前可获取到的最新统计数据来看，2021年北欧地区的可再生能源消耗总量约为58.7百万吨石油当量（Mtoe），较上年增长2.8%，其中50.7%用于发电，42%用于供热及制冷，仅有7.3%用于交通领域，但交通是近10年北欧可再生能源消耗增长最明显的领域（见图3）。当前，可再生能源最常用且经济的利用方式是发电。欧盟RED修订的目标之一是使可再生能源电力主流化，[①] 欧盟临时协议计划采取进一步措施鼓励成员国发展可

① Proposal for a Review of the Renewable Energy Directive（RED），Council of the European Union，2021，p. 11，https：//data. consilium. europa. eu/doc/document/ST-10746-2021-INIT/en/pdf.

再生能源电力：要求成员国建立一个框架，其中包括促进可再生能源电力购买协议的支持计划和措施。此外，成员国需考虑建立相关机制确保可再生能源电力部署地区的多样化。①

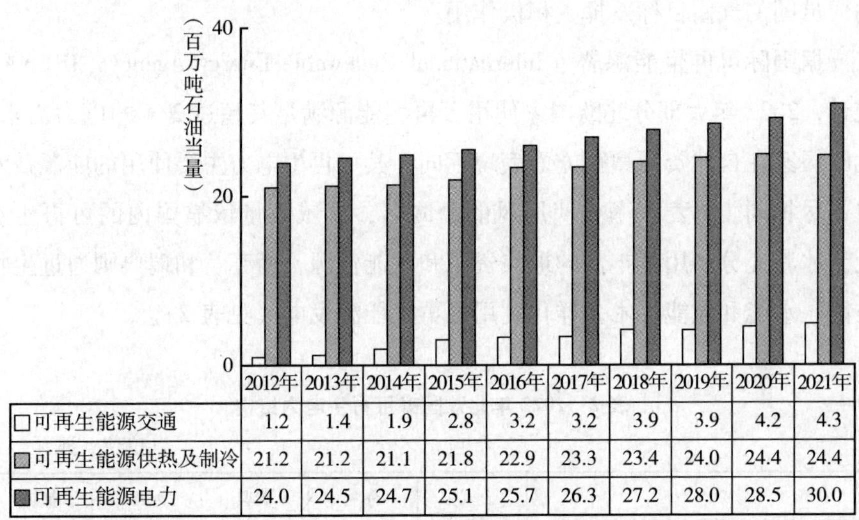

	2012年	2013年	2014年	2015年	2016年	2017年	2018年	2019年	2020年	2021年
□可再生能源交通	1.2	1.4	1.9	2.8	3.2	3.2	3.9	3.9	4.2	4.3
■可再生能源供热及制冷	21.2	21.2	21.1	21.8	22.9	23.3	23.4	24.0	24.4	24.4
■可再生能源电力	24.0	24.5	24.7	25.1	25.7	26.3	27.2	28.0	28.5	30.0

图 3　北欧国家的可再生能源消耗

资料来源：笔者根据欧盟统计局（eurostat）公开数据换算（吉瓦时-百万吨石油当量）并绘制，数据集 Sustainable Development indicators Goal 7-Affordable and clean energy（t_ nrg_ sdg_07），https：//ec. europa. eu/eurostat/web/main/data/database。

2022 年是截至 2023 年 7 月可再生能源发电装机容量增加最多的一年，全球新增可再生能源电力近 295000 兆瓦，可再生能源电力存量增长了 9. 6%，对全球新增电力的贡献达到前所未有的 83%，这主要是由于太阳能和风能发电量的增长。② 北欧各国的电力系统在电网的区域耦合方面处于世界领先地位。互联网络和输电线路跨越陆地和海洋将各国联系在一起，通过欧盟建立共同的电力市场确保了电力价格及有效交易。这种共同运作的方式

① "Directive（EU）2018/2001 of The European Parliament and of the Council," Article 4（4），2018，https：//eur - lex. europa. eu/legal - content/EN/TXT/? uri = uriserv：OJ. L _ . 2018. 328. 01. 0082. 01. ENG&toc = OJ：L：2018：328：TOC.

② "Renewable Energy Statistics 2023," https：//www. irena. org/Publications/2023/Jul/Renewable-energy-statistics-2023.

提高了电力供应的安全性，降低了系统成本，促进了可再生能源的整合。清洁电力的内部交易有助于整体上减少排放密集型发电，可调度的电力为区域可变可再生能源提供平衡服务，北欧的可再生能源电力系统为实现欧盟及其他成员国的气候目标发挥了积极作用。

据国际可再生能源署（International Renewable Energy Agency，IRENA）统计，2022 年大部分北欧国家使用可再生能源满足其超过 3/4 的电力需求。北欧国家在自然资源禀赋方面表现不同，其可再生电力主要使用的能源技术也不尽相同。丹麦以率先使用风能而闻名，挪威大量依靠国内的可再生水电，冰岛充分利用其丰富的地热资源和水能资源，而芬兰和瑞典则通过生物质能、水能和风能技术多样化利用可再生能源发电（见表 2）。

表 2　2022 年北欧国家可再生电力结构

单位：兆瓦

	丹麦	芬兰	瑞典	冰岛	挪威
可再生能源总发电能力(功率)	11734	12095	38044	2882	39650
水能—可再生水电	5	3171	16407	2114	34118
海洋能	<0. 5	—	—	—	—
风能	7088	5614	14557	2	5134
—陆上风能	4782	5541	14364	2	5068
—离岸风能	2306	73	193	—	66
太阳能—太阳能光伏	2490	591	2606	7	321
生物质能	2151	2719	4474	—	77
地热能	—	—	—	757	—
可再生能源电力占电力装机容量的比例(%)	68. 5	59. 4	77. 5	95. 8	98. 2

资料来源：笔者根据 IRENA 公开报告数据编制，Renewable energy statistics 2023，IRENA，2023，https：//www. irena. org/Publications/2023/Jul/Renewable-energy-statistics-2023。

三　北欧国家的可再生能源新部署

芬兰、瑞典、丹麦作为欧盟成员国，受到欧盟制定的联合减排目标和欧盟 RED 的约束；冰岛和挪威则通过与欧盟的气候合作分担共同的减排义务[①]，且作为欧洲经济区成员接受部分相关条例及指令的法律约束[②]。根据欧盟关于能源联盟和气候行动治理的相关条例，成员国必须制订一个 2020—2030 年综合的国家能源和气候计划（National Energy and Climate Plan，NECP），其中包括“可再生能源的部署”内容。北欧国家的可再生能源结构建立在本国的自然资源禀赋基础上，因此各国通过政策框架部署可再生能源的技术路径与具体举措有所差异。

北欧近年新增可再生能源设施建设项目及政府专项投资集中于风能（包括离岸风能和陆上风能）、太阳能及氢能，对其他可再生能源（如生物质燃料和沼气）的支持举措主要为税收减免、价格补贴及计算方式调整。本报告主要关注新的官方文书、建设项目或专项投资。

（一）丹麦

2020 年丹麦《气候法》规定丹麦的气候政策核心是到 2030 年丹麦的温室气体排放量比 1990 年的温室气体排放量减少 70%，最迟在 2050 年实现气候中和。2022 年 12 月新组成的丹麦联合政府希望将气候中和的目标提前到

① 气候合作包括以下欧盟气候框架：（1）列入 2021～2030 年欧洲经济区协定第 31 号议定书的努力分享条例（欧洲议会和欧盟理事会 2018 年 5 月 30 日关于 2021～2030 年成员国有约束力的年度温室气体减排量的条例 EU 2018/842，有助于气候行动以履行《巴黎协定》下的承诺并修正 EU 525/2013 号条例）。（2）关于 2021～2030 年期间《欧洲经济区协定》第 31 号议定书所包括的土地使用、土地使用变化和林业的温室气体排放和清除的条例（2018 年 5 月 30 日欧洲议会和欧盟理事会关于纳入土地使用、土地使用变化和林业的温室气体排放和清除的条例 EU 2018/841）。（3）纳入《欧洲经济区协定》附件 XX 的排放交易系统（欧洲议会和欧盟理事会 2003 年 10 月 13 日第 2003/87/EC 号指令，建立欧盟内部的温室气体排放限额交易系统，并修订欧盟理事会第 96/61/EC 号指令）。

② 欧洲经济区联合委员会 2019 年 10 月 25 日第 269/2019 号决定，对《欧洲经济区协定》第 31 号议定书进行修订。

2045 年，并设定 2050 年丹麦的温室气体排放量比 1990 年的温室气体排放量减少 110%的目标。[①] 自《气候法》实施以来，丹麦已经签署了超过 75 项绿色协议，超过 1100 亿丹麦克朗被优先用于主要气候协议，包括大幅扩大丹麦的可再生能源生产。[②] 丹麦近年来较为值得关注的部署为 2020~2022 年多份绿色协议共同支持的丹麦海上能源岛项目，以及为丹麦 Power-to-X (PtX)[③] 技术和项目提供的政策支持。

2022 年 6 月，丹麦政府与议会的其他政党达成了一项投票协议《关于绿色电力和热能的气候协议》[④]，其目的之一是使丹麦太阳能和陆地风能的总发电量在 2030 年前增加 4 倍。双方还同意最迟在 2030 年实现至少 4000 兆瓦的海上风力发电招标。为了实现到 2050 年气候中和的目标，丹麦政府打算将能源岛的低碳电力转化为绿色氢气，并进一步加工成燃料，因此预计来自风电场的电力可以被丹麦的 PtX 工厂所利用。该协议还为家庭单位设定了清洁能源目标，即到 2035 年，丹麦将不再有任何家庭使用天然气锅炉供热，到 2030 年，丹麦家庭将 100%使用绿色能源供热。

2020 年丹麦政府《关于能源和工业的气候协议》决定建立两个能源岛[⑤]，其中北海能源岛（Nordsøen）为 3000 兆瓦，伯恩霍尔姆能源岛

---

① "Regeringsgrundlag 2022," https://www.stm.dk/statsministeriet/publikationer/regeringsgrundlag-2022/.

② "Denmark's draft update of the National Energy and Climate Plan (NECP) for the period 2021-2030," https://ens.dk/en/our-responsibilities/energy-climate-politics/eu-energy-union-denmarks-national-energy-and-climate.

③ "Power-to-X" 指一系列可转换、存储和利用可再生能源的技术途径。PtX 中的电力来自可再生能源，当太阳能或风能产生的可再生能源电力过剩时，PtX 技术可充分利用传统"弃电"使过剩的电力不会被浪费。其中"X"指各种能源载体或用途，前景和用途最为广阔的是电解制氢，氢可以直接用作燃料，也可以用于合成适用于船舶、飞机和卡车的燃料或工农业化学原料，如氨、甲醇和甲烷。参见丹麦技术大学网站 https://baeredygtighed.dtu.dk/en/teknologi/power-to-x。

④ "Klimaaftale om grøn strøm og varme 2022", https://www.ey.com/da_dk/power-utilities/klimaaftale-om-gron-strom-og-varme-2022.

⑤ "Danish Climate Agreement for Energy and Industry etc. 2020 of 22 June 2020 (only EE Dimension)," https://www.iea.org/policies/12139-danish-climate-agreement-for-energy-and-industry-etc-2020-of-22-june-2020-only-ee-dimension.

（Energiø Bornholm）为2000兆瓦。2022年，丹麦决定对额外2000兆瓦的海上风电进行招标，其中1000兆瓦分配于伯恩霍尔姆能源岛。两个能源岛还将为其他欧洲国家提供低碳能源。其中北海能源岛到2030年将与荷兰连接，提供至少2000兆瓦的海上风电，长期容量将达到10000兆瓦海上风电；波罗的海的伯恩霍尔姆能源岛到2030年可建成高达3000兆瓦（2022年新的补充协议更新，后续可能会进一步增加）的海上风电场，并与波兰相连。

2022年3月15日，丹麦政府与议会达成了《关于发展和促进氢和绿色燃料的协议》[①]，该协议基于丹麦气候、能源和公用事业部2021年宣布的《国家氢能Power-to-X战略》。丹麦议会各方同意提供价值12.5亿丹麦克朗的资金支持丹麦的电解氢及氢燃料项目，旨在到2030年实现4000~6000兆瓦的电解槽产能目标。目前丹麦还没有为具体的相关技术制定单独的目标，这些技术将用于实现总体和具体部门的目标。在2022年5月18日的北海会议上，丹麦和德国签署了一项关于氢能Power-to-X的合作框架协议（意向书）。随后，丹麦气候、能源和公用事业部与德国联邦经济和能源部签署了一份关于跨境基础设施合作的协议，通过建设一条从丹麦到德国的陆基氢管道支持丹麦生产的绿色氢气出口到德国。[②]

为了支持各个层面的实施，丹麦政府成立了国家能源危机工作组（national energikrisestab，NEKST）[③]。NEKST的任务是确定绿色挑战的解决方案，以加快绿色政治协议的实现。除其他事项外，NEKST必须确保全国协调绿色供热的推广，其目的是尽快减少天然气的消耗，并以绿色解决方案取代。此外，NEKST还致力于确定在陆地上扩大太阳能和风能规模的障碍，并向政府建议任何可以加速扩张的措施。

---

① "Udvikling og fremme af brint og grønne brændstoffer（Power-to-X strategi），" https：//kefm.dk/Media/637829286469861536/Aftale；%20Udvikling%20og%20fremme%20af%20brint%20og%20gr%C3%B8nne%20br%C3%A6ndstoffer%20（Power-to-X%20strategi）.pdf.

② "Green Hydrogen to Flow from Denmark to Germany from 2028，" https：//hydrogen-central.com/green-hydrogen-flow-denmark-germany-2028/.

③ "Regeringen etablerer national energikrisestab，" https：//kefm.dk/aktuelt/nyheder/2023/mar/regeringen-etablerer-national-energikrisestab-.

（二）芬兰

芬兰在 2022 年更新了《气候变化法》，该法规定到 2030 年芬兰的温室气体排放与 1990 年相比减少 60%，到 2035 年实现碳中和的目标。芬兰最重要的能源来源是木材燃料（木材燃料被计入可再生能源），据芬兰统计局的初步数据，木材燃料在 2021 年占芬兰能源消费总量的 29.6%，其中 13%的木材燃料来自俄罗斯。2021 年从俄罗斯进口的能源占芬兰能源消费总量的 34%，其中天然气的比例最高，为 92%。① 而在 2022 年，欧盟对俄罗斯的制裁政策导致芬兰切断了从俄罗斯的天然气和石油进口，也限制了来自俄罗斯的木材燃料进口，芬兰未来几年每年约有 440 万立方米的木材能源缺口。因此，芬兰的能源部门迫切需要通过发展其他可再生能源缓解能源压力。芬兰电力生产的主要能源是核能、水力、煤炭、天然气和木材燃料，风力发电所占的比例仍然小于这些能源，但近年来芬兰大力投资风力发电，风力发电的增长速度远远超过其他能源。②

芬兰政府 2022 年发布的《芬兰 2035 碳中和：国家气候和能源战略》③旨在增加可再生能源的使用，使芬兰到 2030 年底可再生能源在最终能源消费总量中的份额超过 50%，该战略的核心是绿色转型和远离俄罗斯化石燃料，并包括一项国家氢气战略，以促进氢气经济和电动燃料，并为氢气电解能力设定量化目标。新的政策指导方针以风能技术和氢能及电燃料为主，辅以财政补贴和许可程序优化（见表 3）。

---

① https：//www. stat. fi/julkaisu/cl1xmekvw1pp 80buvn1cznxmy.

② “Toimialojen näkymät：Uusiutuva energia，” https：//julkaisut. valtioneuvosto. fi/handle/10024/164208.

③ “Hiilineutraali Suomi 2035-kansallinen ilmasto-ja energiastrategia，” https：//www. epressi. com/media/userfiles/107305/1647268774/fingrid-gasgrid-intermediate-report-energy-transmission-infrastructure-as-enabler-of-hydrogen-economy-and-clean-energy-system. pdf.

表 3　芬兰 2022 年可再生能源及氢能领域新增指导方针

技术部门	指导方针	主要举措性质
风能	至少一个海上风电示范项目，主要由欧盟的资金支持	设施建设
	调整海上风电项目开发和建设的监管框架、行政程序和土地费用，为项目开发商提供足够的投资确定性	行政优化、投资激励
	分配额外的资金（2022 年指定了 150 万欧元）用于国家风力发电研究以及相关规划、许可的研究，以指导并促进风力发电发展	财政支持
	促进全国范围内的风能发展，同时考虑国防需要与国防部门合作，协调雷达和风力发电设施	部门协调
生物质能	通过加强供应链和物流促进生物质能源获得可持续的原料；在 2022 年对燃烧用生物质的气候、自然和经济可行性及可替代性进行研究	原料供应；可替代性研究
氢能	在整个价值链中为氢解决方案达到商业可行性时的部署做全面准备	价值链准备
	试行在运输中使用氢，特别是重型公路和水路运输；争取到 2030 年电燃料在所有运输燃料中比例达到 3%	运输部门使用及电燃料配额
	促进清洁氢气生产能力，考虑到氢气技术仍在商业化过程中，用于制氢的电解装置的目标是在 2025 年至少 200 兆瓦（2021 年 9 兆瓦），2030 年 1000 兆瓦；以国家协调的方式为氢气网络和相关基础设施的发展做准备	设施建设目标
	通过制定技术安全法规、与当局合作和技术开发，确保氢气项目的安全实施	法律保障
	积极参与国际氢能合作、价格协议和市场监管框架的建立	国际合作
综合	2022 年将制定新的能源补贴条例，为新技术示范项目预留 1.5 亿欧元	财政补贴
	通过增加授权机构的资源来加快绿色过渡投资授权程序，目的是实现对优先投资的授权时间最长不超过 12 个月	投资激励
	向地方政府和单位提供赠款，以加快绿色转型投资和风能建设的许可和规划程序	行政优化

资料来源：笔者根据芬兰 2022 年《芬兰 2035 碳中和：国家气候和能源战略》内容整理。

总的来看，芬兰的风力发电投资在未来几年将继续保持旺盛的势头。2022 年芬兰约有 1900 兆瓦新增装机容量，预计 2023 年也将新增同样的数量。据估计，芬兰风力发电规模将在 2027 年超过核电规模。芬兰近年来的太阳能发电增长主要来自小规模的太阳能光伏设施，但其绝对发电量仍然很低，芬兰商业部在2021~2022年共计做出了543项与光伏投资有关的能源援助申请决定，共发放1290万欧元援助，总投资额达7000万欧元。芬兰目前已经获得许可的最大光伏项目将于2024年完工，该项目建成后将是北欧国家中最大的太阳能发电站，年发电量将达到200000兆瓦。[①]

芬兰政府就氢能战略的不确定因素进行了评估，芬兰总理办公室于2022年5月发布了分析、评估和研究报告《氢经济：机遇与局限》。该报告指出，氢经济旨在减少对其他解决方案而言特别具有挑战性的部门（如运输、钢铁、化工）的二氧化碳排放，特别是工业、航空、海运和重型公路运输。欧盟目前正在准备立法改革，以加强氢解决方案的实施。氢经济为芬兰提供了机遇，因为芬兰发电的碳强度相对较低，还拥有巨大的风力发电潜力和稳定的国家电力传输网，可供给清洁电力制氢和电燃料合成，以满足国内需求和出口。但另外，国际市场未来的供需情况仍然存在很大的不确定性。预计不同的技术和生产地点之间将展开激烈的竞争。因此，芬兰必须确保氢经济产业投资的先决条件，并为不同部门的氢转型制订明确的目标和行动计划。例如，通过放宽新增风电建设许可，增加氢能专业知识、支持技术、服务和合作方面的研发活动等方式来支持氢经济的发展。电力和氢气传输基础设施应作为一个整体进行开发，为满足未来需求做好准备，同时管理好相关风险和成本。[②] 以这份报告为背景，芬兰政府在2023年3月就氢有关的国家目标达成了决议，芬兰力求在整个价值链中取得欧洲氢经济的领先地位，如果市场条件良好，到2030年芬兰至少生产10%的欧盟标准下的零排放氢。[③] 截至2023年初，芬兰有20多个氢气项目正处于不同的规划阶段，这些项目大多数将为工业和运输业生产电力燃料。

---

① "Toimialojen näkymät: Uusiutuva energia," Työ - ja elinkeinoministeriö, 2022, pp. 6 - 7, https: //julkaisut. valtioneuvosto. fi/handle/10024/164208.

② "Hydrogen Economy: Opportunities and Limitations," https: //julkaisut. valtioneuvosto. fi/handle/10024/164081.

③ "Valtioneuvoston periaatepäätös vedystä," https: //julkaisut. valtioneuvosto. fi/handle/10024/164743.

（三）瑞典

瑞典议会在2017年确定了瑞典气候政策框架，该框架由《气候法案》、瑞典的长期气候目标和气候政策委员会组成。瑞典气候目标结合了欧盟为成员国设定的气候义务，分为三个部分：（1）到2045年，瑞典将实现温室气体零净排放，这意味着瑞典的温室气体排放量比1990年至少减少85%，剩余15%可以通过补充措施（例如碳封存）实现；2045年后，瑞典应实现负排放，这意味着温室气体排放量少于通过自然生态循环或补充措施减少的数量。（2）到2030年，瑞典国内运输部门的温室气体排放量将比2010年减少至少70%（不包括欧盟排放交易体系中包含的国内航空）。（3）到2030年，瑞典在欧盟《努力分担条例》所涵盖的部门的排放量应至少比1990年低63%，其中8%可以通过补充措施实现；到2040年，这一比例至少为75%，其中2%可以通过补充措施实现。

瑞典暂未制定到2030年可再生能源占最终能源消费总量比例的国家目标，瑞典目前的综合能源和气候计划使用了瑞典能源署2018年的长期方案以及在此基础上通过的一些文书，该方案指出2030年瑞典可再生能源占最终能源消费总量的比例应为65%，但这一计划可能随着欧盟RED的正式修订而有所提高。

生物燃料在瑞典使用的可再生能源中占比最大，主要被用于工业和区域供热，近年来生物燃料（生物柴油）在交通运输部门的使用明显增加。由于生物燃料不断增加的减排义务，瑞典近年来的能源政策措施集中在扶持多部门的电气化，以及鼓励增添新的可再生能源设施上（见表4）。

表4　瑞典2021~2022年可再生能源主要支持措施

时间	措施	内容简介
2022年	2022~2024年电气化战略	该战略3年共计拨款8000万瑞典克朗，实施12点内容和67项措施，包括改进国家电网规划、执行热电联产战略、扩大电动汽车充电基础设施和氢能基础设施、为风力发电的发展提供激励

续表

时间	措施	内容简介
2022 年	国家对重型运输电气化的支持	政府预留了 5.5 亿瑞典克朗用于支持重型交通工具电气化的地区电气化试点。该计划设想扩大充电基础设施和氢气加注站，将交通运输业转变为气候职能部门。其目的是以快速、协调和高效的方式在全国范围内促进电动交通的发展
2021 年	关于创新关键金属和矿物可持续供应的调查的补充指令	决定审查创新关键金属和矿物可持续供应的流程和监管框架，给予气候转型所需的创新关键金属和矿产的供应相对于其他金属和矿产的特殊地位，并提出必要的立法建议。其目的是确保对能源转型非常重要的创新关键金属和矿产的初级和二级来源的可持续供应，并提供立法支撑
2021 年	财政支持太阳能光伏	春季预算中，基础设施部拨款 2.6 亿瑞典克朗，鼓励私人参与太阳能光伏发电的安装

资料来源：笔者根据国际能源署能源政策数据的公开信息整理，https：//www. iea. org/countries/sweden，最后访问日期：2023 年 7 月 19 日。

作为全面推进电气化战略的基础，瑞典的电力系统已经基本不使用化石燃料，瑞典的电力主要来自可再生水电及风电。瑞典在陆上风能方面有长期的经验，风电约占瑞典能源总产量的 12%。目前瑞典的离岸风能设施发电量为 190 兆瓦，还有 2500 兆瓦的装机规模在规划建设中；还有许多风力发电项目将在未来几年内完成，预计 2025 年风力发电量约为 50 太瓦。瑞典能源署在 2021 年与瑞典环境保护署联合发布了《可持续风力发电国家战略》①，该战略主要针对瑞典陆上风电的区域分布及规划事宜，包括行政审批程序的优化，并考虑了风电设施与国防利益的共存，制定该战略的目的是实现瑞典风电的可持续管理和扩张。

瑞典能源署的报告《瑞典的太阳能供暖》对太阳能供暖在瑞典的开发

① “Nationell strategi för en hållbar vindkraft,” 瑞典能源署出版物，2021，https：//energimyndigheten. a-w2m. se/Home. mvc？ResourceId = 183601，最后访问日期：2023 年 7 月 19 日。

潜力、经济性和对能源及气候目标的贡献进行了评估。[①] 报告指出，太阳能供热本身从系统的角度来看对瑞典区域供热的可再生能源转型有积极作用，从经济角度来看，太阳能在小型区域供热网络中竞争力较高，而在大型锅炉和热电联产的网络中缺乏竞争力。根据瑞典环境保护署发布的排放系数，太阳能供热排放为 19 克二氧化碳/千瓦时，这比一些生物燃料的排放系数要高，使太阳能供热在与生物燃料锅炉等的投资竞争中处于不利地位，因此瑞典太阳能热能项目的申请非常有限。

2022 年 5 月，瑞典能源署发布了《瑞典氢、电燃料和氨国家战略》（提案）[②]，其出发点在于可再生电力资源有助于瑞典发展氢能产业。该提案指出，氢将在可持续的社会转型中发挥核心作用，但未来氢的生产和使用需要不同于现有的处理、储存和运输基础设施，因此需要多方参与者共同合作。根据提案，瑞典的氢战略目标为：到 2030 年，至少达到 5000 兆瓦的电解槽装机容量；到 2045 年，再增加 10000 兆瓦。该提案还为瑞典的氢能战略设定了 5 项实施指导原则：（1）氢的使用将有助于向无化石燃料环境过渡；（2）氢应在经济效益高且能带来最大系统效益（系统的能源和资源效率）的地方使用；（3）氢和电燃料的发展不应对瑞典国家能源供应安全产生不利影响；（4）瑞典应成为推动氢生产和使用的国际先锋，包括在欧盟和国际范围制定更严格和互相协调的制度文书，为能源领域的氢转型提供支持；（5）瑞典将向国外出口无化石氢和电燃料，继续将重点放在出口精炼产品和服务上。

（四）冰岛

冰岛政府的独立减排目标是，到 2030 年，相比 1990 年减少 55%的直接

① “Solvärme i Sverige,” 瑞典能源署出版物，2021，https：//energimyndigheten. a－w2m. se/Home. mvc？ResourceId＝203602，最后访问日期：2023 年 7 月 19 日。

② “Förslag till Sveriges nationella strategi för vätgas, elektrobränslen och ammoniak,” 瑞典能源署出版物，2022，https：//energimyndigheten. a-w2m. se/Home. mvc？ResourceId＝206531. 最后访问日期：2023 年 7 月 19 日。

碳排放，在2040年前实现碳中和，且在2040~2050年完全摆脱化石燃料。得益于丰富的地热资源禀赋和始于20世纪50年代的大规模水电建设，冰岛的可再生能源利用比例处于全球领先地位，且几乎完成了电力和供热部门的清洁能源转型，并有条件成为世界上第一批甚至是第一个完全停止使用化石燃料的国家。[①] 因此，对冰岛来说，未来能源转型和减排的重点在于交通运输部门。冰岛政府2020年发布的《可持续的能源未来：到2050年的能源政策》是冰岛第一次以长期形式制定能源领域政策。[②] 该政策指出，冰岛的能源转型目前在陆上、海上和空中运输中进行，其中陆上运输的转型较为顺利，但海上和空中领域还处于初始阶段。

冰岛陆地交通能源转型的目标是让机动车以可再生能源为动力，这需要基础设施投入及电力传输和分配系统的配合。冰岛通过取消环保汽车增值税引进电动汽车，在2020年实现了11.4%的可再生能源交通，其近年电动汽车新注册数量处于欧洲第2位。[③] 冰岛海上能源转型目标在于使所有船舶（包括渔船、货船和客运等所有用途的船舶）都以可再生能源为动力，也要求港口的基础设施向适合可再生能源船舶使用转变。其中国际航行船舶将主要使用电燃料、生物柴油、沼气，小型渔船主要使用电或插电式混合动力，而中大型渔船需要使用电燃料或生物柴油，目前冰岛还没有上述种类的船舶。冰岛的航空业还没有发生能源转型，2021年冰岛议会批准了一份关于航空业能源转型的决议，根据计划，国际航班的飞机主要使用氢、其他电燃料或混合可再生能源，冰岛航空集团正在探索在国内航班中进行能源转型的

① The State and Challenges of Energy Affairs, The Government Offices of Iceland, Ministry of the Environment, Energy and Climate, 2022, p. 21, https://www.stjornarradid.is/library/02-Rit--skyrslur-og-skrar/URN/URN_State_of_Energy_Issues_EN_Web.pdf，最后访问时间：2023年7月19日。

② https://www.government.is/topics/business-and-industry/energy/.

③ "New Registrations of Electric Vehicles in Europe," European Environment Agency, 2022, https://www.eea.europa.eu/ims/new-registrations-of-electric-vehicles#:~:text=In%202020%2C%20the%20share%20of,and%20the%20Netherlands%20（28%25），最后访问日期：2023年7月21日；"Renewable Energy 11.4% of Fuel in Road Transport in 2020," ICELAND REVIEW, 2021, https://www.icelandreview.com/politics/renewable-energy-11-4-of-fuel-in-road-transport-in-2020/。

可能性。

综合看来，部分公共乘用车和大型汽车，大多数船舶，中型和大型客运、货运飞机都需要氢生产的电燃料驱动。目前冰岛有 7 家民营公司有氢和电燃料生产及相关服务的业务，但冰岛政府认为，电燃料与化石燃料的经济和效率适用性仍有许多争议，冰岛将生产、出口或进口多少电燃料还有待观察，有待制定一项更具体的政策，以确定氢这一关键因素的可行性。①

（五）挪威

2020 年 2 月，挪威更新了其国家发展计划，将温室气体减排目标加强为与 1990 年相比，到 2030 年至少减少 50%，并向 55%迈进（此前该目标为 40%），其长期目标是 2050 年使挪威成为低排放国家。挪威是一个以高山高原、丰富的天然湖泊、陡峭的山谷和峡湾而闻名的国家，其地形非常适合水电开发。水电为 19 世纪后期挪威的国家工业化提供了基础，促进了电热和能源密集型产业的发展，时至今日，水电仍然是挪威电力系统的支柱。挪威总发电量的 90%以上为水力发电，其余的一小部分由热能和风能发电组成。此外，挪威还通过水库抽水蓄能的形式经北欧共同电网储存和调节来自邻国的风电等可再生能源的波动性能源供应。在进一步能源转型和增加可再生能源供应的部署中，挪威凭借北海较深的水域和良好的风浪条件，结合在北海石油及天然气产业中的经验，重点强调发展海上风能（离岸或近海风能）。

挪威石油和能源部的国家能源战略规划“Energi 21”在 2022 年进行了重要更新②：《新能源技术研究和发展的国家战略》以挪威的能源大国身份

① “A Sustainable Energy Future—An Energy Policy to the Year 2050,” Government of Iceland, Ministry of industries and innovation, 2020, p. 86, https://www.stjornarradid.is/library/01--Frettatengt---myndir-og-skrar/ANR/Orkustefna/201127%20Atvinnuvegaraduneytid%20Orkustefna%20A4%20EN%20V4.pdf.

② “Energi 21—National Strategy for Research and Development of New Energy Technology,” https://www.regjeringen.no/en/topics/energy/energy-and-petroleum-research/energi21--national-strategy-for-research-and-development-of-new-energy-technology/id439532/.

为出发点，以“进一步发展欧洲的最佳能源系统”为目标，指出了三个主要的关键挑战：使交通和工业去碳化；安全、有竞争力和环境友好的能源供应；发展新的绿色产业和海洋能源技术。该战略提出了八个重点技术领域：海上风能、氢能、太阳能、碳捕获与碳封存（CCS）、电池和水电、综合和高效能源系统、能源市场和能源法规。挪威将海上风电技术作为在能源市场中获得优势的着力点，该技术一方面可提供工业生产和交通运输电气化所必要的可再生能源，另一方面，大型海上风力发电的巨大资源潜力结合可期待的成本下降，有助于提高挪威在对欧洲的电力出口中的市场竞争力；同时，海上风电产业可作为发展海洋能源技术价值链的基础，为近海部门其他行业带来新的就业机会和商业价值。此外，挪威的太阳能部署也与海上风电紧密联系，太阳能技术的研发和创新方向为浮动太阳能发电，即以海上浮式平台为基础建设太阳能-海洋能混合发电厂。

挪威国家统计局的分析表明，2050 年挪威的电力消耗可能达到 220 太瓦时，相当于比目前的消耗量增加约 50%，而增长的电力预计将主要由海上风力发电来承担。目前挪威尚未在一般电力供应中应用海上风电，因为海上风电的成本在没有补贴的情况下缺乏市场竞争力，但 2021~2022 年欧洲范围内的大规模电价上涨可能加快海上风电的成本—收益平衡甚至实现盈利的进程。在这一过程中，需制定有效的框架条件以刺激消费市场和商业投资，并通过立法进行监管。2022 年，挪威修订了其《海洋能源法》（关于海上可再生能源生产的法律）。[①] 该法规定了海洋能源开发规划、许可、环境影响评估、生产安全等环境的权利与义务，明确了开发商对电力系统的责任，并协调了海洋能源开发与渔业的潜在冲突。根据挪威政府最新宣布的计划，在 2040 年前将为 30 吉瓦的海上风电生产划定区域，这几乎相当于目前挪威的电力生产总量。[②] 挪威政府

① “Lov om fornybar energiproduksjon til havs (havenergilova),” https://lovdata.no/dokument/NL/lov/2010-06-04-21/.

② “Norway’s Eighth National Communication,” https://www.regjeringen.no/en/dokumenter/norways-eighth-national-communication/id2971116/?q=Offshore%20Wind%20Farm&ch=4#match_0.

目前正准备为挪威首批商业规模的海上风电项目分配海床，其中 2 个项目将是固定式风力发电，每个项目的发电功率为 1500 兆瓦，位于丹麦边境附近的 Sør-lige Nordsjø II，另外 3~4 个项目将是浮动式海上风电场，装机容量为 1500 兆瓦，位于挪威西海岸的 Utsira Nord。

如果氢要成为低排放或零排放的能源载体，它的生产必须是零排放或低排放。这可以通过使用可再生电力的电解水来实现，或者通过天然气或其他化石燃料的提炼过程与碳捕获技术相结合来实现。挪威石油和能源部联合挪威气候和环境部，早在 2020 年就发布了《挪威政府的氢能战略》。[①] 该战略指出，开发和使用基于氢的能源解决方案可以为挪威的价值创造和温室气体减排做出贡献。氢的多功能性意味着它可以在一系列部门中使用，对挪威来说，航运、重型货物运输、重型制造业和港口部门是最适合使用氢能的部门，而且在这些部门，目前很少或没有零排放的替代措施。挪威政府评估认为，挪威的制氢条件非常理想：（1）挪威在整个氢气价值链上有多年的工业经验，具备生产和使用清洁氢气的基础条件，许多挪威公司和技术团体已经在为各部门开发和提供生产、分配、储存和使用氢气的设备和服务；（2）挪威拥有大量的天然气储量和增加可再生能源生产的潜力；（3）将天然气转化为清洁氢气需要捕获和储存二氧化碳，挪威大陆架有可能成为一个二氧化碳储存库；（4）通过石油工业，挪威拥有从天然气加工到处理重大工业项目的强大经验；（5）挪威拥有具有竞争力的知识和技术群体，以及包括海运价值链中大部分环节的海运业，目前在开发和实施新的海上运输高科技解决方案方面已经有了使用电池和液化天然气的经验，并已经开始密切关注氢气或氨气作为能源载体的潜力。

基于上述必要性与优势评估，挪威政府提出了全方位的氢能战略内容：（1）发展安全和高效的制氢、储氢、运输技术，政府将增加挪威的氢能试点和示范项目数量，从而促进技术发展的商业化；（2）降低清洁氢的成本，

① “The Norwegian Government's Hydrogen Strategy,” https：//www. regjeringen. no/en/dokumenter/the-norwegian-governments-hydrogen-strategy/id2704860/.

挪威通过挪威研究理事会、挪威创新署和 Enova 公司等公共部门帮助开发和示范更加节能和具有成本效益的清洁氢生产方法，并通过减免电力消费税鼓励各制氢企业应用电解制氢技术；（3）挪威政府推行一套广泛的政策以促进交通部门的零排放，包括氢能汽车获得与电池电动车相同的税收减免和用户优惠，同时拨款资助航运业探索氢能方案；（4）挪威政府将制订一个行动计划，增加相关绿色创新采购在公共采购方面的比例；（5）挪威政府将继续在国内和国际上推动制定氢能安全法规和标准；（6）继续支持挪威的氢能研究项目并积极参与国际研究合作，以促进建立可持续的氢技术和国际市场。

成立于 2020 年的挪威氢能公司（Norwegian Hydrogen AS）在 2019 年获得了挪威创新署和挪威研究理事会提供的 4600 万挪威克朗的资金，用于在 Hellesylt 建立一个氢气工厂，从 2023 年下半年开始利用当地水电站的剩余电力来生产绿色氢气，为驶入挪威世界遗产峡湾的船只提供能源。① 挪威能源公司 Equinor 目前正在研究将天然气输送到德国或荷兰的可能性，在这两个地方天然气可以转化为蓝氢，随后氢将进入德国杜伊斯堡的一家钢铁厂，再将二氧化碳运回北海挪威大陆架的海床下储存。②

四　北欧国家可再生能源政策特征与趋势

（一）北欧国家可再生能源政策的主要驱动力

北欧国家可再生能源政策发展的驱动力主要来自气候目标的更新。北欧国家作为《联合国气候变化框架公约》的积极参与者，多次更新气候目标

① “Delivers Zero-emission Energy to the Geirangerfjord-years before the Deadline for Zero-emission-mobility-only,” https：//www.norwegianhydrogen.com/news/delivers-zero-emission-energy-to-the-geirangerfjord-years-before-the-deadline-for-zero-emission.

② “The Potential of Hydrogen for Decarbonization of German Industry,” http：//www.equinor.com/content/dam/statoil/documents/climate-and-sustainability/H2morrow-The%20Potential-of-Hydrogen-for-Decarbonization-of-German-Industry.pdf.

并通过国内立法及政策设定较高的减排目标（见表5）。这些目标为北欧国家提供了广阔的可再生能源发展空间。与此同时，可再生能源技术的成本不断下降，国际可再生能源署2022年的报告显示，在一定条件下，太阳能和风能的平准化成本可以低于传统化石燃料。[①] 北欧国家具备的技术、电力基础设施和资源禀赋优势为北欧国家大力发展可再生电力提供了经济可行性。

表5 北欧国家气候目标更新情况

国家	更新时间	2030年目标	长期目标
丹麦	2020年	减排70%	2050年实现气候中和，新政府可能将这一目标提前到2045年
芬兰	2020年	减排60%	2035年碳中和
瑞典	2017年	减排63%	2045年气候中和
冰岛	2020年	减排55%	2040年碳中和，2040~2050年无化石燃料
挪威	2020年	减排50%~55%	2050年低排放社会

资料来源：笔者根据各国官方文件整理，官方文件来源见本文相关注释。

与其他欧洲国家相比，俄乌冲突导致的能源供应短缺和能源价格上涨对北欧国家能源安全的直接冲击有限。因为大部分北欧国家本身对俄罗斯化石能源的依赖程度较低（见表6）或有替代选择。在芬兰决定正式申请加入北约后，俄罗斯停止了向芬兰供应天然气[②]，目前芬兰天然气公司Gasum通过波罗的海连接管道从其他来源向国内供应天然气。欧盟的REPowerEU计划以及RED修订内容对北欧国家可再生能源发展产生了推动作用，欧盟的目标和部署路径直接影响欧盟成员国芬兰、瑞典和丹麦（本土部分），而挪威和冰岛作为欧洲经济区成员也需要接受该指令的约束。此外，欧盟推进建立

① "Renewable Power Generation Costs in 2021," https://www.irena.org/publications/2022/Jul/Renewable-Power-Generation-Costs-in-2021.

② Matt Clinch, "Russia will Shut off Gas to Finland Starting Saturday, Finnish Energy Provider Says," https://www.cnbc.com/2022/05/20/finlands-gas-flows-from-russia-to-be-shut-off-from-saturday-energy-provider.html.

的共同能源市场也对北欧的能源大国具有吸引力，例如丹麦规划的北海和波罗的海可再生能源岛可向欧洲其他国家供应清洁电力。

表 6　2020 年北欧各国对俄罗斯化石能源的依赖程度

单位：%

国家	煤炭	石油	天然气	占国内能源消费总量的比例
丹麦	82	18	0	10
冰岛	0	0	0	0
芬兰	30	145	68	32
挪威	18	5	0	3
瑞典	20	27	14	7

资料来源：笔者根据国际能源署公开数据编制。该指标是北欧各国从俄罗斯进口的能源与北欧各国国内消费能源的比率。该指标代表了从俄罗斯进口的重要性，并针对石油、天然气和煤炭计算。这三个指标不能直接汇总，因为它们是在不同的基础上计算的（每种燃料的总能源供应）。https：//www. iea. org/reports/national-reliance-on-russian-fossil-fuel-imports。

（二）推动可再生电力增长和能源消费部门电气化

尽管北欧国家在可再生能源资源禀赋上有所不同，但其可再生能源政策都强调了可再生电力的增长，尤其是风能的发展，并通过推进电气化实现各个能源消费部门之间的耦合①，以期实现区域范围内的减排目标。

具体来看，挪威依托其优越的风能资源以及在北海开采油气的经验，重点发展海上风电；丹麦将海上风电作为优先发展的可再生能源类型；瑞典和芬兰则在部署新的陆上或海上风场；冰岛则基于水电确保了本国电力供应。尽管可再生能源类型各有侧重，但北欧国家通过欧盟建立的统一市场或双边认证合作，通过广泛的电网互联，实现可再生能源在区域范围内的最优配置。与此同时，北欧国家积极通过电气化推进交通、建筑、工业等部门的脱碳。例如，大力发展电动汽车及充电基础设施，使用热泵取代天然气或油类

① 能源消费部门的耦合（Sector coupling）指的是不同的最终用能部门（如工业、建筑、交通运输等）通过转换中间能源载体实现能源流的联系和转换，电力在其中扮演连接的角色。

加热，逐步实现工业制程的电气化等。在电力供给侧实现脱碳的同时，这些举措也拉动了电力需求的增长。

北欧部长理事会商定的2022~2024年《北欧能源政策合作计划》指出：北欧的电力生产可在2030年达到零二氧化碳排放。运输、工业和供热等减排困难领域对气候中和目标构成了挑战，而利用电气化进行部门耦合是促进这些部门绿色转型的最有效方法之一，因此还需要大幅增加可再生能源电力的生产。① 综合而言，北欧国家作为相对统一的电力市场，通过共同推进可再生电力的增长，有助于该地区共同构建一个低碳的区域能源体系。

（三）基于可再生电力的氢能产业成为新的发力点

氢是对可再生能源的补充，可用作工业原料或长期储能，也可以作为无碳燃料来源用于仅靠电力难以实现脱碳的部门，来自可再生电力的绿氢预计将在工业和运输等难以实现全面电气化的领域发挥重要作用。对北欧国家来说，氢能不仅有助于本国实现碳中和目标，还可通过氢燃料和相关产品的出口带来经济效益。北欧国家高比例的可再生电力，为生产清洁氢提供了良好的基础，目前大部分北欧国家使用可再生能源满足其超过3/4的电力需求。丰富的风电和水电为电解制氢提供了清洁和经济的电力来源。这些国家还拥有发达的电网系统，可对可变的风电等进行平衡调节，保证系统的稳定运行。北欧国家在可再生电力资源和电网管理方面的优势，为其大规模发展绿氢创造了有利条件。

具体来看，挪威、丹麦、瑞典和芬兰已相继发布氢能战略文件，规划了从氢制造到运输储存的全产业链路线（见表7）。这些国家准备充分利用丰富的可再生能源和成熟的化工基础，大力发展绿氢制造业。与此同时，这些北欧国家也将氢能产业的发展置于区域乃至欧洲范围的合作中，力争成为可

① "Nordic Co-operation Programme on Energy Policy 2022-2024," https: //www. norden. org/en/publication/nordic-co-operation-programme-energy-policy-2022-2024.

再生氢和衍生产品的主要出口国，或在氢产业链中占据关键地位。冰岛目前还处于氢能产业评估和战略研究阶段，但也积极关注国际市场的机遇。

表 7　北欧国家氢能战略更新情况

国家	时间	文件名称	目标设定
丹麦	2021 年	《国家氢能 Power-to-X 战略》	到 2030 年 4000～6000 兆瓦电解槽装机容量
芬兰	2022～2023 年	《芬兰 2035 碳中和：国家气候和能源战略》《政府关于氢的决议》	到 2030 年生产欧盟 10%的绿氢
瑞典	2022 年	《瑞典氢、电燃料和氨国家战略》（提案）	到 2030 年 5000 兆瓦装机容量；2045 年再增加 10000 兆瓦
冰岛	暂无正式文件		
挪威	2020 年	《挪威政府的氢能战略》	无数值目标

资料来源：笔者根据各国官方文件整理，官方文件来源见本文相关注释。

综上所述，氢能被北欧国家认定为推动脱碳的关键技术路径之一。这些国家正积极部署氢能全产业链，在满足国内应用的同时也把握其出口潜力。氢能有望成为北欧国家绿色产业发展的新引擎。

五　北欧可再生能源政策的潜在影响

（一）引领北极交通运输领域环境议程

北欧国家的可再生能源和氢能政策，强调了交通运输领域的能源转型任务。相关的研究和投资有望促进电力、氢燃料以及合成电燃料在北极地区的航运和航空中的使用和推广。北欧国家正致力于电动船舶和相关基础设施建设的试点，例如挪威正在开发可使用氢燃料的渡轮，这些成功经验可为北极理事会制定航运领域脱碳政策提供借鉴。同时，作为北极理事会的核心成员，北欧国家在北极船舶和飞机的绿色转型方面积累的经验，可以支持其在北极理事会中引领相关环境议程的制定。这可能也会推动北极范围内有关船用燃料、航空燃油等标准或政府间环境协定的形成。综上所述，北欧国家有机会通过在交通运输业推广低碳燃料、发挥示范作用，引领北极环境议程的制定，为北极地区的绿色低碳转型做出贡献。

（二）推动北极理事会的氢议程与相关项目

在冰岛第一次担任北极理事会轮值主席国期间（2002~2004 年），冰岛就将氢经济议题引入北极理事会的讨论中。冰岛大使称：国际氢经济伙伴关系的许多活动与北极理事会相关。适应气候变化可能成为北极理事会成员国在未来几年面临的最重要挑战之一，人们无疑会更加关注使用能够减少二氧化碳排放的清洁能源，而氢气的使用是这方面的一种可能性。北极地区拥有发展氢气使用的重要资源，包括地热和淡水资源。此外，北极航线的生态环境需要改进运输技术和清洁燃料，如氢能。出于上述原因，北极理事会欢迎“氢经济国际伙伴关系”的讨论，这是朝着建立生态友好型能源解决方案的国际共识迈出的有希望的一步[①]。《北极理事会战略发展计划（2021~2030）》中，包括一项北极氢能应用和演示（AHEAD）项目[②]，该项目涉及多个北极理事会战略目标，通过名为“雪花”的北极站建设，[③] 为北极无碳化建筑和能源利用提供示范。但由于俄乌冲突，北极理事会相关合作陷入停滞，该项目进展暂无法查证，北极理事会也没有更新其他新能源合作项目。但在北欧各国纷纷更新可再生能源和氢能政策的趋势推动下，未来随着政治议题的缓和，氢能和相关项目有望继续得到北极理事会议程和战略层面的关注。

（三）通过能源关系区域化促进国际话语权

国际可再生能源署阐述了新兴氢能源技术和贸易可能带来的地缘政治影

① “Hydrogen Use and the Arctic,” https://www.government.is/news/article/2004/03/02/Hydrogen-use-and-the-Arctic/.

② “Arctic Hydrogen Energy Applications and Demonstrations (AHEAD),” https://arctic-council.org/projects/arctic-hydrogen-energy-applications-and-demonstrations-ahead/.

③ “The Snowflake International Arctic Station—A Hub for Energy Innovation and Cultural Exchange,” https://arctic-council.org/news/the-snowflake-international-arctic-station-a-hub-for-energy-innovation-and-cultural-exchange/.

响。氢不仅会改变能源基础设施和贸易流，它还需要新的规则、标准和治理方式，[①] 这些规则的制定可能成为地缘政治竞争或国际合作的舞台。通过技术标准定义通用规则不仅是一项技术活动，还有助于确定主导未来市场的技术并为掌握这些技术的参与者带来回报。标准本身旨在提高各种商品和服务的质量、安全性和互通性，但不一致的标准可能会分裂市场、激起监管竞争并导致设置贸易壁垒。[②] 对于氢及相关产品来说，虽然不同地区已经制订多种方案[③]，但全球性标准尚未建立。

北欧国家可再生能源政策大力推动的可再生电力和能源消费部门电气化，有助推动用能部门的耦合，而基于互联互通的电网建设，则促进了区域范围内的合作。北欧国家已经形成了相对统一的电力市场，与此同时，这些国家也在积极推进氢能产业的发展和国际合作。鉴于氢以及合成电燃料具有巨大的贸易潜力，如果北欧国家能抢占氢产业链的先机，一些国家在全球贸易和经济中的定位可能会有所提升。随着氢技术的成熟和氢贸易的开展，北欧国家未来可能会与欧盟共同建立一个区域性的氢联合市场。这种跨国界的电力和氢联合市场的形成，将增强北欧国家作为一个整体在相关国际组织和机制中的影响力，这种影响力将表现为国际可再生能源和氢能领域技术标准、贸易规则制定中的话语权。

六　结语

气候变化已构成全球性挑战，其中极地区域尤为敏感脆弱。海冰融化、

① Grinschgl Julian, Jacopo Maria Pepe, Kirsten Westphal, "Eine neue Wasserstoffwelt: Geotechnologische, geoökonomische und geopolitische Implikationen für Europa," https://www.econstor.eu/handle/10419/255831.

② "Geopolitics of the Energy Transformation: The Hydrogen Factor," https://www.irena.org/Publications/2022/Jan/Geopolitics-of-the-Energy-Transformation-Hydrogen.

③ 例如欧盟的 CertifHy（CERTIFHY，https://www.certifhy.eu/）及国际氢能经济和燃料电池伙伴计划（International Partnership for Hydrogen&Fuel Cells in the Economy，https://www.iphe.net/）等。

冻土退化、生态系统失衡，北极环境变化的影响已经超出该区域，对全球气候产生连锁反应。由于能源的生产和使用占温室气体排放的75%以上，从本质上讲，能源结构的转变是应对气候变化的关键。近年来不稳定的国际政治局势，尤其是俄乌冲突导致欧盟大幅度能源价格波动，也给北欧部分依赖化石燃料的能源体系带来了更多不确定性。

面对北极生态和能源危机，北欧国家不断更新国家自主贡献和国内立法，设定更高的减排目标，制定促进可再生能源发展的政策，以履行应对气候变化的国际责任并维护自身能源安全。加快能源转型对于长期能源安全、价格稳定和国家风险抵御能力至关重要，需要规划、政策、财政制度和能源部门的联动调整。北欧国家作为欧盟成员或通过其他方式，与欧盟在环境和能源领域产生政策协调，分担减排目标、共同执行欧盟可再生能源标准、共建区域标准和市场认证。同时，北欧国家的政策强调大力发展可再生电力及电网基础设施建设，同时积极推进交通、建筑、工业等部门的电力替代，实现用能部门耦合脱碳。此外，北欧国家也将氢能纳入关键技术路线图，规划氢能全价值链发展，以期在未来的氢贸易中取得先发优势和有利地位。

北欧国家可再生能源政策的持续部署，有助于北极地区碳排放强度的降低，减缓区域变暖速度。北欧国家在电动船舶等运输工具上的技术示范，也可引领北极航运业绿色转型。未来北欧国家可进一步发挥区域合作优势，并在北极理事会和其他国际机制中发挥引领作用，推动形成有利于北极地区可持续转型的规范和机制。

北极国别区域篇

Arctic Country and Region

B.11

美国全球战略视角下的拜登政府北极政策前景分析*

闫鑫淇　张佳佳**

摘　要： 美国北极政策从属于美国的总体对外决策，服务于美国的全球战略，是不同历史阶段美国全球战略的映射。2022 年 10 月 7 日，拜登政府出台《北极地区国家战略》报告，该战略文件凸显了拜登政府所秉持的重塑美国全球同盟体系，聚焦大国竞争时代的国家安全等外交理念。拜登政府北极战略的实施将有效弥补特朗普政府所导致的美国北极影响力损失，其秉持的进攻性北极安全战略无疑会对北极地缘政治产生深远影响。鉴于美国在北极地区领导力和影响力的回升，以及北极地区军事安全竞争加剧的可

* 本文为教育部人文社会科学研究青年项目“美国北极战略演变的逻辑及中国应对研究”(23YJCGJW010) 和中国博士后科学基金第 74 批面上资助项目“‘海洋命运共同体’理念下中国北极话语权构建研究”的阶段性成果。

** 闫鑫淇，青岛科技大学马克思主义学院讲师；张佳佳，中国海洋大学国际事务与公共管理学院讲师，中国海洋大学海洋发展研究院研究员。

能，中国需要对美国北极政策的实施保持高度关注，采取多元路径维护自身在北极地区的合法利益。

关键词： 美国北极政策　美国全球战略　拜登政府北极政策

一　全球战略视角下美国北极政策演变

二战结束以来，美国在全球范围内进行战略部署。特别是随着冷战的结束，美国成为世界唯一的超级大国，其全球影响力令其他国家难以望其项背。为维护自身全球利益，美国政府制定了相应的全球战略，并在此基础上制定相应的区域政策。

作为人类历史上第一个全面性、全球性的霸权国，① 美国在当今国际体系中处于无可争辩的霸权地位，维护美国的全球"领导地位"也成为冷战后历届美国政府的最高国家利益，是它们各自全球战略的最高目标。② 一般地讲，国家利益是指民族国家追求的主要好处、权利或受益点，反映这个国家全体国民及各种利益集团的需求与兴趣。③ 摩根索在1951年出版的《捍卫国家利益》一书中认为：国家的生存是国家利益之根本，国家的实力（尤其是工业和军事实力）是国家生存和发展的基础，无实力的国家必然在国际上受制于强国。④ 不同的历史发展阶段影响着国家对自身利益的定义，美国国家利益与全球利益的融合源于一战后的威尔逊时代。二战后伴随着盟国的巨大胜利，美国彻底放弃原有的孤立主义政策，通过主导建立联合国、国际货币基金组织、世界银行、北大西洋公约组织等国际政治、经济、军事组织，在

① 门洪华：《霸权之翼：美国国际制度战略》，北京大学出版社，2005，第291页。

② 王伟男、周建明：《"超越接触"：美国战略调整背景下的对华政策辨析》，《世界经济与政治》2013年第3期。

③ 王逸舟：《国家利益再思考》，《中国社会科学》2002年第2期。

④ 转引自王希《美国历史上的"国家利益"问题》，《美国研究》2003年第2期。

国际社会确立了美国的主导地位。毫无疑问，今日之美国已经成为继“罗马治下的和平”（Pax Romana）和“英国治下的和平”（Pax Britannica）之后的继承者，致力于建立一个单极世界，一个“美国治下的和平”（Pax Americana）秩序。[①] 苏联解体后，美国更是一跃成为全球唯一的超级大国，其无可匹敌的政治、军事、经济力量使美国在国际社会成功构建了自由主义霸权秩序，正式确立自身全球霸权地位。霸权地位的获得使美国的国家利益与维护美国全球领导地位密不可分，冷战后的历届美国政府都将维护美国的全球领导地位界定为美国的国家最高利益。在此基础上，美国政府于 1986 年出台了《戈德华特-尼古拉斯国防部调查法》（The Goldwater-Nechols Department of Defense Reorganization Act）》[②]，要求美国政府每年须向国会提交《国家安全战略报告》，制定相应的全球战略以维护美国的国家利益和自身的霸权地位。

美国通过制定全球战略来维护自身的全球领导地位。围绕着全球战略，美国制定了相应的区域政策和国别政策。作为美国总体对外政策的组成部分，美国区域政策直接服务于美国的全球战略，美国北极政策的制定目的就是服务于美国的全球战略、维护美国的全球领导地位。冷战时期，美国全球战略对国家安全利益的重视使具有军事战略价值的北极地区被关注。冷战后，美国国家利益不再局限于安全角度，这一时期北极在美国全球战略中的地位逐步下降。进入 21 世纪以来，全球气候变暖使北极的政治、经济局面快速转变，北极地区重新被美国所发现，北极再次被纳入美国全球战略。北极地区的自身发展是影响美国北极政策的内部推动力，而是否能切合并服务于美国的全球战略则是推动美国北极政策的决定性因素。

在奥巴马政府任期内，美国对北极地区展现了强有力的领导作用。通过领导气候治理、提升北极地区的战略地位、扩大北极国家之间的国际合作、

---

① 袁建军：《霸权、制度与冷战后美国全球战略选择》，《世界经济与政治论坛》2016 年第 1 期。

② http：//history. defense. gov/Portals/70/Documents/dod _reforms/Goldwater-NicholsDo DReordAct1986. pdf.

构建北极治理机制、参与相应的跨国行动，美国填补了北极地区的治理空白，成为引领北极治理的主导力量和领导者。① 奥巴马政府为其继任者在北极地区留下了宝贵的领导资源，然而特朗普政府的北极政策损害了美国在北极地区的领导力。北极地区在特朗普政府中并未扮演重要角色，也没有成为其外交政策的焦点，随着美国北极事务特别代表的取消，北极地区在特朗普政府中的战略地位日趋下降。特朗普政府的北极政策从地缘政治竞争的思维出发，体现了其对美国北极"领导地位"遭到削弱的战略忧虑，并试图通过重新定位北极的战略地位，加强与北极地区盟国的合作来牵制中俄两国在北极的发展，借以重塑美国在北极事务中的领导地位。② 奥巴马政府和特朗普政府的北极政策为拜登政府提供了战略参考。

二　拜登政府全球战略及其北极政策

（一）拜登政府的全球战略

冷战结束后，美国在国际社会中保持了绝对的领导地位，稳固的霸权秩序保证了美国的国家利益。然而近年来美国却面临着严峻的内外危机，作为世界霸主，美国的全球领导力面临挑战。自"阿拉伯之春"以来中东地区持续动荡不安，美国的中东政策并未取得理想效果，恐怖主义在全球的危害性日益增强，民众不满日益增加。特别是在2013年底乌克兰危机之后，美国的国际领导地位遭遇了冷战以来的空前挑战。③ 金融危机给美国经济的巨大打击迟迟难以彻底消除，经济全球化所造成的制造业流失、经济发展不平衡等问题使美国国内阶级矛盾尖锐，2011年美国爆发了声势浩大的"占领

---

① https：//www. cgai. ca/us_arctic_foreign_policy_in_the_era_of_president_trump_a_preliminary_assessment.

② 信强、张佳佳：《特朗普政府的北极"战略再定位"及其影响》，《复旦学报（社会科学版）》2021年第4期。

③ 刁大明：《特朗普政府对外决策的确定性与不确定性》，《外交评论（外交学院学报）》2017年第2期。

华尔街运动”正是美国国内矛盾爆发的具体表现。复杂难解的内外问题使美国在推动其全球战略、维护自身霸权上显得捉襟见肘。

2021 年 3 月拜登政府发表《过渡国家安全战略指南》，这是拜登政府发布的首份国家安全临时性纲领文件。2022 年 10 月，拜登政府发布正式的《国家安全战略报告》，较为完整地阐述了在新的历史条件下拜登政府对美国国家利益的界定和认知。总体而言，与 21 世纪的其他 4 份国家安全战略报告相比，拜登政府的全球战略既有对以往战略的延续也有对于前任政策的修订。归纳起来主要包括对全球同盟体系进行再造与重塑，修补特朗普政府因“美国优先”（America First）而导致的“美国独行”（America Alone）窘境；整合现有资源，优化全球军事战略部署，聚焦大国竞争时代的中、俄“威胁”；关注美国在全球和地区层面所面临的广泛挑战，对潜在威胁加以防范和制衡。首先，美国综合国力在全球格局中的相对下降使美国亟须加强自身在国际社会特别是在全球同盟体系中的影响力。客观来说，美国的国家实力一直呈现上升态势，无论是经济实力还是军事实力都处于其历史最高水平。然而，国际社会的复杂性使国家影响力不仅与国家自身客观实力相关，也与其相对实力息息相关。面对世界百年未有之大变局，以美国为代表的西方发达国家对全球政治力量的垄断正在被打破，全球多中心力量的崛起已经势不可挡。在这一背景下，美国相对实力的衰弱使其维护霸权的成本日益升高。与此同时，特朗普政府所推动的“美国优先”等措施使美国的国际影响力大大下降。美国自 20 世纪 90 年代以来所建立的“单极”远景正在受到巨大的挑战。对此拜登政府希望借助对全球同盟体系的再造与重塑，遏止美国影响力衰减的趋势，进而维护美国的霸权地位。其次，从特朗普政府开始，与中俄围绕军事为焦点进行大国竞争已经成为当前的美国国内政治共识。对此拜登政府希望通过对美国已有资源的整合进一步优化其全球军事力量，在新一轮的大国竞争中占据优势。最后，美国在全球范围内控制力减弱使美国面临着广泛威胁和挑战。这其中既有军事、政治、经济等传统安全领域，也有公共健康、反恐等非传统安全领域。美国在新冠疫情防控中的表现在很大程度上影响了其全球领导者角色的履行，也让人们对美国的全球治理能力打了一个问号。这些涉及全球和地区层面的传统与非传统安全挑战是拜登政府需要加以关注的另一个重点。

（二）拜登政府全球战略下的美国北极国家政策

2022 年 10 月 7 日，拜登政府发布了《北极地区国家战略》报告，对于美国北极国家安全和利益进行了再界定，规划了未来十年的北极议程，提出美国在北极地区的行动计划。[①]《北极地区国家战略》报告包含了“四大支柱”和五项原则。其中，四大支柱包括安全、气候变化与环境保护、可持续发展、国际合作与治理。五项原则包括与阿拉斯加原住民部落和社区进行咨询、协调和共同管理，深化与盟友和合作伙伴的关系，为长期投资制订计划，培育跨部门联盟和创新理念，联邦政府各部门与机构依据事实合力决策。[②]

1. 安全：提升美国在北极的拓展能力

维护美国在北极地区的安全始终是美国北极政策的基本理念之一，安全问题同样位列拜登政府北极战略四大支柱之首。2009 年时任美国总统小布什颁布的针对北极地区的《第 66 号国家安全总统指令》进一步强调了美国在北极地区的国家安全和国土安全利益，并将二者提升到同等重要的水平。[③] 2013 年奥巴马政府颁布的《北极地区国家战略》将“提升美国安全”作为其北极政策的首要政策目标。[④] 2017 年 8 月，时任美国总统特朗普在新闻发布会上说：“北极地区具有非常重要的战略和经济价值。”[⑤] 拜登政府在 2022 年的《国家安全战略报告》中已经就美国在北极地区的区域性安全措施进行规划。这

---

① “National Strategy for the Arctic Region,” https：//www. whitehouse. gov/wp-content/uploads/2022/10/National-Strategy-for-the-Arctic-Region. pdf.

② 赵宁宁：《拜登政府的北极战略及其实施前景探析》，《边界与海洋研究》2022 年第 6 期。

③ 孙凯、潘敏：《美国政府的北极观与北极事务决策体制研究》，《美国研究》2015 年第 5 期。

④ “National Strategy for the Arctic Region,” https：//obamawhitehouse. archives. gov/sites/default/files/docs/nat_arctic_strategy. pdf.

⑤ “Remarks by President Trump and President Niinistö of Finland in Joint Press Conference,” https：//trump whitehouse. archives. gov/briefings - statements/remarks - president - trump - president-niinisto-republic-finland. joint-press-conference/.

是美国首次在《国家安全战略报告》文件中谈及北极问题并规划具体措施。拜登政府《北极地区国家战略》报告指出美国将重点从北极勘探硬件设施、北极军事力量存在和北极军事合作三方面推进其在北极地区的发展和扩充的能力。

2. 气候：重视北极气候变化的综合影响及应对

自 1990 年国际气候变化谈判拉开帷幕至今，气候变化议题已牢牢地占据着当今国际政治议程的核心位置。特别是 2009 年哥本哈根气候大会以来，气候治理问题被全世界所关注，气候变化正在以前所未有的力度塑造 21 世纪的国际政治。[①] 奥巴马政府显然看到了气候问题对国际政治的巨大影响力。北极作为最受气候变化影响的地区之一，为奥巴马政府领导全球气候治理提供了机遇。与奥巴马政府对全球气候变暖的关注不同，特朗普认为气候问题就是一场骗局，[②] 自竞选起特朗普就旗帜鲜明地表达了对奥巴马气候政策的反对，上任之初就取消了奥巴马的气候行动计划（Climate Action Plan），[③] 2017 年 6 月特朗普宣布美国退出《巴黎协定》。[④] 同年，特朗普政府的《国家安全战略报告》不再认为气候变化是美国国家安全的威胁。特朗普并不关注气候政治，这使北极气候治理在特朗普北极政策中的地位大大下降，气候问题不再是美国北极政策的中心议题。拜登政府上台后修正了特朗普政府的诸多策略，其中重回北极气候问题就是重要内容之一。与此前奥巴马政府将北极气候问题归入美国全球气候治理战略相比，拜登政府更为关注北极气候变化对阿拉斯加社区与美国军事能力的挑战。拜登政府《北极地区国家战略》报告将北极气候变化纳入美国国防安全战略的重点关注事

---

① 张海滨：《气候变化正在塑造 21 世纪的国际政治》，《外交评论（外交学院学报）》2009 年第 6 期。

② Donald Trump, "The Concept of Global Warming Was Created by and for the Chinese in order to Make U.S. Manufacturing Non-competitive," https: //twitter.com/realdonaldtrump/status/265895292191248385?lang=fr.

③ "Trump's White House Vows to Kill Obama's Climate Action Plan [Video]," https: //www.yahoo.com/news/trumps-white-house-vows-to-kill-obamas-climate-action-plan-193903240.html.

④ Kevin Liptak, Jim Acosta, "Trump on Paris Accord: 'We're Getting Out'," https: //edition.cnn.com/2017/06/01/politics/trump-paris-climate-decision/index.html.

项，着眼于缓解其带来的安全威胁，试图通过多举措提升美军在北极区域的行动能力。

3. 经济：推动北极地区经济可持续发展

北极地区基础设施建设是美国北极战略的主要关注领域之一。奥巴马政府其实已经开始关注阿拉斯加州基础建设问题。特朗普政府虽然没有出台北极政策，但其所提出的“基础设施建设项目”与“能源优先计划”都与阿拉斯加州息息相关。2018 年 2 月特朗普政府正式出台基础设施建设项目，该项目计划利用 2000 亿美元联邦资金带动 1.5 万亿美元的美国基础设施建设项目。[①] 这一计划对美国北极地区的基础设施建设无疑是巨大的利好消息，美国联邦参议员丽萨·穆尔科斯基（Lisa Murkowski）称“她将确保在涉及农村地区的 500 亿美元款项中有阿拉斯加州的一席之地”。[②] 2018 年阿拉斯加州一条通往莱兹波克（Izembek）国家野生动物保护区的道路已经被批准建设，[③] 同时涉及阿拉斯加州基础设施建设再融资的新法案也已通过审核。[④] 此前，阿拉斯加州曾推出雄心勃勃的“北极战略运输和资源项目”（Arctic Strategic Transportation and Resource，ASTR），随着特朗普政府基础设施建设计划的展开，这一项目的推进有望获得成功。[⑤] 拜登政府一方面延续了特朗普政府对阿拉斯加州基础设施的建设，另一方面强调提升地区服务水平，提升对外合作与投资，保护阿拉斯加原住民的传统生活方式与传统文化，推动阿拉斯加经济的可持续发展。

---

① Lydia Depillts, “Trump Unveils Infrastructure Plan,” http://money.cnn.com/2018/02/11/news/economy/trump-infrastructure-plan-details/index.html.

② Liz Ruskin, “Trump Infrastructure Plan Has Rural Money, but Can Alaska Have Some?” https://www.alaskapublic.org/2018/02/12/trump-infrastructure-plan-has-rural-money-but-can-alaska-have-some.

③ Erica Martinson, “Interior Secretary Promises Action on Rural Alaska Issues,” https://www.adn.com/politics/2018/03/13/interior-secretary-promises-action-on-rural-alaska-issues/.

④ Joe Brady, “New Bill Would Reinstate Advance Refunding Bonds for Infrastructure,” https://www.infrastructurereportcard.org/new-bill-would-reinstate-advance-refunding-bonds-for-infrastructure/.

⑤ Elizabeth Harball, “Alaska Hatches Plan for Vast Road Network across the Arctic,” https://www.alaskapublic.org/2017/09/07/alaska-hatches-plan-for-vast-road-network-across-the-arctic/.

4. 合作：强调国际合作，采用“全政府”方式合力应对北极挑战

在奥巴马政府任期内，美国对北极地区展现了强有力的领导作用。通过领导气候治理、提升北极地区的战略地位、扩大北极国家之间的国际合作、构建北极治理机制、参与相应的跨国行动，美国填补了北极地区的治理空白，成为引领北极治理的主导力量和领导者。[①] 奥巴马政府为其继任者在北极地区留下了宝贵的领导资源。然而，特朗普政府的“美国优先”全球战略让世界各国对美国心怀不安，加之美国在北极地区的战略收缩，北极地区地缘政治和区域秩序可能面临变迁。特朗普政府反建制的行事作风加剧了北极地区对美国北极政策的猜测和疑虑，北极地区多边合作协商机制面临信任风险。拜登政府推出的《北极地区国家战略》报告力图恢复美国在北极地区的影响力，通过“全政府”方式合力应对北极地区所面临的威胁与挑战，强调构建北极同盟体系，维持该地区现有的多边合作机制与法律体系，同时对发展新的北极多双边合作关系持开放态度。

三　拜登政府北极政策的实施及其影响

（一）美国北极政策总体从扩张转向适度收缩

拜登政府《北极地区国家战略》报告的出台将有力弥补特朗普政府造成的“北极空白”，恢复奥巴马政府的“北极版图”。但在此基础上拜登政府北极政策总体上依然呈现适度收缩的趋势，其在北极事务中的多头并进方针逐步转移为以“军事安全”为核心。21 世纪的第一个 10 年，美国在经历了高歌猛进的国际扩张后不得不面临自身国际实力相对下降的现状。奥巴马推行美国北极外交政策最大的挑战就是维持霸权地位的高昂成本与美国实力

① https://www.cgai.ca/us_arctic_foreign_policy_in_the_era_of_president_trump_a_preliminary_assessment.

相对下降之间的巨大落差。[①] 面对这一困境，奥巴马政府试图通过在非核心地带的战略收缩来减轻美国的压力。美国需要通过“克制”和“收缩”来确保美国全球领导地位，实现全球战略。[②] 但对边缘地区的放弃并不包括北极地区，恰恰相反，奥巴马政府将北极地区看作美国的特殊利益区，[③] 并积极推动美国在北极地区的战略扩张。与奥巴马政府不同，特朗普政府从威尔逊主义转向杰克逊主义，对全球秩序持反建制思想。特朗普不再认为构建国际秩序有利于美国利益，相反他认为美国在维持和构建国际秩序上得不偿失，现存的国际秩序恰恰桎梏了美国霸权的发挥。在此基础上特朗普对北极地区的区域秩序构建兴致不高，缺乏引领北极治理机制构建的动力。对于世界格局的认知极大地影响了美国参与北极治理，2017 年 8 月时任美国国务卿蒂勒森取消了美国北极事务特别代表一职。北极事务特别代表是美国参与北极治理、体现自身软实力的重要工具。北极事务特别代表帮助决策者和行政部门建立对话渠道，以提高处理北极地区复杂问题的决策效率。[④] 美国外交学会认为，北极事务特别代表的任命应该“只针对最高优先级”。[⑤]

随着拜登政府《北极地区国家战略》报告的出台，美国在北极地区受损的领导力有所回升，美国似乎正在重返北极。然而，深入分析拜登政府北极政策就会发现，当前拜登政府北极政策与强调“战略扩张”的奥巴马政府北极政策依然存在一定区别。一方面，拜登政府力图弥补特朗普政府“放弃北极”所造成的恶劣影响，恢复美国在北极地区的影响力和领导力；

---

① 倪峰：《变轨、脱轨、延续——从美国对外战略的轨迹看特朗普新版〈美国国家安全战略〉报告的三个特点》，《国际关系研究》2018 年第 1 期。

② G. Rose, “What Obama Gets Right Keep Calm and Carry the Liberal Order On,” *Foreign Affairs*, 2015, 94 (5): 2-12.

③ https://www.cgai.ca/us_arctic_foreign_policy_in_the_era_of_president_trump_a_preliminary_assessment.

④ John K. Naland, “U.S. Special Envoys: A Flexible Tool,” https://www.usip.org/sites/default/files/resources/PB102.pdf.

⑤ American Academy of Diplomacy, “American Diplomacy at Risk,” https://www.academyofdiplomacy.org/wp-content/uploads/2016/01/ADAR_Full_Report_4.1.15.pdf.

另一方面，在收回已有“北极影响力”版图的基础上拜登政府并没有选择积极的扩张政策。拜登政府选择将北极政策聚焦在北极安全领域上。在《北极地区国家战略》报告所列举的“四大支柱”中，除作为首要支柱的安全外，在其他三个主要领域也体现了与军事安全的联系。“美国将投资和加强美国对北极地区海洋和天空的全面观测、通信、数据和分析能力；加强美国在北极地区的军事力量部署、军事设施建设和各种军事训练的运行，显示美国力量在北极的存在；加强与美国盟国和伙伴的合作以及应对突发事件的能力，共享共同应对安全挑战的方法。”①

（二）美国在北极地区的领导力和影响力有所回升

拜登政府《北极地区国家战略》报告的出台及实施所产生的最立竿见影的效果是恢复和提升美国在北极地区的领导力和影响力。在奥巴马政府时期，美国对北极地区展现了强有力的领导作用。奥巴马政府为其继任者在北极地区留下了宝贵的领导资源，然而北极地区在特朗普政府中并未扮演重要角色，也没有成为其外交政策的焦点，随着美国北极事务特别代表的取消，北极地区在特朗普政府中的战略地位日趋下降。比起成为北极地区积极的秩序推动者和维护者，特朗普政府更愿意做沉默的食利者。随着特朗普政府“美国优先”全球战略的出台，北极“特殊利益区”地位将不复存在，美国北极利益内涵被进一步收窄。与此同时，特朗普反建制派的行事作风进一步伤害了美国在北极治理中的领导力和影响力。例如，2016 年 12 月，奥巴马和加拿大总理特鲁多在《美加领导人北极联合声明》（United States-Canada Joint Arctic Leaders' Statement）中宣布加强两国在北极地区的合作，同时宣布两国将在北极地区永久停止石油开发。② 随后，特鲁多政府开始执行这一声明，如停止加拿大北极地区的近海石油和天然气开发，并对替代柴油的新

---

① 赵宁宁：《拜登政府的北极战略及其实施前景探析》，《边界与海洋研究》2022 年第 6 期。

② “United States-Canada Joint Arctic Leaders' Statement,” https://obamawhitehouse.archives.gov/the-press-office/2016/12/20/united-states-canada-joint-arctic-leaders-statement.

能源进行投资等。[①] 然而，2018 年特朗普废除了奥巴马的北极石油禁令，恢复了北极石油开发。[②] 这一行为无疑为北极地区未来的多边合作蒙上了阴影。特朗普政府“放弃北极”的行动严重损害了美国在北极地区的领导力。拜登政府上台后致力于消减特朗普政府放弃北极所带来的负面影响，恢复美国在北极地区的领导力和影响力。2022 年 9 月美国国防部宣布成立北极战略与全球复原力办公室，10 月拜登政府出台《北极地区国家战略》报告，2023 年 2 月 16 日拜登颁布总统令任命迈克尔·斯弗拉加（Michael Sfraga）为美国首位北极大使，2023 年 6 月美国国务卿布林肯出席在挪威奥斯陆举办的北约外长会议。布林肯宣布美国将在挪威的北极城市特罗姆瑟开设外交站点，该站点将成为美国在全球最北的外交驻扎点。拜登政府对北极事务的回归正在快速弥补美国在这一地区的权力真空，与特朗普时代相比，美国在北极地区的领导力和影响力有较大提升。

（三）大国竞争回归，北极地区军事安全竞争加剧

军事安全始终是美国最为关注的北极议题之一。2013 年奥巴马政府出台的首份美国北极政策中就谈到了北极对于美国的安全价值。然而值得注意的是，奥巴马政府的北极安全政策主要展现的是防御性政策，并没有体现太多的进攻性。2016 年随着特朗普的上台，美国政府对美国的全球安全格局有了巨大的认知调整。特朗普政府在《国家安全战略报告》中将美国所面临的威胁归为：俄罗斯和中国作为“修正主义国家”正在挑战美国的全球主导地位、地区独裁者造成的区域动荡、恐怖主义和跨国犯罪带来的安全威胁。[③]《国家

---

① See Indigenous and Northern Affairs Canada (Dec. 20, 2017), “FAQs on Actions Being Taken under the Canada - U.S. Joint Arctic Statement,” https://rcaanc - cirnac.gc.ca/eng/1482262705012/1594738557219.

② Ben Lefebvre, “Trump Presses for Arctic Offshore Oil Opening,” https://www.politico.com/story/2017/04/27/trump-arctic-oil-offshore-237722.

③ “President Donald J. Trump Announces a National Security Strategy to Advance America's Interests,” https://trumpwhitehouse.archives.gov/briefings - statements/president - donald - j - trump-announces-national-security-strategy-advance-americas-interests/.

安全战略报告》明确指出，“历史的一条主线是对权力的竞争”，“大国竞争不再是上世纪的现象，而是已经回归”，“不同的世界观之间开展地缘政治竞争”。[①]《国家安全战略报告》处处透露出的“中俄威胁论”，俨然表明美国已经将中国与俄罗斯放在了美国的对立面上，美国将与中俄展开全球层面的竞争。2020 年拜登政府上台，2022 年俄乌冲突爆发，“黑天鹅”事件的爆发使北极地缘政治环境发生了剧烈的变化。对于军事安全的关注成为拜登政府北极政策的最鲜明特征，拜登政府所关注的北极四大议题均与美国在北极的军事实力密切相关。事实上，近期美国在北极地区的诸多行动也进一步印证了拜登政府对北极军事问题的进攻性方针。2023 年 6 月美国“福特”号航母前往北极地区参加“北极挑战-2023”联合军事演习。拜登政府在北极地区采取的进攻性军事战略无疑将进一步加剧北极地区的军事竞争烈度，为本就在大国竞争中动荡起伏的国际关系蒙上了一层阴影。

（四）北极理事会或遭冷落，北极国际合作前途难料

北极理事会自成立之初就被定义为“北极域内国家、原住民以及其他居民就共同关注的问题进行加强合作、协商和沟通的政府间高级论坛”，虽然北极理事会通过了部分“硬法”[②]，但目前它依然缺乏成为北极地区核心治理机制的能力。长久以来美国并不支持将涉及北极地区的安全、渔业等核心议题纳入北极理事会，美国前北极事务特别代表罗伯特·帕普指出：“美国政府始终支持使（北极）理事会成为北极国家与原住民就共同关心的话题进行协商的主要论坛，但并未将（北极）理事会视为北极治理的核心机构。”[③] 特朗普政府的《国家安全战略报告》中明确表示：我们将在多边机制中（同其他国家）展开竞争并实现领导，以捍卫美国的利益和原则。具体做法是“美国将优先致力于维护和改革那些能够服务美国利益的国际机

---

① 沈雅梅：《特朗普“美国优先”的诉求与制约》，《国际问题研究》2018 年第 2 期。

② 2011 年北极理事会出台《北极海空搜救合作协定》、2013 年出台《北极海洋石油污染预防和应对合作协议》、2017 年出台《加强北极国际科学合作协定》。

③ 董利民：《北极理事会改革困境及领域化治理方案》，《中国海洋法学评论》2017 年第2 期。

制，以确保它们能够得到有效加强，并能支持美国及其盟友和伙伴”，同时“美国绝不会向那些声称要将自己的权威凌驾于美国公民之上，以及那些与我们的宪法架构相冲突的国际组织和国际制度让渡我们的主权”。[①] 北极理事会在北极治理中的边缘化使特朗普政府无意推动它的改革和发展。相较北极理事会，特朗普政府可能更倾向于奥巴马政府时期所主导构建的“北极海岸警卫队论坛”“北极全球领导力大会”“北极科学部长级会议”等北极合作机制，北极理事会或受冷落。此外，随着特朗普政府对北极经济议题的重视，此前受到冷落的北极经济理事会可能有机会再度进入公众视野，发挥自身在北极经贸合作上的优势。拜登政府上台后不久，俄乌冲突爆发，极大地改变了北极地缘政治。拜登政府明确表示俄乌冲突使美俄两国在北极地区的合作几乎成为不可能。俄罗斯是北极地区最为重要的地缘国家之一，历史上即使在美苏双边关系紧张的大局势下双方也维持了在北极地区的和平与稳定，而俄乌冲突的爆发打破了这一平衡。2022 年 3 月 3 日，在排除俄罗斯的情况下，北极七国发表联合声明，声称将不参加在俄罗斯举办的北极理事会会议，并无限期暂停北极理事会所有工作。2022 年 6 月，北极七国宣布重启北极理事会部分工作。作为北极理事会的创始国之一，俄罗斯是北极理事会的核心成员。美国为孤立俄罗斯有可能进一步冷落北极理事会，进而寻求新的双边或多边北极区域合作机制。当前美国在北极国际合作中孤立俄罗斯及另起炉灶的行动无疑让本就风雨飘摇的北极治理合作机制走入更为难测的未来。

四　结语

作为当今全球唯一的超级大国，美国区域政策始终服务于其全球战略。二战结束以来，美国全球战略的核心目的在于维护自身的全球领导地位，因此美国区域政策的根本方针也是更好地维护美国全球霸权地位。进入 21 世

① 刘畅：《特朗普〈国家安全战略报告〉评析》，《和平与发展》2018 年第 1 期。

纪以来，美国开始关注到北极地区在全球战略中的重要性，基于其全球战略诉求制定属于美国自己的北极政策。2022 年拜登政府出台了美国历史上第二份《北极地区国家战略》报告，这一北极战略被认为是对奥巴马政府北极政策的继承。通过分析拜登政府全球战略，笔者认为拜登政府所出台的北极政策一方面确实是奥巴马政府北极政策的继承和延续。其目的是恢复特朗普时代“放弃北极”所带来的美国北极影响力、领导力严重下滑的现状。另一方面，拜登政府的北极政策与奥巴马政府的北极政策依然存在很大的不同。例如，奥巴马政府北极政策整体呈现积极进取的态势，但在军事安全上呈现防御保守姿态。与之相反，拜登政府将军事安全作为北极政策的核心关注点，它的北极安全战略呈现明显的攻击性。奥巴马政府与拜登政府对北极安全政策定位的不同与其自身的全球战略有密切的关系。在奥巴马第二个总统任期内美国全球战略虽然呈现收缩态势，但这种收缩是局部的，是对全球力量的重新布局。在这一大环境下，北极地区作为美国新的力量集中区受到了前所未有的重视，而奥巴马政府对全球议题的关注和对军事力量的审慎使用使其积极的北极参与政策在军事安全上呈现保守防御的特性。拜登政府上台伊始就面临着美国全球领导地位受到严重挑战的现状，这是在美国历史上前所未有的。对此，拜登政府需要采取更为积极的政策应对美国的全球战略挑战危机，因此拜登政府将军事安全作为美国北极政策的首要关注点。此外，俄乌冲突的爆发极大地改变了北极地区的地缘环境，原有的北极治理机制面临停摆。美国已改变与俄罗斯在北极地区的合作默契，联合其他北极国家对俄罗斯加以孤立和排斥，力图在北极地区建立新的围绕美国运转的国际合作机制。上述行为无疑都在为北极治理的未来增添不确定性。中国作为北极事务的重要利益攸关方，需要对美国北极政策保持高度关注。

B.12

格陵兰参与北极双边合作新进展*

王金鹏　孙小涵**

摘　要： 作为地处北大西洋与北冰洋交接处的世界第一大岛，格陵兰因独特的地理位置和丰富的自然资源具有重要的战略价值。2022 年，格陵兰仍努力保持与其他国家各领域的双边合作，主要集中在经济和科研领域。在经济领域，格陵兰与冰岛签订了合作宣言并将经济确定为优先领域，与英国开启了两地自由贸易协定的谈判，还成功获得了美国图勒空军基地维护合同的控制权。在科研领域，格陵兰与冰岛通过签署谅解备忘录建立了新的研究伙伴关系，还同瑞士合作开展应对气候变化影响的研究，奥地利在东格陵兰的新研究站也已建成。而格陵兰参与北极双边合作取得新进展，主要受格陵兰丰富的自然资源、其自身谋求经济的发展等内在动因，以及气候变化影响、复杂国际形势的挑战等外在动因的推动。此前，中国与格陵兰在矿产资源开发、基础设施建设以及科研等领域已有一定的合作基础，未来仍可以进一步加强经济与科研相关的双边合作。

关键词： 格陵兰　经济合作　科研合作

* 本文系国家社科基金重大研究专项（项目编号：20VHQ001）的阶段性成果。

** 王金鹏，中国海洋大学法学院副教授、硕士生导师，海洋发展研究院研究员；孙小涵，中国海洋大学法学院国际法专业硕士研究生。

一 格陵兰参与北极双边合作概况

自工业革命以来，人类的不当活动导致全球气候逐渐变暖，气候变化已然成为国际社会共同面临的一个严峻问题。由于海冰急剧消融导致更大面积的海水可以吸收和储存更多太阳辐射、云和水汽的增加使大气的保温效应增强，以及不断通过大气和海洋环流向北极输送温暖的空气和海水等原因，北极地区受气候变化的影响更为显著。[①] 根据美国国家海洋和大气管理局 2022 年北极调查报告，北极的变暖速度是全球其他地区的两倍多，一年中的某些地方和时间的变暖幅度更大。[②] 而随着北极地区的变暖，极地冰盖、海冰盖和冰川融化，大气中的水分增加，又会对全球的大气、海洋系统造成持续显著的影响。因而，应对气候变化一直是北极治理与北极合作的重要领域。

在北极各国讨论北极事务的高层次论坛北极理事会的框架下，北极八国在北极科学研究、应对气候变化、可持续发展等方面进行了合作。但是 2022 年初俄乌冲突的发生对北极国家的合作造成了冲击。自 2021 年 5 月 20 日起，北极理事会轮值主席国由俄罗斯担任，除俄罗斯之外的其他北极七国均因不满俄罗斯对乌克兰所采取的行动而拒绝赴俄参会，并暂停参加北极理事会及其附属机构的所有会议。北极理事会一度陷入停滞状态。而北极合作面临瓶颈不仅仅体现为北极理事会的停摆。芬兰发布的一份报告还指出，俄罗斯研究所将不再参与欧盟的研究计划且欧盟几乎所有与俄罗斯的学术合作都已停止，北极研究将存在无法弥补的空白；[③] 此外，部分国家还对俄罗斯实施经济制裁或者非正式抵制。因而，北极经济与科研合作也明显

---

① 武丰民、李文铠、李伟：《北极放大效应原因的研究进展》，《地球科学进展》2019 年第 3 期。

② “Arctic Report Card：Update for 2022，” https：//www. arctic. noaa. gov/Report-Card/Report-Card-2022.

③ “No Return to Pre-war Reality When It Comes to Arctic Cooperation, Says Finnish Report，” https：//thebarentsobserver. com/en/2022/10/no-return-pre-war-reality-when-it-comes-arctic-cooperation-says-finnish-report.

受到了影响。

在这一背景下，北极双边合作的进展更显重要。作为地处北大西洋与北冰洋交接处的世界第一大岛，格陵兰因独特的地理位置和丰富的自然资源具有重要的战略价值。此外，由于格陵兰冰盖是全球气候的重要调控因素，冰盖的融化不仅会导致全球范围内沿海国家的海岸侵蚀、淡水资源被海水淹没以及洪水发生频率增加,[①] 还会改变全球热量分布的格局,[②] 格陵兰在全球气候变化治理的过程中有着至关重要的作用。基于这些原因，格陵兰已成为各方关注和开展合作的重点对象，由于格陵兰一直寻求经济的独立发展以及避免复杂国际形势变化的影响，其自身也对国际合作存在需求。2022 年，格陵兰与多个国家展开了涉及北极的合作，包括冰岛、瑞士、奥地利、美国等（见表 1）。通过签署合作协议、进行协定谈判以及开展合作项目等方式，格陵兰与各国在贸易、渔业、气候变化和生物多样性、教育和研究、文化等多个领域达成了更为紧密的合作。但总体来看，2022 年格陵兰参与的北极双边合作主要集中于经济和科研领域。

表 1　2022 年格陵兰双边合作新进展概况

合作主体	合作进展	合作领域
格陵兰—冰岛	2022 年 5 月，格陵兰研究理事会和冰岛研究中心签署《谅解备忘录》	科研合作
	2022 年 10 月，格陵兰总理和冰岛总理签署《关于格陵兰与冰岛未来合作的合作宣言》	经济合作等
格陵兰—英国	2022 年 1 月，英国与格陵兰的自由贸易协定开始谈判	经济合作
格陵兰—美国	2022 年 5 月，美国计划对格陵兰岛北部图勒空军基地投资；2022 年 12 月，美国空军部与格陵兰公司签订图勒空军基地新的维护合同	经济合作

① "Arctic Report Card: Update for 2022," https://www.arctic.noaa.gov/Report-Card/Report-Card-2022.

② 阮若梅：《格陵兰冰盖质量变化的特征与机制初探》，《气候变化研究快报》2019 年第 4 期。

续表

合作主体	合作进展	合作领域
格陵兰—瑞士	2022年2月开始,瑞士极地研究所(SPI)陆续启动与格陵兰研究理事会(NIS)的合作	科研合作
格陵兰—奥地利	2022年秋季,奥地利在格陵兰岛东部的新的永久性极地研究站建成,格拉茨大学和哥本哈根大学对该研究站拥有共同使用权	科研合作

二 2022年格陵兰参与北极双边经济合作的情况

在北极合作陷入困局的背景下，格陵兰仍积极保持与北极国家和地区的合作，在经济方面尤其如此。2022 年格陵兰在经济领域进行的双边合作主要有以下几个值得关注的进展。

（一）格陵兰与冰岛签署合作协议将经济合作确定为优先领域

作为地处重要战略位置的北极国家和地区，冰岛和格陵兰都无疑是北极各国关注的焦点。传统上，二者之间一直维持着和谐稳定的合作关系，所涉及的领域也非常广泛，包括渔业、旅游、商业、气候等。2019 年，冰岛外交部部长就曾任命一个由三人组成的格陵兰委员会，要求该委员会就如何加强格陵兰与冰岛之间的合作提出建议，并分析双边关系。[①] 此后，2021 年，双方签署了初步的关于加强合作的联合声明，并决定就包括自由贸易在内的全面合作安排双边会谈开展联合可行性研究，以便之后确定可以深化合作的领域。[②] 2022 年，双方进一步达成了一系列更为紧密合作的意向，并正式确

① Trine Jonassen, "Greenland Wants to Take the Lead: 'We Have to Pick the Right Friends'," https://www.highnorthnews.com/en/greenland-wants-take-lead-we-have-pick-right-friends.

② "Signing of a Joint Declaration on Increased Co-operation between Iceland and Greenland," https://www.government.is/news/article/2021/09/23/Signing-of-a-joint-declaration-on-increased-co-operation-between-Iceland-and-Greenland/.

定了合作领域。

2022 年 5 月，冰岛总理访问了格陵兰，与格陵兰总理就冰岛与格陵兰开展合作进行初步的意见交换，并讨论了经济、环境、教育等诸多领域的合作事项。[①] 在经济领域，双方认为：自由贸易协定无疑是自然资源较为丰富的格陵兰与经济实力较强的冰岛之间的优先事项。由于冰岛是格陵兰非常重要的贸易伙伴，在过去 5 年中，双方贸易值增长了约 67%。特别是在渔业部门，作为冰岛国内生产总值的重要组成部分，多年来一直处于增长态势。2022 年上半年，冰岛海产品出口额为 1700 亿冰岛克朗（约合 12.4 亿美元），按美元计算同比增长 18%，创 10 年来新高。[②] 而在格陵兰，渔业也是最重要的产业之一，而且仍然是经济增长最重要的驱动力。[③] 因而，自由贸易协定是双方都希望达成的共赢局面。

2022 年 10 月，在经历了前期访问、洽谈等准备工作后，冰岛总理与格陵兰总理以签署合作协议的方式确定了未来合作的优先领域，包括贸易、渔业、经济合作、气候变化和生物多样性、性别平等、教育和研究、文化合作。[④] 该合作协议成为双方双边合作的总体框架。此后，格陵兰总理和冰岛总理将每隔一年轮流在努克和雷克雅未克举行会议，并审查为上述每个优先领域制定的实施方案。在经济合作方面，格陵兰和冰岛认为，双方在渔业等蓝色经济以及农业方面的合作有巨大的机会，在可再生能源和气候智能型解决方案、可持续旅游、航空以及建筑业方面也是如此。

最值得说明的是可持续旅游这一领域。由于冰岛与格陵兰优美的自然环境以及独特的风土人情，二者都比较依赖旅游业。但相较于格陵兰，冰岛在

① Michael Wenger, "Greenland and Iceland Seek Closer Cooperation," https://polarjournal.ch/en/2022/05/23/greenland-and-iceland-seek-closer-cooperation/.

② 《冰岛今年前六个月海产品出口额创十年来新高》，中国商务部网站，http://is.mofcom.gov.cn/article/jmxw/202207/20220703336184.shtml。

③ "Greenland: The World's Largest Island," https://denmark.dk/people-and-culture/greenland.

④ "Declaration on Future Cooperation between Greenland and Iceland," https://www.government.is/news/article/2022/10/13/Declaration-on-Future-Cooperation-between-Greenland-and-Iceland/.

这一方面有着更为丰富的经验。据统计，冰岛每年的游客总数量通常是冰岛本国人口数量的5倍以上，旅游业直接贡献了冰岛GDP的9%左右,[①] 旅游业甚至已经超过了传统渔业，成为冰岛的第一大产业。[②] 而格陵兰的旅游业并不是很发达，在2019年之前，其每年通过旅游赚取约6700万美元，不及其GDP的3%。[③] 因而加强旅游业的相关合作可以使格陵兰获益更多。2022年9月，冰岛航空公司与格陵兰航空公司签署了一份意向书，以加强二者之间航空网络方面的战略合作。[④] 在达成合作意向后，冰岛航空公司将飞往格陵兰岛的航班从雷克雅未克国内机场改为雷克雅未克凯夫拉维克国际机场，冰岛航空公司表示，这样可以更好地将格陵兰航空公司在格陵兰岛的航线网络与冰岛航线网络以及冰岛航空公司在欧洲和北美的航线网络连接起来。[⑤] 格陵兰航空公司首席执行官雅各布·尼特·索伦森也表示，与冰岛航空公司的合作将“对格陵兰具有战略利益，因为与冰岛航空众多国际航线的连接将为格陵兰创造更好的可达性，并为商务和休闲旅客到达格陵兰岛提供更便捷的机会”[⑥]。通过合作改善冰岛与格陵兰之间航线的连通性将无疑有助于提振格陵兰经济。

---

① “Icelandair and Air Greenland to Increase Network Cooperation; More Work Needed?” https://centreforaviation.com/analysis/reports/icelandair-and-air-greenland-to-increase-network-cooperation-more-work-needed-623393.

② 刘小芳：《“一带一路”背景下的中国-冰岛旅游经济合作研究》，《中国集体经济》2020年第23期。

③ “Icelandair and Air Greenland to Increase Network Cooperation; More Work Needed?” https://centreforaviation.com/analysis/reports/icelandair-and-air-greenland-to-increase-network-cooperation-more-work-needed-623393.

④ “Icelandair and Air Greenland to Increase Network Cooperation; More Work Needed?,” https://centreforaviation.com/analysis/reports/icelandair-and-air-greenland-to-increase-network-cooperation-more-work-needed-623393.

⑤ “Air Greenland Set to Ink Icelandair Strategic Partnership,” https://www.ch-aviation.com/portal/news/119764-air-greenland-set-to-ink-icelandair-strategic-partnership.

⑥ Aaron Karp, “Air Greenland, Icelandair to Cooperate on Network Connectivity,” https://aviationweek.com/air-transport/airports-networks/air-greenland-icelandair-cooperate-network-connectivity.

（二）英国与格陵兰开始自由贸易协定的谈判

对英国来说，北极是一个日益重要的地缘政治区域，而格陵兰是英国确保该地区安全、稳定和可持续发展的关键合作伙伴。[①] 英国脱欧前，格陵兰一直与欧盟之间保持着良好的外交合作关系。英国脱欧后，英国和格陵兰仍试图延续和保持合作。此外，英国脱欧时曾设定了一个目标，即2022年底之前与涵盖英国贸易额80%的国家和地区达成自由贸易协定。格陵兰自然也是英国试图与之签订自由贸易协定的对象。

2022年1月，英国与格陵兰的自由贸易协定开始谈判。谈判首先旨在降低或取消海产品关税。从2022年数据来看，英国从格陵兰的进口额为8781万美元，其中，肉类、鱼类、海鲜制品进口额为5285万美元，占比约60%。[②] 鱼类、甲壳类、软体动物、水生无脊椎动物进口额为3429万美元，占比为39%。[③] 可以看出，格陵兰鱼类以及鱼类制品金额在英国的进口额中占相当一部分比重。其次，由于格陵兰还是世界上最大的冷水虾供应地，自由贸易协定的谈判将有助于确保英国对消费者和酒店行业提供产品供应的稳定性和弹性。[④]

此外，2022年关于自由贸易协定的谈判还为英国与格陵兰之间建立对话提供了机会。通过这一平台，首先，英国与格陵兰将扩大在气候变化、科学和研究以及可能的关键矿物供应等优先事项上的合作。其次，这些谈判将确保英国公司从格陵兰进口的产品能够免纳关税，有助于支持苏格兰、英格兰东北部和西北部的加工业。最后，自由贸易协定的谈判还会为解决英国企

---

① "UK-Greenland Free Trade Agreement Negotiations," https://hansard.parliament.uk/Commons/2022-01-27/debates/22012735000013/UK-GreenlandFreeTradeAgreementNegotiations.

② "United Kingdom Imports from Greenland," https://tradingeconomics.com/united-kingdom/imports/greenland.

③ "United Kingdom Imports from Greenland," https://tradingeconomics.com/united-kingdom/imports/greenland.

④ "UK-Greenland Free Trade Agreement Negotiations," https://hansard.parliament.uk/Commons/2022-01-27/debates/22012735000013/UK-GreenlandFreeTradeAgreementNegotiations.

业在格陵兰的市场准入障碍奠定基础，包括放宽专业的商业服务、贸易，促进外来投资，以及就相互承认和双重征税安排达成一致，为希望在整个北极地区扩展业务的英国出口商和投资者释放潜在的重大新机遇铺平道路。[①] 综合来看，如果自由贸易协定达成，该协定将提供一个平台，推动英国与格陵兰在科学、技术、气候变化和发展等优先事项上的合作。

（三）美国与格陵兰公司签订图勒空军基地新合同

鉴于格陵兰突出的战略地位，美国一直以来与其保持密切联系。在冷战结束之后，美国对格陵兰的关注度有所下降。近些年来，随着北极地区地位重要性的增加，美国再度将格陵兰作为其北极政策的重心所在并与之开展全方位的合作。其中值得注意的是图勒空军基地的控制权问题。

图勒空军基地是美国空军最北端的基地。其地理位置刚好在莫斯科和纽约的战略中间点上。如果在该基地部署雷达，其覆盖范围将非常广泛，可以对北冰洋和俄罗斯北部海岸地区的军事动向进行追踪。[②] 可以说，该基地在美国军方探测弹道导弹袭击并提供早期预警的能力中发挥着关键作用。

历史上，该基地的维护合同一直属于一家丹麦-格陵兰的公司。但在2014 年，格陵兰图勒空军基地的新维护合同交给了美国公司 Vectrus Services。这代表了丹麦和美国之间长期协议的重大变化。此外，该空军基地的维修、建造和食堂业务服务合同是格陵兰财政的重要收入来源，为格陵兰提供了大约 2 亿丹麦克朗（3000 万美元）的收入。其中，劳动税约占税收收入的 10%，[③] 因此，维护合同的转移对格陵兰的国民经济产生了严重的经济后果。围绕基地合同进行重新谈判成为格陵兰的重要任务。2020 年 10 月，格陵兰、丹麦和美国围绕图勒空军基地达成了一项新的框架协议。该协

---

① “UK-Greenland Free Trade Agreement Negotiations,” https://hansard.parliament.uk/Commons/2022-01-27/debates/22012735000013/UK-GreenlandFreeTradeAgreementNegotiations.

② 顾虹飞：《格陵兰岛的前世今生》，《世界知识》2019 年第 18 期。

③ Malte Humpert, “Greenland and U.S. Agree on Improved Cooperation at Thule Air Base,” https://www.highnorthnews.com/en/greenland-and-us-agree-improved-cooperation-thule-air-base.

议承诺会在未来将维护合同归还给格陵兰的公司。2022 年 12 月，美国空军部与格陵兰公司签订图勒空军基地的新维护合同，以履行将合同归还给格陵兰公司的 2020 年框架协议，解决了双方长期以来的合同纠纷问题。①

目前，新的维护合同掌握在一家新成立的公司 Inuksuk A/S 手中。该公司 51%的股份由格陵兰/丹麦拥有，而 49%的股份依然由美国公司 Vectrus Services 拥有。新合同预计将以税收的形式对格陵兰产生重大经济影响，并让更多的格陵兰工人、学徒和实习生参与基地的维护工作。此外，最高金额可达 39.5 亿美元的资金可被用于基地的运营和维护服务，包括机场运营、土木工程、环境管理、海港、运输、车辆维护以及社区和娱乐服务等，这对格陵兰的经济发展而言有一定的推动作用。② 在将维护合同归还给格陵兰公司之后，美国又计划在北极投资数十亿美元，其中包括对格陵兰岛北部图勒空军基地的重大投资。这笔投资的用意一是在于升级因永久冻土融化而老化和受损的基础设施，二是为战斗机和轰炸机等建造基地。③

三　2022年格陵兰参与北极双边科研合作的情况

北极科考自国际地球物理年开始便大规模展开。而随着北极海冰融化等气候问题的出现，有充足实力在北极进行科研的国家对在北极开展科研活动的热情更是有增无减。通过对北极的地理、气候、生物多样性等进行研究，北极科研所带来的成果也为世界各国对北极的认识不断提供新的视角和新的知识。作为北极地区环境和气候的典型代表，格陵兰对北极科研而言一直至

① "The USA Awards New Contract for Thule Air Base: Reverting back to Greenlandic Control," https://www.highnorthnews.com/en/usa-awards-new-contract-thule-air-base-reverting-back-greenlandic-control.

② "The USA Awards New Contract for Thule Air Base: Reverting back to Greenlandic Control," https://www.highnorthnews.com/en/usa-awards-new-contract-thule-air-base-reverting-back-greenlandic-control.

③ Elisabeth Bergquist, "USA Surprises Denmark and Greenland with Billion Dollar Investments in Thule Air Base," https://www.highnorthnews.com/en/usa-surprises-denmark-and-greenland-billion-dollar-investments-thule-air-base.

关重要，同时其自身也对北极科研有着强烈的需求。2022 年，格陵兰与其他国家就北极科研进行了一系列合作，重点集中在以下几点。

（一）格陵兰与冰岛建立新的研究伙伴关系

2022 年 5 月 4 日，格陵兰研究理事会和冰岛研究中心签署了一份谅解备忘录，建立了新的伙伴关系，[①] 以支持和增加格陵兰和冰岛研究界之间的合作机会。这两个组织都是国家资助的政策咨询机构，在促进双边研究、创新和教育合作方面发挥着重要作用。其实早在 2021 年北极圈论坛大会上，格陵兰研究理事会和冰岛研究中心就已经举办了一系列格陵兰和冰岛的科学家和机构参与的会议，并讨论增加合作参与研究、创新和教育的可能性。本次 2022 年谅解备忘录的签订正式确定了研究合作内容，并对接下来双方开展具体合作事项有指导和引领的作用。

首先，根据谅解备忘录的规定，双方的具体合作范围包括：（1）确定格陵兰和冰岛在研究、创新、教育、设施和培训活动之间的协同作用；（2）为将来共同或联合资助以促进双边和国际科学和教育合作的活动和项目创造机会，这些机会可以包括流动性项目和联合举办工作组、研讨会和社交活动等活动形式；（3）促进专业发展方面的交流和双方之间人员流通，为各方工作人员提供在行政和组织工作方面（例如组织发展的战略规划）实践的机会；（4）促进双方均同意的其他科学合作和组织合作，并酌情与其他组织和利益攸关方合作。

其次，谅解备忘录还规定了合作内容的具体实施方式，即双方基于备忘录所开展和实施的具体活动可以由执行具体项目的组织单独讨论和商定，并以签订单独的书面协议的方式来约束双方。但任何合作活动的实施都应当是各方在尽最大努力的基础上进行的，即合作的进行将取决于有关各方是否有相关资源和财政资助的支持，这也包括双方共同筹资努力的结果。

---

① “Greenland and Iceland Enter into a New Research Partnership,” https: //nis. gl/en/greenland-and-iceland-enter-into-a-new-research-partnership/.

最后，谅解备忘录为双方的合作事项设置了相应的管理机制。备忘录第三条规定：该合作伙伴关系将通过一个指导委员会进行管理，该委员会以双方具体的合作范围为基准，计划并执行相关合作活动。此外，指导委员会还需要根据战略和目标的一致性以及各方之间的参与和承诺水平对新活动进行审查和选择。

在达成谅解备忘录后，2022 年 8 月 25—26 日，格陵兰与冰岛于努克联合举行了为期两天的研讨会。尽管该研讨会是北极圈论坛大会的前期活动，由格陵兰研究理事会、冰岛研究中心、冰岛北极合作网络、北极中心和格陵兰自然资源研究所共同举办。但通过这次研讨会，格陵兰与冰岛主要希望促进双方科学界之间的专业知识的交流、网络平台以及未来的合作机会。此外，作为一个探索性平台，该研讨会除了介绍格陵兰和冰岛的共同研究重点外，还着重讨论了双方在气候变化和可持续发展、渔业和蓝色经济以及地缘政治和安全政策研究方面的协同效用以及合作的可能性。这些方面也都是当前格陵兰和冰岛共同关切的事项。①

（二）瑞士和格陵兰开展应对气候变化影响的科研合作

瑞士对北极的研究有着悠久的传统，特别是其冰川学研究已经进行了 100 多年，为全球气候研究做出了重大贡献。② 同时，瑞士还试图凭借其在环境、可持续发展、气候和自然保护等领域丰富的科学研究专业知识，帮助北极地区适应其面临的挑战。③ 随着时间的推移，其科学研究的重心逐渐演变成为一种科学外交原则，并成为瑞士北极政策的核心和基础。④ 近些年

① “Greenland-Iceland Research Cooperation Workshop,” https://nis.gl/en/greenland-iceland-research-cooperation-workshop/.

② “Switzerland Obtains Observer Status in the Arctic Council,” https://www.admin.ch/gov/en/start/documentation/media-releases.msg-id-66698.html.

③ Michael Wenger, “Neue Botschafterin vertritt Schweizer Arktispolitik,” https://polarjournal.ch/2022/09/01/neue-botschafterin-vertritt-schweizer-arktispolitik/.

④ Michael Wenger, “Neue Botschafterin vertritt Schweizer Arktispolitik,” https://polarjournal.ch/2022/09/01/neue-botschafterin-vertritt-schweizer-arktispolitik/.

来，气候变化对北极地区的影响日益显著，格陵兰及其民众也受到相关影响。气候变化不仅扰乱了格陵兰民众的生活方式，而且不断增加的自然灾害甚至威胁到格陵兰民众的生命安全。在这一背景下，瑞士与格陵兰展开了一系列的科研合作以应对自然灾害等影响。

2022 年 2 月，瑞士极地研究所启动了几个研究项目，其中包括与格陵兰研究理事会进行合作。一方面，格陵兰研究理事会与瑞士极地研究所已经开始在"科尼-斯特芬"研讨会的框架内规划评估和观察诸如雪崩和滑坡等自然灾害的研究项目。另一方面，瑞士极地研究所还启动了"绿色峡湾"研究项目，该项目研究区域为格陵兰岛西南部的纳尔萨克地区，主要研究气候变化对格陵兰峡湾及其居民的影响。①

首先，在"科尼-斯特芬"研讨会上，来自雪崩和冰川研究、地震学、地球物理学、风险评估和管理以及数据分析等诸多学科的瑞士和格陵兰专家们，共同就应对"雪崩、山体滑坡和其他自然灾害"的可能方法以及相关概念进行了讨论。他们指出，格陵兰目前面临的问题是没有对大片地区的风险进行系统调查，而只局限在人们居住的地方进行调查。② 然而，当偏远地区发生大规模山体滑坡时，也有可能会引发海啸，对沿海城镇的居民和建筑物造成破坏。为应对这一问题，格陵兰有必要建立风险预警系统，并进行相应的风险管理以及提高公众对这一问题的认识。雪崩问题也同样如此。在研讨会上，来自瑞士雪崩研究所的人员展示了有关系统在瑞士的运作方式，并报告了阿尔卑斯山地区其他国家的经验。对于格陵兰而言，这些与瑞士共同开展的国际研究合作可以提供丰富的理论与实践经验，有助于其建立自然灾害的检测系统以及制订缓解自然灾害计划。

其次，作为瑞士极地研究所旗舰计划的一部分而启动的"绿色峡湾"

---

① Michael Wenger, "Schweiz und Grönland gegen Lawinen, Erdrutsche und Klimawandeleffekte," https://polarjournal.ch/2022/03/16/schweiz-und-groenland-gegen-lawinen-erdrutsche-und-klimawandeleffekte/.

② Michael Wenger, "Switzerland and Greenland against avalanches, landslides and climate change effects," https://polarjournal.ch/en/2022/03/16/switzerland-and-greenland-against-avalanches-landslides-and-climate-change-effects/.

研究项目于 2022 年 3 月正式启动，该项目将在未来 4 年内通过一种跨学科的研究方法，研究气候变化将如何影响格陵兰岛西南部的峡湾及其海洋和陆地生态系统，[①] 以便于人们可以更好地了解这些系统，更好、更准确地预测该地区的气候变化。

（三）奥地利在格陵兰岛东部的新研究站建成

尽管奥地利地处中欧的中心地带，但是它拥有 150 多年的极地研究历史。而拥有极地研究站不仅可以对极地的气候变化等问题进行实时追踪，还可以通过相关研究确定一国在极地活动的重点领域。因此，2017 年，奥地利就开始计划对哥本哈根大学建立于格陵兰岛东部的研究站进行扩展并与哥本哈根大学共同使用，并在 2021 年签订了新研究站的建设合同，新建成的研究站建筑属于格拉茨大学所有，而现有的研究站建筑仍归哥本哈根大学所有，但格拉茨大学和哥本哈根大学拥有共同使用权。2022 年，奥地利在格陵兰岛东部的极地研究站于秋季建成且其极地适用性已得到了证明，一批来自奥地利格拉茨大学的地理专业学生在 2022 年 7~8 月已在该站进行了为期两周的跨学科学习。[②]

与国际极地研究的重点一致，该研究站所开展的研究将是跨学科的。气候变化毫无疑问是研究中的一个焦点问题，气候变化与冰冻圈的相互作用以及它对水文和生态的影响也将包含在研究过程中，这些研究可以为应对北极海洋与陆地生态环境变化提供服务。[③] 此外，本着现代科学研究的精神，奥地利认为与当地居民合作并为当地居民进行相关研究，特别是气候变化对当地人口和生态系统的影响也是未来研究站工作的目标和重点。研究之外，当地居民还有机会参与研究站的建设与维护工作。这对当地的格陵兰民众而言有一定的经济与科学价值。

---

① Michael Wenger, “Schweizer Polarinstitut Lanciert Forschungsinitiative in Grönland,” https://polarjournal.ch/2022/05/20/schweizer-polarinstitut-lanciert-forschungsinitiative-in-groenland/.

② “Construction Phases of the Austrian Polar Station Sermilik,” https://www.polarresearch.at/construction-phases-of-the-austrian-polar-station-sermilik/.

③ Gastautor, “Sermilik-The Austrian Polar Station in East Greenland,” https://polarjournal.ch/en/2022/07/28/sermilik-the-austrian-polar-research-station-in-east-greenland/.

四　格陵兰参与北极双边合作取得新进展的动因

2022年，格陵兰在经济与科研领域与冰岛、英国、瑞士等国开展了更为紧密的合作，这在北极经济与科研合作面临瓶颈的情况下倍显珍贵。其动因可以从两个方面分析，即格陵兰本身丰富的自然资源和对经济发展需求的内在动因，以及气候变化和复杂国际形势对格陵兰的发展造成影响的外在动因。

（一）内在动因

从内在方面分析，格陵兰丰富的自然资源使各国看到了在该地区开发的潜力，另外，格陵兰为了降低对丹麦政府补贴的依赖，寻求经济独立发展，正是这两方面的因素推动了格陵兰与各国的经济合作。

1. 格陵兰拥有丰富的自然资源

作为世界上最大的岛屿，格陵兰岛自然资源的储量不容小觑。除了已经勘探出的金属矿产资源外，格陵兰的油气资源也极为丰富。根据美国地质调查局所公布的评估数据，仅格陵兰岛东部裂陷盆地就可能含有31387.04百万桶石油和油当量的天然气，在北极具有石油远景的地区排名中位列第四，[①] 格陵兰东北部可能是未来非常重要的富含油气资源的地区。此外，由于近年来气候变化而不断出现的海冰融化、冰盖消融等，格陵兰岛的冰层逐步消失，被掩埋已久的土地逐渐暴露出来，一些自然资源也逐渐显露在大众的视野下，这也使开发矿产的工作更容易开展，再度引起了各方对经济利益的渴求。2022年4月，Kobold Metals公司宣布将和蓝鸦矿业公司（Bluejay Mining）合作，投资1500万美元用于开采格陵兰岛西部的矿物，这些矿物如镍、铜、钴等金属，对电动汽车行业至关重要，是制造电动汽车和储存可

① “Circum-Arctic Resource Appraisal: Estimates of Undiscovered Oil and Gas North of the Arctic Circle,” https://www.usgs.gov/publications/circum-arctic-resource-appraisal-estimates-undiscovered-oil-and-gas-north-arctic.

再生能源的大型电池所必需的原材料。①

但同时，基础设施和环境问题严重限制了格陵兰的矿物勘探和开采。由于格陵兰岛的大部分地区无人居住，且地形陡峭，甚至缺乏电力和通信线路，再加上北极气候所带来的挑战，在格陵兰岛采矿的物流成本很高。② 此外，格陵兰岛几个矿床的矿石品位都相对较低，在开采、分离和提炼过程中需要耗费大量的能源和高昂的成本。③ 因此，与相关国家在开采关键矿物上进行合作，并寻找能源供应、港口和道路等相关基础设施建设的经济合作伙伴对格陵兰来说是一项重要的工作。

除矿物、油气储备量丰富之外，格陵兰的渔业资源也很丰富。据统计，格陵兰2021年的渔产品总捕捞量为27.1万吨，而且2017~2021年的捕捞量也都保持在25万吨以上（见图1）。④ 而英国、冰岛、中国等国家均是格陵兰渔产品的重要市场，一直保持着对其渔产品的需求，这也从另一方面促成了各方与格陵兰之间经济合作的谈判。

2. 格陵兰寻求经济发展

格陵兰岛从18世纪初一直由丹麦统治。从1979年开始，格陵兰地方自治的范围逐渐扩大。2009年，格陵兰在全民公决中批准了《格陵兰自治法案》。该法案意味着格陵兰可以独自承担更多的责任和享有更多的权力，包括自然资源管理权，司法、警察权以及部分对外交往权。但是，外交政策、国防政策以及与安全政策有关的权力尚未转移到格陵兰，依旧由丹麦政府做出统一安排。

在经济方面，格陵兰自治后一直接受来自丹麦政府的补贴。《格陵兰自

---

① 《格陵兰岛冰川融化加速，美国亿万富豪组团去“挖矿”》，澎湃网，https：//www.thepaper.cn/newsDetail_forward_19378395。

② S. M. Thaarup, M. D. Poulsen, K. Thorsøe, J. K. Keiding, “Study on Arctic Mining in Greenland”, Publications of the Ministry of Economic Affairs and Employment, 2020.

③ F. G. Christiansen, “Greenland Mineral Exploration History”, *Mineral Economics*, 2022, pp. 1-29.

④ “Fisheries and Aquaculture,” https：//www.fao.org/fishery/statistics-query/en/capture/capture_quantity.

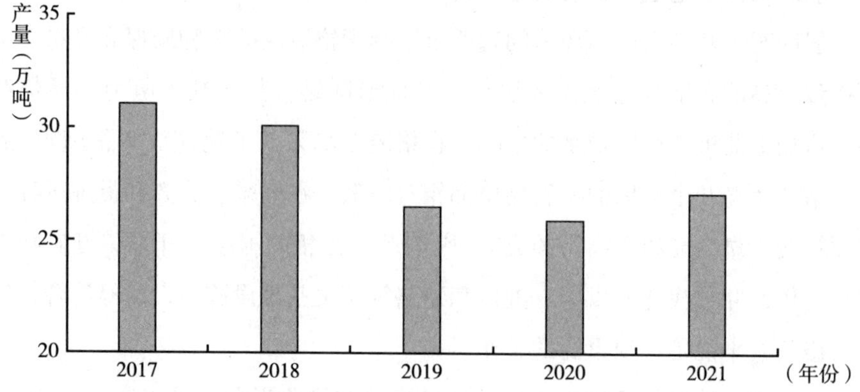

图 1　2017~2021 年格陵兰渔产品捕捞量

治法案》第 3 条规定，丹麦政府应向格陵兰自治政府提供每年 34.396 亿丹麦克朗的补贴。但是该补贴数额并非一成不变，而是会根据相关情况以符合《财政拨款法》规定的方式每年进行调整。相关情况主要指的是格陵兰矿产资源活动的收入。一旦格陵兰从这一来源获得的收入增加，丹麦的补贴就将减少。由于近年来格陵兰对自然资源的勘探与开采以及与其他国家在矿产资源方面的合作，格陵兰在矿产资源方面的收入逐渐提高。格陵兰的政治家们也试图减少格陵兰对丹麦补贴的依赖并寻求自身经济的独立发展。① 格陵兰总理穆特·埃格德也表示，当前，格陵兰自治政府外交政策的主要目标是将其他国家对北极和格陵兰的兴趣转化为可持续的社会经济发展。格陵兰自治政府不仅确定了总体贸易政策、指导格陵兰外交部门建立双边和多边关系、参与贸易谈判，还将在世界贸易组织中代表格陵兰。② 可见，格陵兰自治政府试图在本岛发展中发挥应有的主导作用。

格陵兰的经济结构是北极地区的典型，其经济来源首先来自捕鱼和狩猎等利用自然资源的活动。捕鱼等传统的生产方式依然是格陵兰在丹麦政府补

① S. M. Thaarup, M. D. Poulsen, K. Thorsøe, J. K. Keiding, "Study on Arctic Mining in Greenland", Publications of the Ministry of Economic Affairs and Employment, 2020.

② "Greenland at the Center of a Changing Arctic," https://www.wilsonquarterly.com/quarterly/the-new-north/greenland-at-the-center-of-a-changing-arctic.

贴之外的主要财政收入来源。渔业有关商品占格陵兰出口商品的90%，生产总额占格陵兰 GDP 的 12.6%。[①]因此，如果想要脱离丹麦政府补贴寻求经济的独立发展，渔业的发展是不可忽视的。格陵兰岛地域辽阔而人口稀少，岛内的销售市场十分有限，所生产的水产品绝大多数都将用于出口，如果可以与出口国达成自由贸易协定，将减少或消除贸易壁垒，鼓励国际贸易，促进相关投资。此外，除渔业以外，格陵兰几乎没有其他工业，渔业捕捞所需要的相关设备和物资几乎都需要依靠进口，因此岛内渔业的发展对外依存度比较高，与周边国家甚至非北极国家进行合作将有助于格陵兰渔业的进一步发展。

而对于与格陵兰保持密切合作的国家和经济体而言，如英国、冰岛、欧盟等，与格陵兰进行合作无疑也会有利于其国内进口商以及消费者。英国政府就曾表示："若与格陵兰签订自由贸易协定，对虾和鳕鱼片等格陵兰特色产品的关税削减将高达20%，有利于降低批发价格，使英国超市、餐饮和酒店企业以及最终的消费者受益。"[②]

（二）外在动因

从推动格陵兰开展双边合作的外在动因看，主要是由于气候变化给格陵兰带来了一系列不良影响，包括格陵兰面临发生自然灾害的危险等，以及2022年俄乌冲突等复杂国际形势的变化，使格陵兰更加积极地谋求合作。

1. 气候变化的影响

根据联合国 2020 年发布的题为《灾害的代价：过去 20 年的回顾（2000—2019）》报告，与气候相关的自然灾害数量激增是造成灾害总数上升的最主要原因。[③] 由于海洋吸收了全球变暖的大部分热量，整个海洋的变

---

① S. M. Thaarup, M. D. Poulsen, K. Thorsøe, J. K. Keiding, "Study on Arctic Mining in Greenland", Publications of the Ministry of Economic Affairs and Employment, 2020.

② "Greenland and UK Launch Free Trade Agreement Negotiations," https://www.bilaterals.org/?greenland-and-uk-launch-free-trade&lang=en.

③ "The Human Cost of Disasters: An Overview of the Last 20 Years (2000-2019)," https://www.undrr.org/publication/human-cost-disasters-overview-last-20-years-2000-2019.

暖速度都在加剧。物种灭绝的速度也逐渐攀升，森林火灾、极端天气、害虫入侵和疾病等威胁都与气候变化有关。在这一背景下，北极地区也逃不开气候变化带来的灾难性事件，而这一影响在格陵兰表现得最为明显。格陵兰正在经历的变暖速度大约是世界其他地区的 3 倍。[①] 北极海冰和格陵兰冰盖正在以惊人的速度消退，气候变化的影响对其居民的日常生活、生活方式和文化产生了直接影响。

首先，气候变化使格陵兰岛面临自然灾害的危险。在格陵兰岛，永久冻土的融化导致了山体滑坡的发生。2022 年，地质学家观测到，在格陵兰 Kigarsima 地区，一些区域的裂缝已经有 20 米深，而且还将会变得更深。该地区距离 2017 年曾发生过山体滑坡的卡拉特峡湾约 45 公里，但它是同一峡湾系统的一部分，具有相似的地质。[②] 根据 2017 年卡拉特峡湾灾难发生时的一些数据，科学家们预测 Kigarsima 地区可能面临因永久冻土的融化导致的山体滑坡风险，而一旦该地区发生山体滑坡，将会引发更多的此类自然灾害。[③]

其次，除自然灾害外，气候变化还导致格陵兰岛冰盖的温度出现异常。2022 年 12 月，据丹麦气象研究所报告，格陵兰岛冰盖在 2022 年秋季 3 个月的平均温度比以往 30 年的秋季平均温度高出了 5℃～9℃。[④] 格陵兰岛的气候变化速度明显快于格陵兰民众的适应能力和现有机构的充分应对能力。但格陵兰在科研方面的实力相较于瑞士等国家而言相对落后，加强与参与区域、国家、跨国和国际气候变化战略的各利益攸关方的合作，特别是与北极科研经验丰富的国家的合作，对在格陵兰地区制定更灵活的气候变化政策、

---

① “Greenland at the Center of a Changing Arctic,” https://www.wilsonquarterly.com/quarterly/the-new-north/greenland-at-the-center-of-a-changing-arctic.

② Kevin McGwin, “Neue Erdrutschgefahr in Grönland erkannt,” https://polarjournal.ch/2022/04/20/neue-erdrutschgefahr-in-groenland-erkannt/.

③ Kevin Mcgwin, “Neue Erdrutschgefahr in Grönland erkannt,” https://polarjournal.ch/2022/04/20/neue-erdrutschgefahr-in-groenland-erkannt/.

④ Mtchael Wenger, “Wärmster Herbst auf dem grönländischen Eisschild gemessen,” https://polarjournal.ch/2022/12/06/waermster-herbst-auf-dem-groenlaendischen-eisschild-gemessen/.

开展气候变化研究和监测更显重要。[①]

再次，格陵兰岛的变暖与海冰的消失，影响超出其本身。仅在过去的10年中，斯瓦尔巴群岛就发生了3次降雨量异常的事件，这与格陵兰岛以东的低海冰覆盖相关。[②] 在海冰大面积融化前，格陵兰岛东海岸的海冰可以保护斯瓦尔巴群岛免受南部潮湿空气的影响。但随着海冰的消融，斯瓦尔巴群岛面临更频繁的异常降雨天气。其他距离格陵兰岛遥远的沿海大都市也会因为格陵兰海冰融化造成的海平面上升而受到威胁。因此对于其他国家而言，与格陵兰进行合作也可以帮助其应对气候变化带来的威胁。

最后，格陵兰岛不仅有着典型的北极环境，而且其主要原住人口为因纽特人。作为北极地区的原住民，他们长期以来对格陵兰岛甚至北极地区的气候以及生活方式的变化有着直观的体会，形成了相关的知识，对未来变化趋势也有自己的预测。决策者（从社区到政府）如果拥有并应用原住民的经验和知识，可以更好地帮助其制定缓解北极气候变化和适应北极快速发展的政策和措施。[③] 因此，各国通过与格陵兰开展国际合作，可以利用当地原住民的知识，更好和充分地了解该区域乃至全球因气候变化而面临的挑战，并给出解决对策和办法。

2. 复杂国际形势的挑战

2022年，俄乌冲突等国际形势对北极地区也造成了冲击，北极合作一度陷入僵局。为应对这一复杂局势对国内造成的影响，各国都在努力寻找突破口。

对于格陵兰而言，2022年发生的俄乌冲突和新的世界形势正在考验格

---

① N. Loukacheva, "Climate Change Policy in the Arctic: The Cases of Greenland and Nunavut", in: T. Koivurova, E. C. H. Keskitalo, N. Bankes (eds.), *Climate Governance in the Arctic*, Dordrecht: Springer, 2009: 327-350.

② Julia Hager, "Extreme Regenfälle in Svalbard durch Meereisverlust vor Grönland verursacht," https://polarjournal.ch/2022/10/04/extreme-regenfaelle-in-svalbard-durch-meereisverlust-vor-groenland-verursacht/.

③ "Arctic Report Card: Update for 2022," https://www.arctic.noaa.gov/Report-Card/Report-Card-2022.

陵兰的贸易关系。2022 年 12 月 13 日，格陵兰对俄罗斯称，将不再根据其与俄罗斯签订的渔业协议在巴伦支海捕捞鳕鱼和其他鱼类，俄罗斯的渔船也将无法在格陵兰水域进行大比目鱼和其他鱼类的捕捞。此外，格陵兰的大型国有渔业企业皇家格陵兰被命令停止在俄罗斯的活动，最大的私营渔业公司 Polar Seafood 也出售了其在俄罗斯的权益。[①] 在俄乌冲突发生之前，对俄罗斯的出口约占格陵兰出口总额的 13%，俄乌冲突发生后，由于跟随欧盟对俄实施制裁，格陵兰这一部分出口额丧失。[②] 因此，格陵兰只能被迫寻找其他市场，加大对采矿和旅游等行业的投资力度，并寻求进一步扩大对英国、美国和欧盟等国家的出口，以尽量减少对贸易所带来的负面影响。格陵兰总理穆特·埃格德也表示，格陵兰希望有一个更多元化的市场，这样才能保持其经济的增长。[③]

此外，世界大国之间关系的变化也是动因之一。美国将中国、俄罗斯视为在各地区利益发展的强有力竞争对手，北极地区也不例外。近年来，俄罗斯在北极地区不断投资改造基础设施，建立新的军事基地和机场。[④] 在美国看来，俄罗斯不断在北极增强实力对其国家安全构成威胁。而格陵兰是保护美国本土安全的战略要地。[⑤] 因此，加大在格陵兰的投资力度，增强美国在格陵兰的存在以及与格陵兰维持稳定的合作关系对美国对抗俄罗斯的威胁至关重要。美国认为，中国将自身定位为“近北极国家”，寻求通过扩大经济、外交、科学研究和军事活动来增加在北极的影响力，并且有意在北极地

---

① Martin Breum, “Greenland Halts Fisheries Quota Swaps with Russia,” https: //www. arctictoday. com/greenland-halts-cooperation-on-fish-with-russia/.

② Martin Breum, “Greenland Halts Fisheries Quota Swaps with Russia,” https: //www. arctictoday. com/greenland-halts-cooperation-on-fish-with-russia/.

③ Melody Schreiber, “Greenland PM Calls for Closer US Ties in Washington Visit,” https: //www. arctictoday. com/greenland-pm-calls-for-closer-us-ties-in-washington-visit/.

④ “From Ukraine to the Arctic: Russia's Capabilities in the Region and the War's Impact on the North,” https: //www. highnorthnews. com/en/ukraine-arctic-russias-capabilities-region-and-wars-impact-north.

⑤ 朱刚毅:《复杂地缘政治背景下的中国—格陵兰合作》,《辽东学院学报（社会科学版）》2019 年第 5 期。

区治理方面发挥更大作用,[①] 因而错误地将中国参与北极事务认为是“极地东方主义”的代表，还将中国的北极经济合作虚构为“债务陷阱”。[②] 特别是近年来，中国与格陵兰在能源开发以及基础设施建设等方面开展合作，引起了美国的高度重视，因此美国加快了在格陵兰的经济、军事等方面的行动与合作。

五　对中国与格陵兰开展北极双边合作的启示

基于格陵兰丰富的自然资源以及其自身对经济独立发展的追求这两个内在动因，又同时受到气候变化以及 2022 年复杂国际形势变化的外来因素的影响，2022 年格陵兰与冰岛、英国、瑞士、美国等国家在经济与科研方面以多元化的形式开展合作。事实上，中国此前与格陵兰也在矿产资源开发、基础设施建设和科研领域进行过合作，但从整体来看，无论是合作的数量还是合作的规模都比较有限，经济方面的合作大都是格陵兰自治政府大力提倡的采矿业，而科研合作也尚处于起步阶段。中国与格陵兰之间的经济合作与科研合作仍需进一步加强。

（一）加强与格陵兰的北极经济合作

在格陵兰丰富的自然资源的吸引之下，中国与格陵兰在经济方面的合作曾一度增多，但大都限制在资源开发方面。2015 年，中国俊安集团获得了伊苏亚铁矿开采项目的控制权，这是中国在格陵兰首个拥有完全开采权的矿产资源工程。[③] 2016 年，中国国有企业盛和资源购入格陵兰矿物能源公司 12.5%的股份，成为该公司的最大股东，并参与了位于格陵兰岛南部的

① “National Strategy for the Arctic Region,” https：//www. whitehouse. gov/wp－content/uploads/2022/10/National－Strategy－for－the－Arctic－Region. pdf.

② 郭培清、杨慧慧：《错误知觉视角下的中美北极关系困境与出路》，《中国海洋大学学报（社会科学版）》2023 年第 2 期。

③ 史泽华、周嘉媛：《中国—格陵兰经济合作与“冰上丝绸之路”建设》，《东北亚经济研究》2020 年第 6 期。

Kvanefjeld 项目，该项目可能包含世界上最大的多元素矿床。[①] 而近几年，中国与格陵兰在资源开发方面的合作明显减少，其他经济领域的进展也可以说微乎其微。

事实上，尽管格陵兰地区有丰富的矿产资源且可以依赖此优势获得不少的经济收益，但相关基础设施建设落后导致矿产开采的成本较高，且在开发过程中所需要的专业技术人员基本要从其他国家或地区引进。这些导致格陵兰采矿业的发展面临一定的困难。中国可以自身技术、劳动力和资金的优势支持格陵兰自治政府的资源开发战略和政策。[②] 而在与格陵兰进行经济合作的过程中，中国应注重对中国投资企业的引导，使其与国家战略保持一致，尊重并关注原住民的利益。中国还可以适时提供矿业管理和专业技术人才，或者就人才教育和培训方面与当地政府、企业等达成合作协议。此外，就整体货物贸易来看，2022 年中国与格陵兰双边货物进出口额为 36807. 18 万美元，相比 2021 年同期增加了 12929. 78 万美元，同比增长 54. 2%。[③] 可见，中国与格陵兰之间的双边贸易有显著增长趋势。因而，在合适契机下中国可推动与格陵兰签署自由贸易协定，进一步加强双方之间的经济合作。

（二）拓展与格陵兰的北极科研合作

从目前来看，中国与格陵兰尚未开展紧密的北极科研合作，而仅处于起步阶段。2016 年，中国与格陵兰签订《中华人民共和国国家海洋局和格陵兰教育、文化、研究和宗教部科学合作谅解备忘录》，表示希望加强双方之间的北极科研合作。[④] 2017 年，在冰岛雷克雅未克召开的北极圈论坛大会

① C. Chuan, “China's Engagement in Greenland: Mutual Economic Benefits and Political Non-interference”, *Polar Research*, 41 (2022): 1-7.

② 潘敏、王梅：《格陵兰自治政府的矿产资源开发与中国参与研究》，《太平洋学报》2018 年第 7 期。

③ 《2022 年中国与格陵兰双边贸易额与贸易差额统计》，华经情报网，https://m.huaon.com/detail/868522.html。

④ 《海洋局副局长出席〈中华人民共和国国家海洋局和格陵兰教育、文化、研究和宗教部科学合作谅解备忘录〉签字仪式和拜会丹麦外交部北极大使》，中国政府网，https://www.gov.cn/xinwen/2016-05/16/content_5073689.htm。

上，中国极地研究中心研究员俞勇也曾公开表示，中国希望尽快在格陵兰建立一个永久性的地面研究站。[①] 但从现状来看，这一计划并未得到进一步落实。中国与格陵兰的科研合作仍有待进一步拓展。

格陵兰目前正面临严峻的北极气候变化危机，亟须加强与各利益攸关方的科研合作以应对这一情况。中国可以以此为合作的切入点，通过联合举办研讨会或者研究项目等形式，推动落实与格陵兰签订双边北极科研合作协议，建立常态化的合作机制。还可以充分利用中国国内科研机构、民间团体等进行机构之间的合作以及人员的交流互通，如积极邀请格陵兰科学家参与推动中国北极科学考察和研究项目，以促进与其关于北极科研的双边合作。

① 朱刚毅：《复杂地缘政治背景下的中国—格陵兰合作》，《辽东学院学报（社会科学版）》2019 年第 5 期。

B.13

欧盟北极政策的调整及对中国的启示*

黄　雯　李泳诗**

摘　要： 2008年以来，欧盟委员会先后出台了四份北极政策，较为详细地阐述了欧盟北极政策的任务与目标。2021年，欧盟颁布了最新版北极政策文件——《欧盟更有力地参与建设和平、可持续与繁荣的北极》，将其构建“地缘政治欧洲”的愿景拓展到了北极地区。俄乌冲突所导致的地缘政治风险不断外溢至北极地区，对北极治理产生了重大影响。在此背景之下，欧盟的北极政策遇到了更多元的挑战：来自北极的传统安全威胁不断上升，针锋相对的美俄战略博弈极大地限制了欧盟北极政策的独立自主性。同时，俄罗斯对欧洲国家实施的反制裁措施对欧盟的北极国际合作产生重大不利影响，欧盟成为北极理事会正式观察员的政策目标恐难实现。对中国而言，中国既要坚定推进北极科考，提升参与北极事务的综合实力，也要灵活处置西方对俄制裁所带来的风险，维护中国北极利益。

关键词： 欧盟　北极政策　中国北极外交

全球变暖与极地科技的发展，为北极资源开发、航道商业化运营等提供

* 本文是华南农业大学“青年人才培育”专项“软战时代中国海洋智库的国际传播能力建设研究”和广东外语外贸大学引进人才科研启动项目“美国智库对中国参与北极事务的认知研究”（项目编号：299-X5221188）的阶段性成果。

** 黄雯，广东外语外贸大学国际关系学院讲师；李泳诗，广东外语外贸大学国际关系学院本科生。

了新的机遇，进一步推动了欧盟对北极事务的参与。出于对气候变化、能源安全以及航道价值的考量，欧盟委员会（The European Commission）分别于2008年、2012年、2016年和2021年先后出台了四份北极政策文件，阐释其在北极地区的利益和责任。[①] 2008年到2016年的欧盟北极政策具有较强的一致性，强调欧盟将持续关注北极地区的气候变化，提高人们对北极环境影响的认识，确保北极地区的可持续发展。随着欧盟在气候变化问题上领导力的增强，欧盟北极政策中应对气候变化的内容变得更为具体和清晰，欧盟尝试塑造其“负责任参与方”的北极角色。2021年10月，欧盟发布了新版北极政策文件，北极地区地缘政治安全以及中俄两国的北极参与所带来的挑战成为欧盟关注的新焦点。2022年2月初爆发的俄乌冲突改变了欧洲的地缘安全格局，进一步推动欧盟北极政策实践发生变化。本文在梳理欧盟北极政策历史演进的同时，讨论俄乌冲突之后欧盟新版北极政策实践面临的挑战，并为中国参与北极事务提供启示。

一　欧盟北极政策的演进

近年来，北极地区环境的急剧变化使北极地区的战略价值提升，大国在北极地区的活动日益频繁。北极地区的科考活动不断增加，北极成为国际科学合作的新地区。基于此，欧盟从航道价值、战略资源和安全利益的角度出发，连续出台多项北极政策，试图提升北极事务参与度（见表1）。

表1　2008~2021年欧盟委员会发布的北极文件

年份	文件名称	优先事项
2008	The European Union and the Arctic Region 《欧盟与北极地区》	与北极地区的人民共同保护北极
		促进资源的可持续利用
		为加强北极多边治理做出贡献

① 黄栋、贺之杲：《欧盟参与北极治理的合法性研究》，《德国研究》2017年第3期。

续表

年份	文件名称	优先事项
2012	Developing a European Union Policy towards the Arctic Region: Progress since 2008 and Next Steps 《欧盟的北极政策：2008 年及未来规划》	支持研究和知识的传播，应对北极的气候和环境变化
		承担起确保北极经济发展、促进环境保护和资源可持续利用的责任
		加强与北极国家、原住民和其他伙伴的建设性对话
2016	An Integrated European Union Policy for the Arctic 《欧盟综合北极政策建议》	气候变化与北极环境保护
		北极及其周边地区的可持续发展
		北极问题的国际合作
2021	A Stronger EU Engagement for a Peaceful, Sustainable and Prosperous Arctic 《欧盟更有力地参与建设和平、可持续与繁荣的北极》	在变化的地缘政治局势下加强区域合作，提高战略远见
		强调气候变化给北极带来的各种后果，加强环境立法与数字转型
		持续关注北极原住民的人权

资料来源：笔者根据欧盟委员会官网资料整理。

（一）2008~2016年欧盟发布的北极政策文件

作为欧盟唯一有权起草法令的机构，欧盟委员会出台了多份重要的北极政策报告。

欧盟委员会于 2008 年 11 月发布第一份北极政策文件——《欧盟与北极地区》,[①] 旨在提高欧盟对北极地区的认识，为今后制定更详细的北极战略提供参考。然而，该文件对北极地区的文化和传统认识不足，导致某些政策建议缺乏科学性和可操作性。例如，加拿大在 2009 年推迟了欧盟成为北极理事会观察员的申请。究其原因，加拿大认为欧盟北极政策中禁止进口海豹等动物制品进入欧洲市场的规定，损害了北极原住民的经济利益。

2012 年 6 月，欧盟发布了第二份北极政策文件——《欧盟的北极政策：

① "The European Union and the Arctic Region," https://eur - lex.europa.eu/LexUriServ/LexUriServ.do?uri=COM:2008:0763:FIN:EN:PDF.

2008年及未来规划》,[①] 强调了科学知识在北极治理中的关键作用，强调欧盟要强化在北极地区的责任和参与。同时，提出了多项针对北极地区的资助项目。对于具有争议的海豹制品进口问题，欧盟也做出了让步，表示将允许部分进口因纽特人和其他北极原住民的海豹制品，以提升他们的经济收入。这表明，欧盟在制定北极政策时不再以单一的生态环境因素作为标准，而是尊重北极原住民的合理关切。

2016年4月，欧盟发布《欧盟综合北极政策建议》,[②] 基本延续了前两份北极政策文件的内容，同时更为明确地指出了欧盟参与北极事务的途径和主张，并且增加了太空监测、海上搜救等前沿领域计划，使欧盟北极政策更为全面。此外，欧盟强调将其在北极地区的行动实践与现有的政策框架进行结合，体现出欧盟在北极经济、科研领域的能力和参与北极事务的决心。如在应对北极气候变化问题上，欧盟多次提及《巴黎协定》的重要作用，试图借助“气候变化引领者”的角色提升其北极事务话语权。

（二）2021年欧盟新版北极政策

2021年10月3日，欧盟发布《欧盟更有力地参与建设和平、可持续与繁荣的北极》,[③] 明确提出了欧盟在北极地区的利益诉求和关切。

首先，欧盟表示其他国家参与北极事务将导致自身利益受损，提出要在安全监测方面联合北约，以捍卫自身安全利益。文件指出，气候变化导致越来越多的国家意识到北极地区潜在的战略价值，各国试图在北极获取利益的行为让北极成为地缘政治竞争的新场域。为此，欧盟将继续向北极理事会递

---

① “Developing a European Union Policy towards the Arctic Region: Progress since 2008 and Next Steps,” http://library.arcticportal.org/1698/1/eu_joint.PDF.

② “An Integrated European Union Policy for the Arctic,” https://eeas.europa.eu/archives/docs/arctic_region/docs/160427_joint-communication-an-integrated-european-union-policy-for-the-arctic_en.pdf.

③ “A Stronger EU Engagement for a Peaceful, Sustainable and Prosperous Arctic,” https://www.eeas.europa.eu/sites/default/files/2_en_act_part1_v7.pdf.

交正式观察员申请，并与美国及北约国家进行战略合作，提高欧盟对北极地区安全局势的监测能力。同时，欧盟也将继续把北极科学研究作为一项必要的外交工具，加强与其他北极参与者的对话，并寻求深化与格陵兰的伙伴关系。

其次，欧盟强调其作为《联合国气候变化框架公约》和《生物多样性公约》谈判的领导力量，在应对北极气候变化中发挥了重要作用，承诺将致力于制定禁止在北极或北极毗邻地区开发、购买碳氢化合物的多边协定，以确保北极地区的石油和煤炭、天然气留在地下，并通过“欧洲绿色协议”(European Green Deal)[①] 及“地平线 2020”(Horizon 2020)[②] 计划促进北极的数字转型和科技创新。

最后，欧盟承诺为生活在北极国家的公民和原住民群体创造良好的教育和就业机会，与北极国家公民保持密切联系，保障北极原住民的人权。欧盟十分重视北极国家公民及原住民群体的人权问题，这与欧盟对外政策中的民主价值观一脉相承。与此同时，高度重视北极国家公民及原住民的人权问题，也是欧盟与北极国家私营部门及原住民组织展开对话的重要基础。

（三）2021年欧盟北极政策的主要特点

第一，积极塑造北极事务“主动参与者”的角色。角色定位的差异性会影响欧盟对自身利益的认知和判定，进而塑造欧盟在北极地区的利益偏好。[③] 欧盟在此前的北极政策报告中提到，作为欧盟成员国的丹麦、瑞典、

---

① 2019 年 12 月，欧盟委员会发布“欧洲绿色协议”，希望能够在 2050 年前实现欧洲地区的“碳中和”。该协议旨在通过向清洁能源和循环经济转型以阻止气候变化，进而提高资源利用率，恢复生物多样性，实现经济可持续发展。参见“A European Green Deal,” https://commission.europa.eu/strategy-and-policy/priorities-2019-2024/european-green-deal_en。

② “地平线 2020”计划是欧盟为实施创新政策的资金工具。欧盟委员会于 2013 年 12 月 11 日批准实施该科研规划方案，实施时间自 2014 年至 2020 年，预计耗资约 770 亿欧元，是第七个欧盟科研框架计划之后欧盟的主要科研规划。参见“Horizon 2020,” https://research-and-innovation.ec.europa.eu/funding/funding-opportunities/funding-programmes-and-open-calls/horizon-2020_en。

③ 戴轶尘：《欧盟集体身份“布鲁塞尔化”建构模式探析》，《世界经济与政治论坛》2008 年第 4 期。

芬兰以及作为欧洲经济区成员国的挪威和冰岛对北极事务负有主要责任，欧盟也应为北极政策做出贡献。在新版北极政策报告中，欧盟开篇即指明“欧盟就在北极地区”，明确指出欧盟参与北极事务的首要目的是维护自身地缘安全，欧盟对于自身在北极地区的角色定位也从“坚定支持者”转变为“主动参与者”。

第二，高度关注北极地区的传统安全问题。欧盟 2008 年版北极政策文件中简要提及了环境变化对北极地缘政治格局的影响，2012 年、2016 年发布的两份北极政策文件中则几乎没有谈论北极的传统安全议题。然而，欧盟 2021 年版北极政策文件对北极传统安全议题高度关注，传统安全议题成为该版北极政策文件的重点内容。不仅如此，新版北极政策文件将环境和气候变化问题与军事安全问题联系起来，强调气候变化对军事安全具有重要意义。通读全文，可以发现，欧盟 2021 年版北极政策文件中 23 次提及“安全”（Security），9 次提及“地缘政治”（Geopolitical），足以体现出欧盟对北极传统安全议题的重视。

第三，对中国、俄罗斯参与北极事务高度关注。欧盟新版北极政策文件强调与北极地区的伙伴进行多边合作，并将北极地区定义为一个“建设性的国际合作区”。文件认为，欧盟虽应继续与伙伴国家及相关国际组织进行密切合作，但对于俄罗斯在北极地区的军事行动应保持警惕。俄罗斯的举动使北极地区的安全形势更加复杂，北约国家应更加密切地关注俄罗斯的北极军事行动。另外，文件首次提及中国，认为中国已在北极关键基础设施、全球航运和网络空间等领域展现出了越来越大的影响力，应当对中国参与北极事务保持高度关注。

二　欧盟新版北极政策实践面临的挑战

俄乌冲突爆发后，北极地区的国际合作一度陷入停滞状态。美国、加拿大、北欧五国发表联合声明，称将无限期暂缓北极事务合作，不参与北极理

事会举办的各项活动。[①] 2022 年 5 月，芬兰、瑞典正式申请加入北约，进一步助推北极地缘紧张局势，欧盟落实其新版北极政策面临多方面的挑战。

（一）北极的军事安全威胁不断上升

众所周知，北极地区未参照《南极条约》模式确立非军事化原则，各国在北极地区的军事部署未受到有力的制约，军事力量强弱仍然是各国北极利益争夺的重要影响因素。2022 年 3 月 14 日，北约举行“冷反应 2022”（Cold Response 2022）军演。北约秘书长延斯·斯托尔滕贝格（Jens Stoltenberg）表示，俄乌冲突改变了北极地区的安全形势，俄罗斯与西方国家的冲突有可能会变成今后北极安全的新常态。[②] 俄乌冲突发生以来，美国加紧了在北极地区的军事部署。2022 年 10 月，拜登政府发布新版《北极地区国家战略》报告[③]，提升美国在北极地区的军事存在，增强与北极地区西方盟国的信息互通能力，提升北极行动能力。为保护在北极地区的重要战略资源，俄罗斯建立了大量、完备的现代化军事设施，以应对可能来自西方国家的战略威胁。俄乌冲突发生后，增强在北极地区的作战能力成为俄罗斯海军的重要任务。[④]

此外，俄乌冲突的爆发推动了芬兰和瑞典以更加积极的姿态参与北约事务，若芬兰和瑞典正式加入北约，将极大地改变北极国家间的军事力量对比，这也将导致俄罗斯北方舰队在加吉耶沃的战略潜艇基地等关键军事

---

① “Joint Statement on Arctic Council Cooperation Following Russia’s Invasion of Ukraine,” https：//www. state. gov/joint-statement-on-arctic-council-cooperation-following-russias-invasion-of-ukraine/.

② Deutsche Presse-Agentur, “Arctic Security also Altered by Russian Offensive, NATO Chief Says, in Visit to Cold Response,” https：//www. arctictoday. com/arctic-security-also-altered-by-russian-offensive-nato-chief-says-in-visit-to-cold-response/.

③ “National Strategy for the Arctic Region,” https：//www. whitehouse. gov/wp-content/uploads/2022/10/National-Strategy-for-the-Arctic-Region. pdf.

④ “From Ukraine to the Arctic：Russia’s Capabilities in the Region and the War’s Impact on the North,” https：//www. highnorthnews. com/en/ukraine-arctic-russias-capabilities-region-and-wars-impact-north.

基础设施将距离北约新边界不到200公里，[①] 俄罗斯将会进一步提高其在科拉半岛的军事打击能力，以增强其应对日益激烈的北极博弈的行动能力。

日益紧张的北极安全局势对欧盟的北极政策实践极为不利。在俄乌冲突爆发前，欧盟处理与俄罗斯的北极关系时可以探索建立既对立又合作的关系模式：在军事问题上对俄罗斯施行战略打压，在北极地区海上安全、科学研究等问题上与俄罗斯保持适当接触。[②] 这种微妙的北极平衡关系，在推动欧盟与俄罗斯开展北极合作的同时，也使欧盟的北极政策具有一定的独立性和自主性。然而，一旦芬兰、瑞典正式加入北约，北约将制定更为详尽的北极地区综合军事战略，届时欧盟与俄罗斯接触的空间将被进一步压缩，与俄罗斯的北极合作也不得不暂缓或者停滞，这将严重影响欧盟北极政策目标的实现，不利于欧盟实现其北极政策意图。

（二）北极事务国际合作遭遇阻滞

日益紧张的北极地缘形势，加之俄乌冲突的持续，对欧盟开展北极事务国际合作带来了多方面不利影响。

第一，既定的北极气候治理目标难以达成。2022年2月以来，为配合美国发起的对俄罗斯的经济制裁，欧盟对俄罗斯实施了多轮能源制裁。为减少对俄罗斯的能源依赖，欧盟将能源转型与应对气候变化结合起来，提出“能源重振规划”（REPowerEU），旨在推动欧洲在2027年前结束对俄罗斯的能源依赖。[③] 为了加快能源“去俄化”进程，拓展欧盟能源来源的多元化，2022年6月，欧盟与挪威签订协议，支持挪威在北极地区进行石油和

---

① Thomas Nilsen, “Satellite Images Reveal Russian Navy's Massive Rearmament on Kola Peninsula,” https://thebarentsobserver.com/en/node/4370.

② High Representative, “Shared Vision, Common Action: A Stronger Europe: A Global Strategy for the European Union's Foreign and Security Policy,” https: www.eeas.europa.eu/sites/default/files/eugs review-web-o.pdf.

③ “REPowerEU: A Plan to Rapidly Reduce Dependence on Russian Fossil Fuels and Fast forward the Green Transition,” https://ec.europa.eu/commission/presscorner/detail/en/ip_22_3131.

天然气的勘探、开发，以便为欧盟提供更多石油和天然气资源。① 欧盟新版北极政策文件强调，将制定一部禁止在北极或毗邻地区开发碳氢化合物的多边法律，② 推动欧盟在北极气候治理以及全球气候治理中发挥更大的领导作用。然而，欧盟与挪威的能源协议违背了欧盟的气候治理目标，俄乌冲突所衍生的欧洲能源危机使欧盟将来仍需大量进口来自北极的碳氢化合物能源，欧盟试图将绿色、环保等议题作为其北极外交工具的尝试受到了阻碍，其在北极地区的气候行动和绿色转变计划也难以在短期内落实。

第二，部分北极科研合作项目被迫停滞。科学技术创新是欧盟北极政策实践的核心，在其北极外交活动中发挥重要作用。在“地平线 2020”计划框架下，欧盟投资了约 2 亿欧元以支持北极多个关键科学领域的研究。然而，受俄乌冲突的影响，俄罗斯与西方国家的北极事务合作放缓或者暂停，欧盟与俄罗斯的北极科研合作也不得不暂停，“地平线 2020”计划所资助的项目也将受到影响。在此背景下，欧盟不会与俄罗斯在北极地区签订新的科研合同或协议，欧盟将暂停所有对俄罗斯公共实体或机构的投资，并限制俄罗斯科研人员访问欧盟网络站点。欧盟对俄罗斯的制裁遭到了俄罗斯的强力反击，欧盟将难以获得俄北极地区的相关数据，与之相关的欧盟北极科研项目被迫停滞。美国知名智库威尔逊中心的马里索尔·马多克斯（Marisol Maddox）发表评论表示：“西伯利亚地区是气候变化的关键地区，没有来自俄罗斯北极地区的大量数据，相关的研究结果将会出现偏差。”③ 离开了俄罗斯的北极科研支持，欧盟恐将难以借助其北极科技创新推进北极政策目标，欧盟北极话语权的提升也受到严重制约。

第三，与原住民群体的沟通交流受阻。随着北极原住民非政府组织对所

---

① “Joint EU - Norway Statement on Strengthening Energy Cooperation,” https://ec.europa.eu/commission/presscorner/detail/en/statement_22_3975.

② “A Stronger EU Engagement for a Peaceful, Sustainable and Prosperous Arctic,” https://www.eeas.europa.eu/sites/default/files/2_en_act_part1_v7.pdf.

③ Catherine Collins, “Scientists Fear Excluding Russia from Arctic Research Will Derail Climate Change Effort,” https://sciencebusiness.net/climate-news/news/scientists-fear-excluding-russia-arctic-research-will-derail-climate-change.

在国的北极决策影响力不断增强，[①] 原住民群体在北极治理中的作用越发突出，也引发了欧盟对这一群体的关注和重视。客观而言，加强与原住民群体的沟通、交流能够提升原住民群体对欧盟的好感度，推动欧盟对北极治理的参与。事实上，欧盟在北极地区保护萨米人人权的努力，一定程度上为欧盟参与北极事务提供了机遇，有利于实现欧盟在北极地区的经济和科研目标。然而，俄乌冲突的爆发，导致俄罗斯萨米人和北欧国家萨米人之间出现隔阂，对战争立场的不同制约了欧盟与俄罗斯萨米人群体之间的沟通、交流。不仅如此，在能源危机背景下，欧盟加紧北极能源开采的计划也引发了萨米人对欧盟“绿色殖民主义”[②] 的担忧，导致萨米人对欧盟的好感度和信任感下降，进一步冲击了欧盟与萨米人群体间的沟通与交流。

（三）获取北极合法身份的难度增加

欧盟曾多次申请成为北极理事会正式观察员，以增强开展北极活动的身份认同，提升北极事务国际话语权。[③] 俄乌冲突严重影响了北极理事会的运转，北极理事会中的其他 7 个成员国一致排挤、打压俄罗斯，暂停了与俄罗斯的多项北极合作项目，并将俄罗斯排除在北极治理体系之外。此举严重偏离了北极理事会的功能性目标，削弱了北极理事会的合法性与代表性。作为北极国家，俄罗斯在北极治理进程中发挥重要作用，北极理事会在多个领域的国际合作均离不开俄罗斯的支持与配合。欧盟部分成员国加入西方对俄罗斯采取的制裁中，也就意味着欧盟实现成为北极理事会正式观察员的目标将变得遥遥无期。有观点认为，在没有俄罗斯参与的情况下，北极国家仍能够有限度地恢复北极理事会的合作，[④] 而欧盟也能凭借其自身优势在北极事务

---

① 肖洋：《北极治理的国际制度竞争与权威构建》，《东北亚论坛》，2022 年第 3 期。

② Luke Laframboise, “Brussels Looks North: The European Union’s Latest Arctic Policy and the Potential for ‘Green’ Colonialism,” https://www.thearcticinstitute.org/brussels-looks-north-european-unions-latest-arctic-policy-potential-green-colonialism/.

③ 常欣：《欧盟参与北极理事会的实践探析》，《学术探索》2021 年第 6 期。

④ Stefan Kirchner, “Nordic Plus: International Cooperation in the Arctic Enters a New Era,” https://polarconnection.org/nordic-plus-cooperation-arctic/.

中发挥更加突出的作用。[①] 此类观点高估了“基于共同价值观的国际合作”能给北极治理带来的实际成效，选择性地忽视了俄罗斯在北极治理中的重要性，如何在没有俄罗斯参与的情况下开展北极航道、气象、科研等领域的治理活动，已经成为摆在北极七国面前的现实难题。

目前来看，俄乌冲突长期化的趋势越发明显，北极理事会虽已有限度地恢复了运转，[②] 但对欧盟而言仍然不是成为北极理事会正式观察员的好时机。1996 年的《渥太华宣言》确定了北极理事会成员国固定为 8 个国家，且要求成员国需要对北极理事会采取的措施达成共识，这意味着北极理事会其余成员国无权将俄罗斯逐出理事会。即便俄乌冲突降温后北极理事会工作能够重启，其工作重点将集中在恢复原有的国际合作机制、与俄罗斯重建信任等方面上，而非进一步扩大非正式成员或观察员。另外，北极七国在北极治理上的排外情绪并没有因为俄乌冲突的爆发而发生改变，包括美国在内的北极国家仍对欧盟这一体量巨大的超国家行为体抱有怀疑态度。综合上述因素研判，欧盟申请成为北极理事会正式观察员，道阻且长。

三　对中国的启示

作为参与北极事务的重要行为体，中国和欧盟在诸多北极问题领域有着共同利益诉求。例如，中国和欧盟都坚持北冰洋公海及国际海底区域适用《联合国海洋法公约》等国际条约，反对北冰洋沿岸的 5 个国家建立排他性的国际制度安排。同时，积极推动在北极地区开展科学研究，应对北极气候变化，致力于通过多边国际合作共同保护北极地区的自然环境。在俄乌冲突长期化的态势下，欧盟北极政策实践的调整及其面临的挑战，对中国参与北极事务具有重要的参考价值和借鉴意义。

---

① Andreas Raspo-tnik et al., “The European Union’s Arctic Policy in the Light of Russia’s War against Ukraine,” https://www.thearcticinstitute.org/european-union-arctic-policy-light-russia-war-against-ukraine/.

② “Joint Statement on Limited Resumption of Arctic Council Cooperation,” https://www.state.gov/joint-statement-on-limited-resumption-of-arctic-council-cooperation/.

（一）提升北极关键技术领域的自主化水平

毋庸置疑，提升极地科学技术水平是欧盟参与北极治理的重要经验和有力工具，也为中国参与北极事务提供了有益启示。科学考察和研究活动既属于易被北极国家接受的低敏感领域，也是中国在建设“冰上丝绸之路”过程中参与北极治理、贡献知识公共产品的必要基础性支撑。① 在历次的北极科考活动和常态化科研活动中，中国积累了大量的经验和数据，取得了丰硕成果。然而，目前中国仍未在海冰预报、破冰船建造等关键领域的技术难点上取得突破，核心设备对外依赖程度较高，② 这对中国深度参与北极治理形成了技术制约。为此，应继续推进北极科考活动，借鉴和吸收他国先进经验，提高相关核心技术的自主化水平，不断提升中国的极地科技水平。未来，可将 5G 基础设施建设技术逐步应用于北极相关活动，搭建更加完善的北极跨国信息共享网络，提升中国参与北极事务的速度和效率，进一步认识北极的地理和气候环境，减轻外部地缘政治事件给中国北极科考活动带来的冲击。

（二）推动北极安全治理机制走向完善

当前北极安全治理的有关国际制度仍不完善，北极安全治理任重而道远。一方面，部分北极国家主张将北极事务私化为国内事务，拒绝在北极地区建立新的安全治理机制，并通过出台国内法试图加强对北极航道的控制。③ 另一方面，传统与非传统安全因素混合的现代化战争手段使北极地区安全局势更为复杂，增加了北极安全治理的难度，北极地区已不再是安全意义上的低紧张度地区，而北极目前仍未围绕军事安全问题构建旨在减少北极

① 赵宁宁：《中国与北欧国家北极合作的动因、特点及深化路径》，《边界与海洋研究》2017 年第 2 期。

② 张佳佳、王晨光：《中国北极科技外交论析》，《世界地理研究》2020 年第 1 期。

③ 张祥国、李学峰：《北极地缘态势评估和中国推进“冰上丝绸之路”的战略考量》，《东北亚经济研究》2023 年第 1 期。

地区军事冲突风险的国际制度。由于缺乏战略互信，北极八国之间难以在短期内建立完备的区域安全体系，但目前北极八国共同坚守的目标仍是尽可能地维护北极和平，而非通过军事手段强制改变北极现状。由此看来，北极八国仍有可能通过建立地区安全委员会和冲突预警机制等浅层次的安全合作来协调各国在北极的军事行动，从而避免由战略误判带来的严重军事危机。[①] 中国可以积极出席北极理事会相关会议，表明中国坚决反对北极“军事化”的立场，积极向北极理事会提出相关建议，推动北极理事会建立非排他的区域安全合作制度和公平的国际争端调解机制。

（三）规避西方制裁对中俄北极合作带来的风险

为加强对俄罗斯的经济制裁，欧盟成员国中几家大型石油公司纷纷宣布退出或不再参与俄罗斯在北极的项目，[②] 这使中俄两国共同参与的北极能源开发项目面临显著的外部风险。以亚马尔液化天然气（Yamal LNG）、北极液化天然气 2 号（Arctic LNG 2）等能源合作项目为例，此前中俄法日等多国共同参与开发的模式被迫停止，西方国家对俄罗斯的制裁带来的撤资、延期和毁约等负面影响导致项目建造面临技术障碍和次级制裁的风险增加。[③] 在短期内，西方国家对俄罗斯的制裁不会解除，俄罗斯在亚洲地区寻找客户与合作伙伴的意愿也因此越发强烈，中俄两国在北极地区继续进行互惠合作的重要性进一步凸显。在企业层面，有意投资俄罗斯北极项目的中国企业应加强政治和经济形势研判，及时规避因西方制裁带来的经济风险；在政府层面，中国应继续与俄罗斯加强政治互信，拓展北极地区能源开发项目的范围和品类，发挥中国的资金和技术优势，积极探索北极航道商业化运营的可行方案。

---

① 王志：《地区安全治理的路径——区域经济组织的启示》，《世界政治研究》2021 年第 2 期。

② “Shell Joins BP and Equinor in Pullback from Russia,” https://royaldutchshellplc.com/2022/03/01/shell-joins-bp-in-pullback-from-russia/.

③ 赵隆：《俄乌冲突背景下的俄罗斯北极能源开发：效能重构与中国参与》，《太平洋学报》2022 年第 12 期。

（四）稳步推进中欧北极国际合作

客观而言，中欧双方的北极战略契合度较高，在多个关键领域具有相似或互补的政策目标，均希望增强自身在北极事务中的话语权。有鉴于此，中欧双方应加强政策沟通，推动双方在北极多领域的务实合作。具体而言：在气候监测及环境保护方面，双方可在此基础上建立北极科研数据跨国共享机制，提高自身对北极环境安全风险的预见能力，推动制定公正、合理的北极多边环境协定。在基础设施建设方面，北欧国家正在筹划扩建北海—波罗的海铁路货运走廊，[①] 该货运走廊 2022 年 1 月新增的陆上枢纽站点梅迪卡（Medyka）正是中欧班列乌克兰线上的新兴过境点。[②] 在中欧货运往来日益增长的情况下，该走廊的运输潜力和范围将显著扩大。中国可以充分发挥自身在交通基础设施建设上的优势，进一步整合已有线路，将贯通欧亚的国际运输通道继续深入到北极地区。在双边关系方面，中国与北欧国家有着坚实的合作基础，北欧国家拥有丰富的参与北极事务的经验，大部分北欧国家对中国投资持务实友好态度。[③] 中国应抓住机遇扩大北欧市场，推动当地政府、民间机构加强对中国参与北极事务的了解，增进社会公众对中国的北极认知。

四　结语

随着北极事务在各国议事日程中地位的提升，欧盟对北极事务的关注呈

① "More Cooperation in the Arctic for a Sustainable Development of the Transport System," https: //www. nspa-network. eu/news/2022/06/more-cooperation-in-the-arctic-for-a-sustainable-development-of-the-transport-system/.

② "North Sea-Baltic Rail Freight Corridor Extended to Medyka and the Ports of Ghent (Terneuzen) and Zeebrugge," https: //uic. org/com/enews/article/north-sea-baltic-rail-freight-corridor-extended-to-medyka-and-the-ports-of.

③ 张景全、董益：《2010—2022 年北欧智库对中国参与北极事务的认知演变研究》，《情报杂志》2023 年第 4 期。

现加强的发展趋势，其北极政策实践也一直处于动态调整之中。2021 年出台的欧盟最新版北极政策文件《欧盟更有力地参与建设和平、可持续与繁荣的北极》积极塑造欧盟“主动参与”北极事务的角色，重点关注北极地区的传统安全问题以及中国、俄罗斯的北极事务参与，体现出较为鲜明的政策特点。不过，欧盟在北极政策实践的过程中，面临北极地区军事安全威胁不断上升、俄乌冲突爆发后北极国际合作进程受阻等难题，这将导致欧盟申请成为北极理事会正式观察员的难度进一步加大。对中国而言，稳步推进参与北极事务，保护中国在北极地区的合法权益是当前面临的重要时代课题，要进一步提升极地关键技术领域的自主化水平，积极推动北极安全治理机制走向完善，推动中欧北极国际合作顺利推进。同时，采取有效措施规避西方国家对中俄北极合作带来的负面影响。

北极社会发展篇

Arctic Social Development

B.14

北极原住民的权利保护与绿色殖民主义

李凌志　郭培清*

摘　要： 2021年以来，挪威、瑞典和芬兰等北极国家的矿产资源开发和能源基础设施建设活动日益增加，但遭到了原住民的反对，尽管这些开发活动是为了实现《巴黎协定》下的气候目标。原住民认为，北极开发活动使传统的驯鹿经济受到影响，对土地的不同利用方式会损害原住民的文化实践权利，并破坏原住民的生存环境，原住民据此认为，这种以绿色转型为名义侵占原住民土地的行为是“绿色殖民主义”。综合来看，绿色殖民主义的出现是北极国家经济发展的必然，它仍具有新殖民主义的部分特征，且绿色殖民主义的核心问题是如何实现原住民的全面发展。未来，由于北极国家绿色转型将继续推进，原住民的权利问题会继续存在，但全世界的原住民可能会联合起来，共同维护自身权利。

* 李凌志，中国海洋大学法学院国际法学专业博士研究生；郭培清，中国海洋大学国际事务与公共管理学院教授、博士生导师，中国海洋大学海洋发展研究院高级研究员。

关键词： 北极原住民　北极国家　绿色殖民主义

原住民是北极发展中的利益攸关方和重要参与方，北极原住民的权利由北极国家、区域和全球三个层面予以确立。[①] 根据国际法，原住民享有的权利十分丰富，2014 年联合国《世界土著人民大会成果文件》、《联合国土著人民权利宣言》和《土著和部落人民公约》都规定原住民享有传统文化和传统经济方面的权利，如《联合国土著人民权利宣言》第 3 条规定“土著人民……自由谋求自身的经济、社会和文化发展”；第 20 条规定“土著人民有权保持和发展其政治、经济和社会制度或机构，有权安稳地享用自己的谋生和发展手段，有权自由从事他们所有传统的和其他经济活动”；2011 年联合国土著问题常设论坛第十届会议报告也确认原住民应享有“自由、事先和知情同意原则”，并且这适用于涉及原住民的各项事务。[②] 此外，原住民群体不仅在北极理事会等北极治理机制中享有特定地位，而且在北极各国内部，原住民社区的商业开发活动都需要将其意见纳入考量范围。总之，原住民在当前及未来的北极事务中具有重要影响，[③] 甚至已成为北极地区治理中的重要行为体，[④] 在北极治理中的影响力与日俱增。[⑤]

与此同时，随着清洁能源的不断推广，例如建造电动汽车、太阳能电池板、风力涡轮机以及储存和分配可再生能源的系统，全球市场对铜、钴、锂

---

① 阮建平、瞿琼：《北极原住民：中国深度参与北极治理的路径选择》，《河北学刊》2019 年第 6 期。

② 邹磊磊、付玉：《北极原住民的权益诉求——气候变化下北极原住民的应对与抗争》，《世界民族》2017 年第 4 期。

③ 叶江：《试论北极区域原住民非政府组织在北极治理中的作用与影响》，《西南民族大学学报（人文社会科学版）》2013 年第 7 期。

④ 潘敏、郑宇智：《原住民与北极治理：以北极理事会为中心的考察》，《复旦国际关系评论》2017 年第 2 期。

⑤ 闫鑫淇：《因纽特环北极理事会参与北极治理的权力、路径和影响》，《江南社会学院学报》2020 年第 1 期。

和稀土等关键矿产的需求呈指数级增长,[①] 北极国家的资源开发重点也转向清洁能源和可再生能源所需要的关键矿产方面，特别是 2021 年以来，随着挪威、瑞典和芬兰等北欧国家在本国北极地区的开发活动逐渐增多，以矿产资源开发和能源基础设施建设为主的开发活动不断推进。然而，在原住民生存地区进行的开发活动极具争议性，世代居住于此的萨米人成为北极开发活动的“反对者”，同时衍生出了绿色殖民主义问题——以可再生能源为借口开发原住民土地的做法。[②]

一　北极开发中的原住民声音

在气候变化的背景下，一方面北极矿产资源的开采条件改善；另一方面为延缓气候变化和减少碳排放，社会需要更多的电动汽车、电动渡轮、电动公交车和电动自行车，这刺激了对电池的巨大需求，推动了相关矿产资源开发，且对清洁能源的需求也推动了风力发电场建设。而采矿和风力发电场需要大量的土地，扰乱了驯鹿放牧等原住民传统经济活动。[③] 原住民从经济、文化等角度表达了反对意见，表明原住民的权利问题已从单一的国内问题上升至地区和国际层面的共同问题。

第一，挪威北极矿产资源开发和能源基础设施建设活动逐渐增多，但遭到了原住民的反对。2021 年挪威公布了北极开发计划，计划在贝列维格（Berlevåg）、哈默菲斯特和萨尔滕（Salten）建设氢工厂，以及在莫伊拉纳（Moirana）建设电池工厂，并在特罗姆瑟、哈默菲斯特、提斯峡湾和海尔格

① Trine Villumsen Berling, Peer Schouten, Izabela Surwillo, “Renewable Energy Will Lead to Major Shifts in Geopolitical Power,” https://www.diis.dk/en/research/renewable-energy-will-lead-to-major-shifts-in-geopolitical-power.

② Moa Mattsson, Jacqueline Götze, “How to Develop Inclusive, Sustainable Urban Spaces in the European Arctic and Beyond—Insights from Kiruna,” https://www.thearcticinstitute.org/develop-inclusive-sustainable-urban-spaces-european-arctic-beyond-insights-kiruna/.

③ Mia Bennett, “At Arctic Spirit, Finland Promotes Green Energy, but not without Debate,” https://www.cryopolitics.com/2021/11/19/arctic-spirit-finland/.

兰等地建设风力发电场。[①] 同时，从 2021 年开始，北极矿产公司（Arctic Minerals）在挪威巴达维季（Bidjovagge）地区勘探出大量的铜、金、钴和碲等矿产资源，它们是制造电动汽车电池所需的重要金属。[②] 挪威北部地区有着丰富的矿产资源，绿色转型需要进一步开发这些矿产资源，但在这片被萨米人视为家园的土地上，稀少的人口与丰富的资源之间正在产生冲突。萨米理事会北极和环境部门的负责人瑞特尔（Gunn-Brit Retter）表示，萨米人生活的地区仍然是政府和外部资本所针对的资源来源，绿色转型只不过是对萨米地区资源的持续开采，不同之处在于资源利用被赋予了漂亮的颜色——绿色。[③] 虽然为了应对气候变化，经济必须进行绿色转型，但如果忽视了原住民的权利，仍然会出现将萨米人边缘化的殖民主义模式，即使是再伟大的环保目标也无法改变这一点。

第二，瑞典北极矿产资源开发和能源基础设施建设活动逐渐增多，也遭到了原住民的反对。瑞典矿业公司 LKAB 试图在北极地区扩大铁矿开发，但影响了约 120 名原住民的驯鹿经济。[④] 英国贝奥武夫矿业公司也计划在瑞典北博滕县加洛克（Gállok）地区开发矿产，但对于当地的萨米牧民来说，这会对野生动物及驯鹿产生毁灭性的影响，因为开发矿产资源将产生大量污染和有毒废物，并将危及生态系统和驯鹿迁徙，如露天矿将产生大量含有重金属的粉尘，尾矿池中有毒废物的处置将影响环境和水源；同时，铁路和公路运输将直接影响原住民的生计和文化，因为传统的驯鹿迁徙路线将被切断，

---

① Peter B. Danilov, "More Than NOK 100 Billion to be Invested in the Norwegian Arctic This Decade," https: //www. highnorthnews. com/en/more - nok - 100 - billion - be - invested - norwegian-arctic-decade.

② 碲是铜冶炼工艺的副产品，被用于制造太阳能电池板。钴是制造电动汽车电池的关键材料，目前全球 2/3 的钴产自刚果（金）。

③ Luke Laframboise, "Brussels Looks North: The European Union's Latest Arctic Policy and the Potential for 'Green' Colonialism," https: //www. thearcticinstitute. org/brussels-looks-north-european-unions-latest-arctic-policy-potential-green-colonialism/.

④ Ahmet Gencturk, "Mine in Swedish Arctic Threatens Indigenous Sami People," https: //www. aa. com. tr/en/europe/mine - in - swedish - arctic - threatens - indigenous - sami - people/2794272.

而驯鹿放牧是该地区原住民的主要生计来源。此前，瑞典颁布了一项法律，要求政府和行政当局在就可能对萨米人特别重要的事项做出决定之前，必须与萨米代表协商。尽管该法律尚未生效，但萨米人表达了他们对拟议矿山的担忧，他们认为这会扰乱驯鹿放牧、狩猎和捕鱼，并会污染土地。萨米人的诉求得到了一些支持，如 2022 年 2 月 6 日，瑞典气候活动人士格蕾塔·桑伯格在推特上抗议该项目，她写道："虚假的新殖民主义气候'解决方案'的时代已经结束"，"瑞典政府必须结束对萨米人的殖民化以及对人类和自然的剥削"；联合国人权理事会的授权专家同样认为开发将影响原住民生计。[①]

第三，芬兰北极矿产资源开发和建设能源基础设施的活动逐渐增多，同样遭到了原住民的反对。芬兰北部的库萨莫（Kuusamo）和埃农泰基厄（Enontekiö）等地区有着丰富的矿产资源，但这两个城市也是萨米人驯鹿放牧的重要地区。[②] 由于芬兰北部地区蕴藏的镍、铜、钒和钴是电动汽车电池生产中的重要金属，Akkerman Finland OY 和英美资源集团（Anglo American）在芬兰的子公司 Sakatti Mining OY 等企业都希望在芬兰北部勘探和开发此类矿产资源。但萨米人对此表达了不满，因为可用于传统萨米生计的地区已经减少和支离破碎。[③] 2022 年芬兰能源公司 ST1 和 Grenselandet AS 计划在挪威北极地区开发名为 Davv 的风力发电场项目，这一计划遭到了萨米社区成员和当地人的批评。对风力发电场的主要关切集中在萨米文化、驯鹿放牧和原住民的文化实践权利上，2023 年 1 月下旬，萨米理事会副主席阿斯拉特·霍尔姆贝格（Áslat Holmberg）和挪威萨米议会领袖尼利亚斯·比斯卡（Niillas

---

① Mathiew Leiser, "UN Experts Call on Sweden to Halt Mining Project on Indigenous Sami Land," https://thebarentsobserver.com/en/indigenous-peoples/2022/02/un-experts-call-sweden-halt-mining-project-indigenous-sami-land.

② Thomas Nilsen, "Significant Metals Discovery in Key Reindeer Herding Land," https://thebarentsobserver.com/en/indigenous-peoples/2022/01/significant-battery-metals-discovery-key-reindeer-herding-land.

③ Thomas Nilsen, "Miners Hunting for Metals to Battery Cars Threaten Sámi Reindeer Herders' Homeland," https://thebarentsobserver.com/en/node/7082.

Beaska）在赫尔辛基会见 ST1 代表，明确反对风力发电场建设计划。[①]

第四，原北极住民在地区和国际平台上同样表达了反对声音。在 2021 年 11 月的北极精神大会上，驯鹿牧民协会（Reindeer Herder's Association）主任安妮·奥利拉（Anne Ollila）强调了风力发电对萨米人土地构成的具体威胁；在欧盟资助的研究项目 JUSTNORTH 组织的学术会议上，研究人员安娜·巴迪纳（Anna Badyina）谈到，如果原住民不具备参与绿色部门的技能或基础设施，正在进行的能源转型将会破坏社区。[②] 同月，在英国格拉斯哥举行的《联合国气候变化框架公约》第 26 次缔约方大会（COP 26）上，来自萨米地区、加拿大努纳武特地区、俄罗斯雅库特地区和其他北极地区的代表将原住民、气候变化和能源过渡联系在一起，表示原住民支持应对气候变化，其中部分萨米代表提及了绿色能源开发与原住民生计的冲突问题，并强调这是绿色殖民主义。[③] 此外，2022 年 6 月，在北极边境小组会议上，"萨米代表表示绿色转型绝不能成为原住民生存压力增加的借口"[④]，萨米理事会主席克里斯蒂娜·亨里克森（Christina Henriksen）表示，任何行为都不能取代土地对北极原住民的意义；气候变化，现有工业压力和殖民主义遗产使萨米人正面临着越来越大的压力。[⑤]

由此可见，北极国家正在原住民土地上开发用于制造可再生能源产品的矿产资源，以及建设风力发电场或电池工厂等制造可再生能源的基础设施。尽管矿产资源开发和能源基础设施建设活动是北极国家依据《巴黎协定》

---

① Saara-Maria Salonen, "Sámi Leaders Voice Concern over Projected Wind Farm," https://thebarentsobserver.com/en/indigenous-peoples-new-energy/2021/12/sami-representatives-visit-energy-company-st1-after-reindeer.

② Mia Bennett, "At Arctic Spirit, Finland Promotes Green Energy, but not without Debate," https://www.cryopolitics.com/2021/11/19/arctic-spirit-finland/.

③ Saara-Maria Salonen, "Sámi Representatives in COP26 Raise Concerns over 'Green Colonialism'," https://thebarentsobserver.com/en/indigenous-peoples/2021/11/sami-representatives-cop26-raise-concerns-over-green-colonialism.

④ 萨普米是传统的萨米人家园，覆盖芬兰、瑞典、挪威和俄罗斯境内的北极地区。

⑤ Eilís Quinn, "Will the Green Transition be the New Economic Motor in the Arctic?" https://thebarentsobserver.com/en/new-energy/2022/05/will-green-transition-be-new-economic-motor-arctic.

采取的应对措施，目的是通过能源转型减少化石能源使用和温室气体排放，以实现各国设定的气候目标，因此在原住民所使用的土地上进行开发活动有着保护环境、减缓气候变化的前提。然而，在原住民看来，从事驯鹿放牧不仅仅是单纯的经济活动，更是其享有的一种权利，北极国家开发矿产资源和建设能源基础设施的活动对原住民的经济、文化、环境权利等方面产生了负面影响。

二 北极原住民权利问题解析

驯鹿放牧是萨米传统文化的有力象征，由于畜牧业的流动性，萨米牧民需要全年在不同的牧场之间流动。驯鹿放牧作为萨米人的传统生计受到法律保护，但萨米人认为这并不意味着他们的权利反过来得到尊重。对原住民而言，反对北极开发并不只是其对土地资源有着不同的利用方式，更重要的是原住民的权利在不同层次上受到了影响。

首先，北极原住民认为自身经济权利受到影响。原住民认为，北极国家的矿产资源开发和能源基础设施建设活动会打乱驯鹿的迁徙路线，要么迫使驯鹿及牧民在冬季和夏季放牧区之间找到一条新的道路，要么要求他们与设施的所有者或经营者协商通行。而且用于工业开发的建设活动本身会使放牧区无法使用，影响原住民无限期地在相应土地上继续从事生产活动，从而陷入土地只能用来放牧和工业建设二选一的困境，损害了以放牧等单一经济活动为主的原住民生计。萨米人所在地区虽然有着丰富的矿业、水利、旅游业和渔业潜力，但基础设施和工业园区建设需要占据大量土地，用作驯鹿产业的土地将因此减少。[①] 所以对于原住民而言，北极开发加剧了萨米人生存发展的难度和成本：现代化的开发活动会改变原有的生态环境，使原住民不仅面临着承担环境破坏的风险，还将面临采矿、能源生产、林业和旅游业开发

① 王金鹏、朱婧远、李奕喆：《挪威原住民的集体经济危机——以林牧业为例》，《中国集体经济》2020 年第 15 期。

对土地的侵占问题，北极开发活动一旦导致部分原住民无法继续从事原来的狩猎、放牧等传统生计，缺乏教育、技术甚至文化语言不同的原住民难以找到新的生计。因此，仅仅只从驯鹿经济出发，北极国家的矿产资源开发和能源基础设施建设活动就使原住民的传统经济面临解体的风险。

其次，北极原住民认为自身的文化和环境权利受到损害。一方面，在萨米人看来，驯鹿放牧并非纯粹的经济活动，更是萨米人的文化权利，北极开发会使萨米人失去放牧土地，导致原住民的驯鹿文化无法传承和发展。驯鹿放牧作为原住民享有的文化实践权利得到了挪威法院认可。2021 年 6 月 30 日挪威最高法院做出判决，认可萨米人在挪威与瑞典边境的萨里武马（Saarivuoma）地区拥有放牧权。① 2021 年 10 月挪威最高法院裁定，福森地区的斯托海亚和罗安风电场侵犯了《联合国公民权利和政治权利公约》第 27 条规定的文化实践权利，取消了这一欧洲最大陆地风电场的建设许可，并要求企业拆除相关设备。② 挪威最高法院认为，风电场的继续存在可能会损害萨米文化，③ 而萨米牧民通过祖传的驯鹿放牧实践其文化的权利是绝对的，该条款不适用于在少数人的利益与社会整体利益相平衡的情况下进行相称性评估——即使这种利益是生产可再生能源。④ 另一方面，北极开发对环境的潜在影响导致原住民的环境权利受到损害。原住民享有在安全、健康和生态健全的环境中生活并实现可持续的和生态环境健全的自我发展的权利，⑤

① “Svenske reindriftssamers adgang til beiteområder i Norge,” https://www.domstol.no/enkelt-domstol/hoyesterett/avgjorelser/2021/hoyesterett-sivil/hr-2021-1429-a/.

② “Vedtak om konsesjon til vindkraftutbygging på Fosen kjent ugyldig fordi utbyggingen krenker reindriftssamenes rett til kulturutøvelse,” https://www.domstol.no/enkelt-domstol/hoyesterett/avgjorelser/2021/hoyesterett-sivil/hr-2021-1975-s/.

③ Saara-Maria Salonen, “A Year after Supreme Court Verdict, Fosen Wind Farm Still Stands Amid Soaring Energy Crisis,” https://thebarentsobserver.com/en/indigenous-peoples/2022/10/year-after-supreme-court-verdict-fosen-wind-farm-still-stands-amid.

④ Eva Maria Fjellheim, “Green Colonialism, Wind Energy and Climate Justice in Sámi,” https://iwgia.org/en/news/4956-green-colonialism, -wind-energy-and-climate-justice-in-s%C3%A1pmi.html.

⑤ 彭秋虹、陆俊元：《原住民权利与中国北极地缘经济参与》，《世界地理研究》2013 年第 1 期。

《联合国土著人民权利宣言》第29条也规定原住民有权养护和保护其土地或领土和资源的环境和生产能力。原住民高度依赖极地地区的特殊生态环境，并在长期的生存发展中形成了以渔猎、放牧为主的单一经济活动，故萨米人必然重视环境权利。然而，环境权利需要来自国家（政府）的保障，[①]但在北极开发进程中，生态环境的脆弱性决定了在当地开展经济开发活动会给气候、地貌带来严重影响，阻碍驯鹿迁徙，且无论是矿产开采，还是基础或工业设施建设等活动，北极国家均承担了推动者的身份。所以在原住民眼中，北极国家不仅不是其生存环境的“保护者”，反而成了“破坏者”。

最后，原住民认为自身受到绿色殖民主义的压力。绿色殖民主义，也称为生态殖民主义、环境殖民主义或气候殖民主义，通常是由西方或较发达国家对欠发达国家（主要是亚洲和非洲国家）施加的，通过利用影响力制定政策和发展战略或技术的做法，以环境友好为幌子使用其资源。绿色殖民主义也可能发生在一个国家的地区之间或族群之间，例如一些观点认为，剥夺原住民对其土地的权利以及挪威政府对萨米人反对风电场的漠视本身就是殖民主义，这是利用环境友好型做法、技术和政策，以“绿色”的名义，通过篡夺当地人民的权利来实现未来能源来源和收入手段的目标。[②] 原住民认为，推动可再生能源作为应对气候变化的手段是一种“殖民化”的新方式，因为土地正在被用于矿产开采，绿色转型只不过是对萨米土地的另一种占有方式，不同之处在于土地资源开发被赋予了绿色的名义，在舆论上具有天然的正当性。萨米人是导致气候变化责任最小的人之一，却是最先受到这些变化影响的人之一，北极国家将土地损失的最大负担强加给温室气体排放责任最小的人民和地区，这显然是不公正的。[③] 无论是矿产资源开发还是能源基

---

① 崔建霞：《环境权利的重构——兼论环境生存权与环境发展权及其实现》，《山东大学学报（哲学社会科学版）》2019年第6期。

② Hafsa Noor, “What Is Green Colonialism? - Everything You Need to Know,” https://www.envpk.com/what-is-green-colonialism-everything-you-need-to-know/.

③ Gunn-Britt Retter, “Indigenous Cultures Must Not be Forced to Bear the Brunt of Global Climate Adaptation,” https://www.arctictoday.com/indigenous-cultures-must-not-be-forced-to-bear-the-brunt-of-global-climate-adaptation/.

础设施建设，都与北极国家的“绿色转型”政策和在《巴黎协定》下的承诺，以及欧盟的可再生能源发展目标有关。所以，萨米人认为所谓“绿色”产业不过是对驯鹿牧场的进一步侵占，这是“绿色殖民主义”对原住民的压迫。

可见，在北极开发中原住民传统的经济产业受到了现代化工业的冲击，以可再生能源为借口开发原住民土地的做法催生了绿色殖民主义问题，也导致原住民原本的经济发展和传统文化面临被阻断的风险。风力涡轮机和太阳能电池板不会自行建造，为了实现温室气体的零排放，北极国家需要更多的资源来实现经济和社会的绿色转型。虽然矿产资源开发和能源基础设施为北极国家的绿色转型提供了能源与相关产品，但由于以驯鹿放牧为代表的原住民传统经济具有文化属性，原住民面临文化和经济被进一步边缘化的风险，这种结果对原住民而言显然是无法接受的。

三　对北极绿色殖民主义的评价

在历史上，包括萨米人、因纽特人在内的北极原住民都遭受过不同程度的殖民主义压迫。如 2018 年联合国机构专门批评过瑞典政府对待原住民的政策。[①] 联合国指出，北欧国家有着悠久的种族主义历史，萨米人被迫改变生活方式，并受到虐待、侵犯和种族歧视，时至今日他们对萨米人的政策仍然受到批评，[②] 这表明原住民对北极绿色殖民主义的担忧与北极国家历史上的殖民主义政策不无关系。

首先，绿色殖民主义的出现有其必然性。在国际层面，北极国家纷纷就绿色转型展开国际合作。目前，瑞典和芬兰是“超越石油和天然气联盟”

---

① Ahmet Gencturk, “Mine in Swedish Arctic Threatens Indigenous Sami People,” https: //www. aa. com. tr/en/europe/mine - in - swedish - arctic - threatens - indigenous - sami - people/2794272.

② “The Sámi: We Are the Natives of This Country,” https: //unric. org/en/sami-we-are-the-natives-of-this-country/.

（Beyond Oil and Gas Alliance）的成员国或合作伙伴；[①] 2022 年 3 月，瑞典驻美大使馆、瑞典商务促进局、瑞典能源署和瑞典创新机构 Vinnova 发起了绿色转型倡议（GTI），支持美国在交通、能源、工业和可持续建筑等领域实施绿色技术，瑞典成为美国气候转型的关键合作伙伴。[②] 2022 年 9 月，挪威首相斯特勒访问美国时表示，挪威和美国在气候行动、可再生能源和绿色转型领域有着共同的雄心壮志。[③] 在国内层面，建设以风能、氢能为代表的清洁能源产业链已是北欧国家的共识和能源转型的必由之路。瑞典在其北部基律纳地区发现了欧洲最大规模的稀土矿床，储量超过 100 万吨；[④] 2022 年 11 月，瑞典矿业公司 LKAB 与挪威公司 REEtec 宣布共同在瑞典北部提取和加工稀土元素，并将产品出售给德国汽车企业。[⑤] 瑞典矿业公司 LKAB 还投资绿色采矿业、无碳排放的钢铁产业和电动汽车电池工业。[⑥] 瑞典不断推进建设核电、水电和风力发电的混合能源方案，使瑞典 98%的电力不需要化石燃料即可生产。[⑦] 同时，未来芬兰还将建设全国氢气网络来作为气候与能源的解决方案。[⑧] 挪威则投资建立“北极氢区”价值链，包括氢动力车辆、氢动力船只以及氢气基础设施等，即推动清洁能源产品在挪威北极地区的使用

---

① “Who We Are,” https://beyondoilandgasalliance.org/who-we-are/.

② “Launch of Sweden - U.S. Green Transition Initiative to Accelerate the Climate Transition,” https://www.swedenabroad.se/en/embassies/usa-washington/current/news/launch-of-sweden-u.s.-green-transition-initiative-to-accelerate-the-climate-transition/.

③ “Norwegian Offshore Wind Development in New York,” https://www.regjeringen.no/en/aktuelt/norwegian-offshore-wind-development-in-new-york/id2928136/.

④ 谢彬彬：《瑞典发现大型稀土矿 恐难缓解欧盟“稀土荒”》，新华网，http://www.news.cn/world/2023-01/19/c_1129300187.

⑤ Hilde-Gunn Bye, “Norwegian-Swedish Cooperation on Rare Earth Metals: Marks the Beginning of Something New in Europe,” https://www.highnorthnews.com/en/norwegian-swedish-cooperation-rare-earth-metals-marks-beginning-something-new-europe.

⑥ Hilde-Gunn Bye, “Industrial Adventure in Northern Sweden: Investments of over SEK 1000 Billion in the Coming Years,” https://www.highnorthnews.com/en/industrial-adventure-northern-sweden-investments-over-sek-1000-billion-coming-years.

⑦ “Sweden Support Nuclear Energy and Potential New-Build,” https://www.euronuclear.org/news/sweden-support-nuclear-energy-new-build/.

⑧ “Finland to Build a National Hydrogen Infrastructure,” https://www.renewableenergymagazine.com/hydrogen/finland-to-build-a-national-hydrogen-infrastructure-20220623.

和流转。[①] 可见，北极国家正在进行能源和经济的绿色转型，这需要大量相关的原材料和产品，刺激了北极矿产资源和土地的开发需求，必然引发原住民与北极国家的冲突，表明绿色殖民主义出现是北极经济发展的必然结果。

其次，原住民在一定程度上受到了绿色殖民主义的压迫。新殖民主义理论认为，发达资本主义国家可以在不进行直接殖民统治的情况下，通过各种方式对落后国家和地区进行控制、干涉与掠夺的政策及其活动，新殖民地政治上享有主权，但在经济上依附、文化上顺从。[②] 北极原住民的境遇，在一定程度上与新殖民主义有共同点，尽管原住民的权利和法律地位在国际法与国内法层面得到了确认，但传统生计仍旧面临被资本主义干涉的风险，原住民赖以生存的土地被北极国家和企业“掠夺”，而且当原住民无法继续从事传统生计时，其在经济上只能依赖于相应的企业，并面临传统文化被阻断的风险。此外，相较于驯鹿放牧等第一产业而言，矿产资源开发和能源基础设施建设活动能给北极国家和企业带来更丰厚的收益，但必然与北极原住民的经济和文化产生冲突。由此可见，北极国家的矿产资源开发和能源基础设施建设活动产生的后果与新殖民主义有相似之处，原住民并非过分夸大自身境遇，而是原住民意识自身经济和文化权利存在被进一步消解的风险。

最后，原住民发展权的实现是应对绿色殖民主义的根本手段。针对北极资源开发与环境保护的问题，一些原住民组织内部存在着“积极开发”“现实利益”“环保优先”三种不同观点，[③] 甚至部分原住民组织坚持禁止开发的观点，主张应该在北极范围内停止资源开发，回到“零开发”的道路上。[④] 显然，“不开发”不是保护原住民权利的方式，原住民不是不需要北极开发，而是需要保障其发展利益的开发方式。尽管北极矿产资源开发与能源基础设施建设活动客观上可以为原住民提供多样化的发展渠道，如北极开

① 刘博宇、李凌志：《贝勒沃格：未来挪威清洁能源的发展重地》，《海洋世界》2022 年第 9 期。

② 毕健康：《反思新殖民主义》，《史学理论研究》2022 年第 5 期。

③ 闫鑫淇：《因纽特环北极理事会参与北极治理的权力、路径和影响》，《江南社会学院学报》2020 年第 1 期。

④ 于宏源：《气候变化与北极地区地缘政治经济变迁》，《国际政治研究》2015 年第 4 期。

发和经济发展需要大量劳动力，有助于原住民的就业和发展，但是只有原住民群体具备语言、教育或技术等能力时，才能实现从第一产业向第二或者第三产业的转变，当原住民缺乏这些素质时，就难以从北极开发中获得实质性发展。因此，原住民在应对不断推进的北极开发活动时，应当认清自身核心利益，即原住民群体的发展不仅仅是收入的提高，还要大力发展教育，兴建基础设施，发展经济，建立社会保障制度，使原住民有能力根据自己的愿望和需要发展族群，传承文化，而不是活在现代与传统的夹缝中。

虽然北极矿产资源开发和能源基础设施建设看起来是一种必要的、能够促进北极经济发展的合理行为，但其与殖民主义的目标相似，即将原住民土地和人民纳入资本主义发展的逻辑之下，并将国家（和资本）控制扩大到居住在其中的人口。① 因此，对北极原住民而言，其原本游离在主流社会之外，面临被同化的风险，而随着北极国家的绿色转型，原住民传统经济和文化将被进一步侵蚀，绿色转型恰恰是另一种形式的殖民压迫。

四　北极原住民发展的未来展望

北极的经济发展和区域合作平台建设使原住民的地位得到明显提升，萨米人不断地在地区和国际平台上传播自己的声音。随着原住民地位不断增强，原住民在北极治理中拥有更多的话语权，并采取更多措施保护自身权利。

首先，绿色殖民主义与原住民权利问题会越来越多地出现。《欧洲气候中立氢能战略》要求氢在欧盟能源组合中的份额到 2050 年提高至 13% ~

① Pedro Allem, Mancebo Silva, "The Old Colonialisms and the New Ones: The Arctic Resource Boom as a New Wave of Settler - Colonialism," https://www.thearcticinstitute.org/old-colonialisms-new-ones-arctic-resource-boom-new-wave-settler-colonialism/.

14%，并完全采用可再生能源风能和太阳能生产绿氢;[①] 美国 2022 年新版《北极地区国家战略》报告指出，将深化与芬兰、挪威和瑞典等北极国家的合作，追求包括关键矿产的北极的可持续经济发展，以基于国家安全、环境可持续性和供应链弹性问题来筛选未来的投资。[②] 美国 2022 年 6 月建立的“矿产安全伙伴关系”（MSP）中，涉及的北极国家包括芬兰和瑞典，[③] 同时挪威和芬兰也是美国石墨、钴等关键矿产的重要来源国。[④] 在欧盟委员会标记的 30 种关键原材料中，14 种可以在芬兰找到。[⑤] 2023 年 3 月欧盟提出的《关键原材料法案》（CRM Act），要求到 2030 年，欧盟国家对稀土、锂、钴、镍以及硅等关键原材料的开采和加工至少达到欧盟年消费量的 10%和 40%。[⑥] 2023 年 1 月，挪威和德国宣布正在扩大在氢能、电池技术、海上风电以及碳捕获和储存等领域的下一步合作。[⑦] 因此，在政治目标和经济利益的驱动下，未来北极矿产资源开发和能源基础设施建设活动将会越来越多，原住民与北极国家的冲突必然进一步上升。

其次，北极原住民的权利将会受到原住民组织和全世界的关注，全球原住民可能联合起来共同维护自身权益。萨米议会等原住民组织机构是原住民表达声音的平台，也是北极治理的重要参与方，并在相关国际组织中享有观

---

① B. И. 沃洛申、O. E. 纳扎罗娃：《美欧制裁下俄罗斯能源低碳发展的路径选择》，陈思旭译，《俄罗斯学刊》2022 年第 5 期。

② “Fact Sheet: The United States' National Strategy for the Arctic Region,” https://www.whitehouse.gov/briefing-room/statements-releases/2022/10/07/fact-sheet-the-united-states-national-strategy-for-the-arctic-region/.

③ 李建武、马哲、李鹏远：《美欧关键矿产战略及其对我国的启示》，《中国科学院院刊》2022 年第 11 期。

④ 于宏源、关成龙、马哲：《拜登政府的关键矿产战略》，《现代国际关系》2021 年第 11 期。

⑤ Igor Kuznetsov, “Finland Seeks to Reduce Economic Dependency on China,” https://sputniknews.com/20230306/finland-seeks-to-reduce-economic-dependency-on-china-1108078729.html.

⑥ “Critical Raw Materials Act,” https://single-market-economy.ec.europa.eu/sectors/raw-materials/areas-specific-interest/critical-raw-materials/critical-raw-materials-act_en.

⑦ “Closer Cooperation between Norway and Germany to Develop Green Industry,” https://www.regjeringen.no/en/aktuelt/closer-cooperation-between-norway-and-germany-to-develop-green-industry/id2958102/.

察员地位。北极区域原住民对北极事务的影响力完全是通过北极区域原住民非政府组织，尤其是通过跨国原住民非政府组织各种形式的积极活动而形成的。[①] 2019年萨米理事会出台的《萨米北极战略》（The Sámi Arctic Strategy）中，就明确指出未来萨米理事会的工作方向包括：确保选择的权利、应对气候变化和环境保护、将萨米本土知识和科学作为前进的催化剂，以及萨米理事会作为北极事务的决策伙伴。[②] 因此，原住民组织和国际社会在应对气候变化和可持续发展方面会给予原住民更多关注，也将有更多力量帮助原住民解决传统生计和绿色产业之间的矛盾，维护原住民的正当利益。除萨米人外，2022年8月，加拿大因纽特妇女协会（Pauktuutit）主席格里·夏普（Gerri Sharpe）和加拿大原住民服务部部长帕蒂·哈伊杜（Patty Hajdu）率领加拿大原住民代表团在新西兰首都惠灵顿与毛利人建立合作关系，[③] 这表明未来全球原住民可能会联合起来，共同维护自身权利。

最后，原住民将会争取包括决策权在内的更多权利。《联合国土著人民权利宣言》第3条规定原住民享有自决权，即保留他们的土地以及使用这些领土的传统方式，并维持自治。对原住民而言，自决权对其土地和自然资源的权利十分重要，它使原住民能够参与决策或就其发展、生计、土地和文化作出自己的决定。萨米人在北极开发的进程中其自决权更倾向于选择的权利，也就是决策权，即萨米人能够有权决定关于萨米人的土地和其他资源的使用或发展事项，而不是仅仅只能提出反对和索要赔偿。在原住民组织的关注下，萨米人会寻求决策权以维护自身在北极开发中的利益，而不是被强迫接受开发。

因此，尽管北极原住民权利问题仍会存在，但随着北极原住民不断在地区和国际平台上表达意见，人们意识到在原住民生活的土地上进行开发不再

---

① 叶江：《试论北极区域原住民非政府组织在北极治理中的作用与影响》，《西南民族大学学报（人文社会科学报）》2013年第7期。

② “The Sámi Arctic Strategy,” https://www.saamicouncil.net/documentarchive/the-smi-arctic-strategy-samisk-strategi-for-arktiske-saker-smi-rktala-igumuat.

③ “Deep in the southern hemisphere, a qulliq is lit,” https://nunatsiaq.com/stories/article/deep-in-the-southern-hemisphere-a-qulliq-is-lit/.

是单纯的经济问题，原住民权利保护和绿色殖民主义问题会日益受到重视，原住民可以在北极开发中更好地维护自身利益。

综上所述，原住民群体在北极开发中的地位不言而喻，北极国家需要世代生活于此的人民创造繁荣的经济和有活力的社区，以此来促进北极国家和北极人民共同发展。而只有协调好开发与保护的关系，才能推动北极开发。值得注意的是，原住民群体和环保组织关系微妙，双方对北极开发都颇有微词。而“不开发”不是保护原住民权利的方式，原住民不是不需要开发，而是需要保障其发展利益的开发方式。“反对开发”不应是原住民参与北极开发的目的，原住民在北极开发中应认清自身利益，争取在北极治理机制中获得决策权，维护自身的发展权，以此作为对抗绿色殖民主义的武器。

B.15

北极人的安全问题：治理与中国进路

吕海洋　孙凯*

摘　要： 冷战结束后，人的安全概念逐渐推广到北极地区。通过聚合个人、社群与国家三个维度的安全因素，北极地区人的安全理念主要包含了水安全、粮食安全、基础设施安全、生存安全、原住民政治安全等内容。随着人的安全理念受到广泛关注，北极国家也将其作为安全决策的重要参考。中国在参与北极治理的进程中逐渐形成了科学考察、环境保护、经济发展和社会治理等四大发展利益，这在一定程度上与北极地区人的安全治理内容实现了重合。为此，中国应当积极参与北极人的安全治理进程，通过完善身份设计、充实知识资本、扩展参与主体等路径，以此来提高中国在北极地区的治理能力，并为北极地区人的安全治理提供有效范本。

关键词： 北极安全　人的安全　安全治理

冷战结束后，北极地区的安全进程呈现明显的态势变迁：在安全主体上，北极地区摆脱了美苏两极的军事钳制，北极国家也由此获得了独立自由的发展机遇，国际组织、跨国公司等非国家行为体也在一定程度上影响着北极地区的安全进程；在安全议题上，北极地区撕去了冷战的标签，政治博弈

---

* 吕海洋，中国海洋大学法学院博士研究生；孙凯，中国海洋大学国际事务与公共管理学院教授、博士生导师，中国海洋大学海洋发展研究院高级研究员。

和军事竞争等传统安全领域不再构成北极安全的全局，航线运输、能源开发、生态保护、社会福利等非传统安全议题逐渐发展为北极地区安全议题的重点内容。

在北极地区非传统安全的发展过程中，人的安全作为一种全新的非国家本位安全观开始出现。作为不断适应北极地区新安全现实的产物，人的安全在内容上对传统安全和非传统安全进行融合——在安全威胁的来源上，人的安全既包括传统的军事威胁，也包括环境、经济等条件恶化给个人带来的发展威胁；在安全指代对象上，既包括国家，也应当涵盖个人；在实现安全的具体目标和价值上，人的生存安全和发展福祉与国家领土安全具有同等重要的地位。同时，人的安全在安全研究范式上做出了革新，它摆脱了传统国家安全叙事，从公民个人及其所在社区的角度来考察北极地区种种不安全因素给北极地区的居民在生存福祉、社会发展、文化保护等方面所带来的种种影响，这使北极安全超越了国家和地区的界限，并将其作为一种普适性理念与全球安全理念接轨。

从实际来看，北极地区人的安全概念的出现有一定现实意义：从北极地区来看，冷战后北极地区的居民和原住民团体正面临着气候变化、自然灾害、社会发展差距增大等多种安全风险，这就使保障北极地区居民人身安全、缩小北极地区经济社会发展不平衡的差距进而增强北极地区人民的安全感成为维持北极地区稳定秩序的重要议题。同时，以国家为主体的安全提供路径在应对非传统安全威胁时往往力有不足：一方面，主权国家安全依然以军事安全和政治安全为主；另一方面，主权国家在面对非传统安全威胁的治理时往往存在不同的政策偏好，这往往使非传统安全治理停留在较低的层次。由此，人的安全尝试通过对“以国家为安全提供主体”的观点直接批判，进而强调一种“安全聚合”的思路来直接强调国家之下个人的生存与发展安全。

但是，人的安全作为一种批判性安全观，其思考路径也面临着多方的争议和讨论：支持者认为安全概念具备动态变化的属性，它会随着时间和环境的发展发生相应的调整，为此也应当将个人和社群纳入安全提供者以及安全指代对象的思考范畴；反对者则强调人的安全只是把多重目标和原则进行杂糅，它并不存在一个明确清晰的内涵和限定范围，因而无法指导有效的实践和决策。

从本体论的角度来看，人的安全作为一种去国家化的安全观与国家本位的安全观在概念上存在着根本性的矛盾。但是，这并不意味着人的安全概念与其他安全概念完全无法兼容。人的安全在内容和目标上与国家本位的安全观存在重叠：保证个人的人身安全、提高个人的生活质量本身就是国家获得政权合法性的重要路径。因此，人的安全可以与国家本位的安全观实现互补。[①] 当前国际社会仍然以主权国家为主要行为体，这就意味着人的安全秩序在当前以及未来相当长的一段时间内都无法实现安全权力的集中。人的安全作为一种反国家本位的批判安全观，重点在于强调个人的安全。这并不妨碍人的安全作为一种互补性的安全概念来促进北极国家以及其他行为体对北极安全观的理解。人的安全已经对许多北极国家和国际组织的决策产生影响，并成为研究北极安全问题的重要指导，原住民安全、气候安全、粮食安全、社会安全等领域都有所涉及。同时，人的安全秩序补充了国家在某些非传统安全议题上的缺位，比如原住民安全、粮食安全、水安全等，这可以促使北极国家意识到此问题并采取相关措施进行有效应对。

因此，我们可以先将人的安全的批判力放在次要层面，重点关注人的安全如何与现行安全概念相契合。换言之，我们可以将人的安全作为北极传统安全的补充并从这个角度展开考察，以此来理解北极地区的整体安全水平。

一　人的安全概念的背景

马赫布·乌尔·哈克（Mahbub Ul Haq）对人的安全概念的发展有举足轻重的作用。哈克认为，全球自 20 世纪 90 年代以来已经进入了以人的安全

① 石斌：《“人的安全”与国家安全——国际政治视角的伦理论辩与政策选择》，《世界经济与政治》2014 年第 2 期。

为主要特征的新时代，这也就意味着安全概念应当关注人的生活以及人在工作、街道、社群和环境中的安全，而不仅仅关注军事安全和领土安全。[①] 基于对人的安全概念的设想，哈克在联合国开发计划署主持了《人类发展报告》和人类发展指数（HDI）两大议程。在哈克的影响下，1994 年《人类发展报告》对人的安全（human security）概念做出了系统界定。报告认为人的安全包含两部分内容，即人拥有免于恐惧和免于匮乏的自由，具体包括政治、个人、食物、健康、环境、经济和社群等七大安全威胁。[②] 人的安全概念有四项基本特征：第一，人的安全是普遍关注的问题，与国家的贫富无关；第二，人的安全的组成部分是相互依赖的，饥荒、疾病、污染、贩毒、恐怖主义等威胁已经不再属于单一国家的问题；第三，人的安全的最佳应对措施是早期预防而不是后期干预；第四，人的安全是以人为本的。从联合国《人类发展报告》对人的安全的概念界定可以看出，人的安全是一种跨国家、跨地域、跨议题、跨主体的更加综合的安全议题，主要体现了对平民或非国家行为体安全动态的关注。

冈希尔德·格洛夫（Gunhild Gjørv）等在此基础上对人的安全做出了一个更为精细的界定：当个人或多个行为者能够自由识别对其自身福祉产生影响的风险与威胁时，他们能够有机会向其他行动者阐述这些威胁，通过自身或与其他行动者一起来终结、减轻或适应这些安全风险；其中，行为者包括个人和社区、研究人员和研究团体、政府和非政府组织、媒体、工商业、军队和决策者等能在识别威胁和构建安全方面发挥作用的多重角色。[③] 由此可见，人的安全概念对国家本位的安全概念进行了较为显著的批判与整合。自然人取代主权国家成为安全的终极关注焦点，主权国家则成为造成人类不安

① Mahbub Ul Haq, "New Imperatives of Human Security," *World Affairs*: *The Journal of International Issues*; Vol. 4, No. 1, 1995.

② UNDP, *Human Development Report 1994*: *New Dimensions of Human Security*, New York: Oxford University Press, 1994, pp. 22-33.

③ Gunhild Hoogensen Gjørv et al., "Human Security in the Arctic: The IPY GAPS Project," in Roland Kallenborn (ed.), *Implications and Consequences of Anthropogenic Pollution in Polar Environments*, Berlin, Heidelberg: Springer, 2016, p. 186.

全的来源之一。人的安全对传统安全观的冲击使其在学界产生了极大的争论。但从客观上来看，以人的安全为理论视角往往能够发现国家本位安全观难以重视的问题，比如原住民的生存与发展问题等。

罗兰·丹罗伊特（Roland Dannreuther）认为，冷战结束以来国际安全的变化不仅表现在大规模战争的预期降低以及世界多极化的兴起，还表现在对“国家作为有效安全提供者”观点的质疑。① 总体来看，人的安全议题将个人置于安全秩序的核心地位，并与社会经济、生态环境、文化福祉等有紧密的联系，这与过去以国家为中心的安全秩序产生了明显的对立关系。拉姆鲁尔·侯赛因（Kamrul Hossain）指出，人的安全议题重点在于个人的安全问题，而不是国家的生存问题。②这也就使人的安全成为讨论北极非军事性安全威胁的有效的工具性概念。格洛夫等认为以国家为基点的北极安全研究并不能恰当地处理非国家层面的安全与不安全问题：国家导向的北极安全使政府只关注资源开发、领土保护以及权力维护等问题，却忽略了气候变化、粮食供应、政治稳定和社区健康等重要问题。③ 拉姆鲁尔·侯赛因和安娜·佩特雷泰（Anna Petrétei）也认为北极地区人的安全有助于捕捉国际、区域和地方行为者的复杂互动。④ 因此，有必要从人的安全视角出发，对北极地区人的安全问题及其治理展开一定分析。

二　北极地区人的安全概念的具体内容

从概念上来看，人的安全是以非结构性威胁因素为出发点对个人、社群

① 〔英〕罗兰·丹罗伊特：《国际安全的当代议程》，陈波、池志培等译，社会科学文献出版社，2021，第3页。

② Kamrul Hossain, Dorothée Cambou (eds.), *Society, Environment and Human Security in the Arctic Barents Region*, New York: Taylor & Francis, 2018, p. 9.

③ Gunhild Hoogensen Gjørv et al., “Human Security in the Arctic—Yes, It Is Relevant,” *Journal of Human Security*, Vol. 5, No. 2, 2009.

④ Kamrul Hossain, Anna Petrétei, “Interacting with Stakeholders: Society and Human Security,” https://lauda.ulapland.fi/bitstream/handle/10024/62387/ArCticles_3_2016-Hossain_Petretei.pdf?sequence=3&isAllowed=y.

以及国家三个安全层次的聚合。[①] 这就意味着，在上述三个层面中，人的安全存在着具体的指代范围和表现形式：从指代范围来看，人的安全包含了个人层面上的人身安全、社群层面的成员安全以及国家层面的公民安全；从表现形式上来看，北极地区的人身安全包括北极水安全、粮食安全、基础设施安全等，成员安全涉及北极地区人民的文化传统与信仰安全等；公民安全的重点在于北极地区公民的权利声索与保障等。

（一）人身安全

从个体角度来看，安全既是一种可以被人识别的直观现象，也是一种可以被人感知的内在情绪。时殷弘将安全的基本概念总结为“个体生命、心灵、躯体及其外在所有物不受任何力量的威胁，特别是暴力的侵犯和损害”，这充分反映了安全概念所要体现的基本要点。[②] 上述两点也充分反映到人的安全概念范畴中，构成了个人安全的两个维度：一方面，在一定自然和社会环境下，个人能够维持最低生存所需要的最少物质供给，其中包括可用的水源、基本的食物供给以及用于栖身的居住场所；另一方面，在此环境中，人有对追求安全、躲避威胁的基本心理需求。

北极地区气候复杂多变，生态环境也十分脆弱。在全球变暖和人类活动的双重作用下，近年来发生的一系列生态风险事件不断增多。北极地区的环境变化包括气温升高、海冰融化、降水模式变化、河流和湖泊冰层异常破裂、永久冻土解冻、洪水和溪流变化、海岸侵蚀、入侵物种以及更频繁的极端天气事件，如强烈风暴、山体滑坡和野火。上述变化既对北极环境造成了破坏，又给北极地区的基础设施带来一定风险，也对当地居民的日常生活构成了严峻的威胁。[③] 其中，水、粮食与基础设施的安全风险是当前北极地区

---

① 胡薇薇：《冷战后“人的安全”理论形成与发展》，硕士学位论文，清华大学，2004，第36~39页。

② 时殷弘：《国际安全的基本哲理范式》，《中国社会科学》2000年第5期。

③ Chiara Cervasio，Eva-Nour Repussard，“Prioritising People in the Arctic，” https：//basicint. org/wp-content/uploads/2022/10/BASIC-Prioritising-People-in-the-Arctic. pdf.

居民所面临的三大重要风险。

1. 水安全

随着全球变暖的进程不断加快，北极地区的自然水系统也在发生转型，该地区的水量和水质也在发生相应的变化。在气候变暖的影响下，北极地区的融水季节提前开始，这就造成了北部湿地无法在夏季保持相应的水位，这直接导致了北极地区湿地的干燥化。这不仅影响了北极地区的生态系统，同时还严重影响了北极地区居民的用水来源。2022 年 8 月，加拿大努纳武特地区的伊魁特市（Iqaluit）由于降水缺乏，区域内的河流一直处于 40 年来的最低水位，致使该市无法在冬季到来前储存足够的居民用水。为应对此情况，努纳武特地区政府宣布伊魁特市进入紧急状态。[①] 北极地区居民用水的水质问题同样不容乐观，气候变暖导致的永久性冻土层融化造成了对水源的侵蚀，增加了水的浑浊度；水温升高也造成了水源中微生物含量有所上升。更为严重的是，在暴雨期间，北极的低地地区在海水倒灌的影响下，储存在环境中的化学污染物被释放到水源中。[②] 由于北极地区的大多数居民依赖地表水作为饮用水源，这就对北极地区居民的饮用水可用性和水安全造成了严重影响：一方面，水源缺少和水污染使北极地区的居民面临着水源紧张的风险；另一方面，受传统文化的影响，北极地区原住民更倾向于使用未经处理的水源，这就极易造成基于水源传播的疾病的暴发，进而危害北极地区居民的生命安全。

2. 粮食安全

北极地区气候复杂多变，生态环境也十分脆弱，自然环境的恶劣使北极地区的居民一直面临着粮食供应的挑战。近年来，随着气候变化、经济活动增加以及社会贫困等问题不断出现，北极地区的粮食安全风险越发明显。首

① Luke Carroll, "Water Shortage Prompts Iqaluit to Declare State of Emergency," https://www.cbc.ca/news/canada/north/iqaluit-water-shortage-aug-12-2022-1.6549746，最后访问日期：2023 年 5 月 10 日。

② Sherilee L. Harper et al., "Climate Change, Water, and Human Health Research in the Arctic," *Water Security*, Vol. 10, 2020.

先，气候变化导致北极地区的粮食种植产生新风险。在气候变暖的影响下，更加温和但更不稳定的冬季可能会增加北极地区的植物对南方害虫的敏感性；还可能导致北极地区引入新的害虫、杂草以及动植物疾病；并且，降水量激增以及潮湿的土壤条件将使北极地区既有耕地种植粮食与蔬菜更加困难。①

其次，北极地区居民所需食物的类别将会受到间接影响。以因纽特人饮食为例，因纽特人日常的食物主要是驯鹿、北极红点鲑等传统食物，但是气候变化导致传统狩猎路线的危险性增加，这使因纽特人收获传统食物变得更加困难，许多人开始选择到商店购买食物。但是，由于商店的食物在营养密度上无法达到传统食物的营养水平，这种营养成分的转变可能会增加因纽特人患肥胖症和糖尿病等的风险。②

3. 基础设施安全

在全球气候变暖和人类活动的双重作用下，近年来发生的一系列生态风险事件既对北极环境造成了破坏，又给北极地区的基础设施带来了一定风险。2020 年 5 月，俄罗斯克拉斯诺亚尔斯克边疆区（Krasnoyarsk）诺里尔斯克市（Norilsk）诺里尔斯克镍公司（Norilsk Nickel）所属第三燃煤热电厂的第 5 号柴油储罐发生严重泄漏事故，导致超过 21000 立方米的柴油泄漏，对当地生态环境和居民生活造成严重威胁。事故发生后，诺里尔斯克镍公司发布官方声明指出气候变暖与永久冻土层融化是导致此次事故发生的主要因素。③ 桑卡兰·拉金德兰（Sankaran Rajendran）等也在后续的研究中证明 1980~2019 年诺里尔斯克的冻土季节性解冻深度存在着明显的年际变化，这种变化可能造成不均匀的地面沉降，容易形成积水和热喀斯特地貌。基于上述因素，在高温和融水对建筑物桩基的侵蚀下，最终致使油罐倒塌，造成巨

---

① Kathrine Torday Gulden, "How Will Climate Change Affect Arctic Agriculture?" https://thebarentsobserver.com/en/node/11019.

② Sappho Gilbert, "Food Security, Nutrition, and Indigenous Health in the Arctic," https://www.niehs.nih.gov/research/supported/translational/peph/podcasts/2022/nov14_food-security/index.cfm.

③ "Clean-up Progress Update on the Accident at a Fuel Storage of Norilsk Nickel," https://www.nornickel.com/upload/iblock/e24/norilsk_nickel_hpp3_accident_update_as_of_june_9_final.pdf.

大的经济损失和生态破坏。[①]

同时，气候变化带来的负面效应对北极地区居民的居住地造成风险，这些社群甚至已经开展整体迁徙。2022 年 12 月，美国阿拉斯加州纽托克区（Newtok）成为美国第一批因气候危机而集体搬迁到新地点的社区之一。纽托克区原建在阿拉斯加州的永久冻土层之上，在过去的几千年中，北极地区的永久冻土层一直保持着冰冻状态。但是在全球气候变暖效应的影响下，永久冻土层中的土壤和沉积物开始融化崩塌，这对当地的建筑物、道路、管道交通以及传统的狩猎和诱捕地产生巨大威胁；同时，永久冻土层的融化使储存在其中的甲烷开始释放，这又进一步加重了气候变暖的程度。[②] 这就使北极基础设施的安全问题形成了一种恶性循环。

（二）成员安全

成员主要指代处于某一种社会合作关系中的个人，成员安全也就是个人在一定社会合作关系内所面临的安全议题。这种安全风险的出现缘于社群成员将某一种事物的发展或潜在的可能性视作一种威胁。[③] 在北极地区，最为显著的社会合作关系就是原住民群体。随着北极地区自然环境条件和社会经济条件的变化，北极地区原住民群体在过去赖以支撑的观念、信仰和传统受到了极大的冲击。气候环境条件的改变使北极地区原住民不得不面临自身生活方式被改变的风险。

同时，现代化进程中的负面效应，包括文化冲击、失业、药物滥用、酗酒等社会治安问题也是北极地区居民面临的安全风险。以美国阿拉斯加州为例，阿拉斯加伤害预防中心前执行董事罗恩·帕金斯（Ron Perkins）表示，

---

① Sankaran Rajendran et al.，“Monitoring oil spill in Norilsk, Russia using satellite data,” *Scientific Reports*, Vol. 11, No. 1, 2021.

② Hilary Beaumont，“Alaska Native Community Relocates as Climate Crisis Ravages Homes,” https：//www. aljazeera. com/news/2022/12/15/alaska-native-community-relocates-as-climate-crisis-ravages-homes，最后访问日期：2023 年 5 月 11 日。

③ Heather Exner-Pirot，“Human Security in the Arctic：The Foundation of Regional Cooperation,” http：//rgdoi. net/10. 13140/RG. 2. 2. 18371. 40480，最后访问日期：2023 年 5 月 11 日。

从统计数据来看，阿拉斯加原住民自杀的可能性是非阿拉斯加原住民的3倍，这与未被发现和治疗的精神疾病（如抑郁症）和药物滥用问题有关。[①] 由于经济压力和文化传统上的禁忌，原住民群体往往不愿意讨论自杀和心理健康问题。此外，由于社会经济发展的失衡，原住民群体的经济水平并没有得到显著提高，这也使越来越多的原住民开始离开村庄或居留地前往城市寻求工作机会。这加剧了原住民群体对传统生活方式正在消亡的担忧。阿拉斯加卫生健康部门也表达了同样的看法，该部门指出阿拉斯加原住民群体正在失去自己的文化，而且原住民群体难以养家糊口，这又导致酗酒和药物滥用问题更加严重。[②]

（三）公民安全

公民安全往往是人身安全和成员安全在国家政治层面上的集中反映，其核心就在于个人和社群所能拥有的公民权。但是，北极地区的居民及其原住民群体在北极政治议题上却是长期“失语”的状态，并且由于公民权长期没有得到落实，这也加剧了北极地区人民的不安全感。一方面，由于北极地区的“失语”，国家层面并不完全了解北极地区的具体发展情况。从对伊魁特市水危机的事后调查中可以发现，加拿大政府缺乏对北极地区基础设施需求的了解以及由此导致的财政投资不足是造成此次水危机的重要原因。加拿大下议院议员洛瑞·伊德鲁特（Lori Idlout）认为加拿大政府对待北极地区事务只是倾向于应对紧急情况，而不是进行长期的投资预防。她指出：“（政府）总是忘记北极主权的重要性……政府在维护北极主权上理应作出更多努力，应该为北极地区的社区运转提供所需要的人力和资源，而不仅仅是提供军事资源。”[③]

---

① Editorial Staff, “Native Alaskans Alcohol Use Statistics,” https://alcohol.org/alcoholism-and-race/native-alaskans/.

② William Yardley, “In Native Alaskan Villages, a Culture of Sorrow,” https://www.nytimes.com/2007/05/14/us/14alaska.html，最后访问日期：2023年5月11日。

③ Emily Blake, “Arctic Security Depends on Iqaluit Water Quality, Nunavut Mp Says,” https://globalnews.ca/news/9107018/arctic-security-iqaluit-water-nunavut-mp/，最后访问日期：2023年5月11日。

另一方面，北极地区原住民群体在“北极失语”的状态下，他们的安全需求也长期处于被忽视的状态。2022 年，基娅拉·切尔瓦西奥（Chiara Cervasio）和伊娃-努尔·雷普萨德（Eva-Nour Repussard）在一份北极人的安全访谈调查报告《北极地区人民优先：降低人的安全风险的八项政策建议》中指出，北极国家决策者在制定北极政策时往往缺乏对北极地区原住民的世界观的了解，并且用制度化的语言来掩盖对北极原住民世界观的不了解，这对北极原住民尤其有害，因为他们觉得自己的土地和动物没有得到保护，这也随着气候变化和经济投资监管不力而面临越来越大的风险。[①] 拉姆鲁尔·侯赛因认为在气候变化的主要推动下，北极地区的人类活动对北极地区原住民的身份、生计和文化生存造成了很大的安全威胁，为此应当赋予原住民相应的自决权，促进其深入参与北极地区人的安全相关主题，从而帮助他们缓解和适应北极人的安全所带来的挑战。[②] 这一观点也得到阿格涅什卡·舒巴克（Agnieszka Szpak）的进一步探讨。舒巴克以萨米人的安全为主要研究对象，认为北极地区萨米人需要维护其独特的原住民身份、习俗、信仰和价值观、语言以及保证其对原住民地区土地和自然资源的控制和管理权，并强调应当确保萨米人对北极地区合法合理的自决权利。[③]

三　北极国家人的安全相关政策与治理

1998 年 10 月，加拿大与挪威两国外长提议建立“加拿大-挪威行动伙伴关系”，并发布《莱森宣言》（The Lysøen Declaration），双方一致同意以

---

① Chiara Cervasio, Eva-Nour Repussard, “Prioritising People in the Arctic,” https：//basicint. org/wp-content/uploads/2022/10/BASIC-Prioritising-People-in-the-Arctic. pdf，最后访问日期：2023 年 5 月 12 日。

② Kamrul Hossain, “Securing the Rights：A Human Security Perspective in the Context of Arctic Indigenous Peoples,” *The Yearbook of Polar Law Online*, Vol. 5, No. 1, 2013.

③ Agnieszka Szpak, “Human Security of the Indigenous Peoples in the Arctic：The Sami Case,” *International Studies Interdisciplinary Political and Cultural Journal*, Vol. 20, No. 1, 2017.

人的安全为主题推动两国在冷战后的安全合作。① 其中，北极和北方合作成为宣言中人的安全九项议题之一，其内容主要将合作范围限定在文化和环境方面，包括北极地区原住民权力下放、北极环境污染对北极粮食安全与环境安全的影响、可持续发展以及保障生物多样性和构建相关应急方案等议题，并建议两国在有关人的安全国内治理的经验上实现共享与交流。②《莱森宣言》的签署标志着人的安全概念被正式引入北极地区，也有效地实现了人的安全与国家安全的调和。这从侧面反映出，对于人的安全的理解应该是主权国家与个人形成统一阵营，以此来应对种种威胁人身和社会安全的问题，而不应该是对主权国家的无条件批判。

随着人的安全日益受到广泛的关注，人的安全理念越来越多地体现在北极国家的相关政策中。2013 年，美国国防部发布的新版《北极战略》首次提出了北极的人类和环境安全概念，并强调应与其他机构和国家合作，支持人类和环境安全。③ 作为人的安全合作网络的倡议国，加拿大更是密切关注加拿大北极地区的人的安全。2019 年，加拿大贾斯廷 · 特鲁多（Justin Trudeau）政府发布了《加拿大北极与北方政策框架》，以此取代了哈珀政府 2010 年的北极战略。加拿大的新北极战略明确指出在不断演变的北极国际秩序中应增进加拿大的领导力，以此保护并促进加拿大在保障人的安全、环境安全、原住民有序参与等方面的利益。④ 2020 年，俄罗斯先后出台了《2035 年前俄罗斯联邦北极地区国家基本政策》（以下简称《基本政策》）和《2035 年前俄罗斯联邦北极地区发展和国家安全保障战略》（以下简称《保障战略》），以此作为开发北极地区的政策纲领。在俄罗斯的北极政策

---

① “Roundtable on Canada-Norway Relations：The Lysøen Declaration,” https：//publications. gc. ca/collections/Collection/E2-319-1998E. pdf，最后访问日期：2023 年 5 月 12 日。

② 《莱森宣言》围绕着人的安全主题对相关九项安全议题进行了阐述，包括地雷、小型武器控制、武装冲突中的儿童（含童子军）、童工、国际人道主义法律、人权、北极和北方合作、新技术发展合作以及民主善治。

③ “Arctic Strategy,” https：//dod. defense. gov/Portals/1/Documents/pubs/2013_Arctic_Strategy. pdf，最后访问日期：2023 年 5 月 12 日。

④ “Arctic and Northern Policy Framework,” https：//www. rcaanc-cirnac. gc. ca/eng/1560523306861/1560523330587，最后访问日期：2023 年 5 月 12 日。

表述中，“个人”成为俄罗斯北极政策的重要组成部分：俄罗斯北极《基本政策》将提高北极居民生活质量、保护原住民在北极地区的传统生活方式纳为国家发展目标；[①] 俄罗斯北极《保障战略》则根据《基本政策》所制定的发展目标，在提升北极地区医疗水平、教育水平、交通水平以及社会保障水平等领域做出一系列规划。[②] 虽然，俄罗斯北极政策并没有明确提出人的安全这一概念，但是其政策内容与人的安全内容息息相关。

从目前来看，在北极国家层面上尚未形成一个解决人的安全问题的综合方案。但是，人的安全议题已经成为北极地区安全议程中的重要组成部分，北极国家的北极政策中都包含了人的安全议题的相关内容。可以说，人的安全概念的提出在改变北极安全问题的思考模式中发挥了重要作用。随着人的安全概念的重要性不断受到关注，北极国家内部也开始出现将人的安全纳入北极政策的声音。

2023 年 6 月，加拿大北极安全工作会议在努纳武特首府伊魁特市召开，此次会议以“关键基础设施：北方的考虑因素和优先事项”为主题，重点讨论了北极地区人的安全问题。北方联合先遣部队指挥官里维埃（Rivière）在会议上表示，此次会议并不是仅仅讨论军事防御意义上的安全，也关系到北极地区人的生存与生活安全，网络安全、气候变化、发电等民事问题都有所讨论。努纳武特地区长官 P. J. 阿奇高克（P. J. Akeeagok）在会议中认为，真正的北极安全只能通过缩小北极地区的基础设施差距来实现，通过气候行动、改进技术以及依靠人民的力量，才能实现基本的人类安全，以塑造一个更加安全和有适应力的北方。[③] 2023 年 6 月，加拿大参议院发布了一份

---

① Указ Президента Российской Федерации, “Об Основах государственной политики Российской Федерации в Арктике на период до 2035 года,” http://static.kremlin.ru/media/events/files/ru/f8ZpjhpAaQ0WB1zjywN04OgKiI1mAvaM.pdf，最后访问日期：2023 年 5 月 12 日。

② Указ Президента Российской Федерации, “О Стратегии развития Арктической зоны Российской Федерации и обеспечения национальной безопасности на период до 2035 года,” http://kremlin.ru/acts/bank/45972/page/1，最后访问日期：2023 年 5 月 12 日。

③ Tom Taylor, “Arctic Security Working Group Gathering in Iqaluit Tackles Climate Change, Power Production and More,” https://www.nunavutnews.com/news/arctic-security-working-group-gathering-in-iqaluit-tackles-climate-change-power-production-and-more/，最后访问日期：2023 年 5 月 13 日。

名为《威胁之下的北极安全：地缘政治与环境变化下的迫切需求》的报告，报告指出应当将人的安全纳入北极安全的概念体系中，并优先解决加拿大北极地区所面临的社会、经济和健康危机，而不是将加拿大的北极安全在人的安全与军事安全之间做出权衡与选择。① 参议员们一致认为，北极地区原住民社群的参与是关键内容。②

四　中国参与北极人的安全事务的治理进路

从现实意义来看，北极地区在当前和未来的全球格局中都占有越来越重要的地位，其对中国当下的外交政策以及中国未来的长远发展都具有重要意义。在地理位置上，北极地区是中国“冰上丝绸之路”战略实施的核心地区。近年来，北极域内外国家在北极地区的竞合关系日趋复杂化，北极地区的安全局势也逐渐成为国际社会所关注的焦点。随着中国参与北极治理进程的不断深化，中国形成了以科学考察、环境保护、经济发展和社会治理为主要内容的发展利益，这与北极地区人的安全在治理内容上实现了重合。随着“冰上丝绸之路”倡议的深入开展，中国公民前往北极地区进行经贸合作、人文交流以及旅游观光的数量在不断上升，这也为中国在新时期保障海外公民安全和正当权益提出了全新的要求。为了更好地参与北极地区人的安全事务治理，并保障中国公民在北极地区的正当权益，有必要思考中国在参与北极人的安全事务治理上的具体进路。

（一）完善中国参与北极人的安全治理的身份设计

随着中国参与北极事务的不断深化，中国学界也开始对中国参与北极事

① Tony Dean and Jean-Guy Dagenais, “Arctic Security under Threat: Urgent Needs in a Changing Geopolitical and Environmental Landscape,” https://publications.gc.ca/collections/collection_2023/sen/yc33-0/YC33-0-441-b-eng.pdf.

② Jorge Antunes, “Senate Report Says Arctic Security Requires ‘Human Security’,” https://nunatsiaq.com/stories/article/senate-report-says-arctic-security-requires-human-security/，最后访问日期：2023 年 5 月 13 日。

务的具体身份展开相应的概念设计。“近北极国家”“北极利益攸关者”“北极命运共同体”等概念相继在学界提出，并被中国的北极政策所采纳。这对中国获得参与北极事务的身份承认产生了积极影响。我们要持续使用“近北极国家”“北极利益攸关者”等概念来解读中国对北极事务的参与。基于北极地区“负责任大国”的身份，在尊重北极地区的国际规则与规范的前提下参与北极地区人的安全事务。同时，要谨慎使用“北极命运共同体”等管理性与参与性相叠加的概念，需要根据时间、环境的发展与变化加以斟酌使用。

（二）充实中国参与北极人的安全治理的知识资本

在《中国的北极政策》白皮书中，中国明确了参与北极治理的第一原则就是认识北极，即“提高北极的科学研究水平和能力，不断深化对北极的科学认知和了解，探索北极变化和发展的客观规律，为增强人类保护、利用和治理北极的能力创造有利条件”[①]。因此，增进对北极地区的调查研究，积累充分的北极自然科学、社会科学以及人文历史等知识资本就成为中国认识北极的必经之路。中国北极研究面临着“人文社科弱于自然科学，人文历史弱于社会科学”的困境。2022 年 9 月，中国正式建立了“区域国别学”一级学科，该学科可授予经济学、法学、文学和历史学学位。[②] 这也为中国北极方向的区域国别研究提供了重大机遇，当前，在北极地区的人文社科研究中暴露出时效性强但延续性弱的短板，北极长时段研究更是鲜有优秀成果。这些弱点并不利于中国北极方向区域国别研究的持续发展。同时，在北极人的安全中，若要正确认识北极原住民所面临的安全困境，就必须要加强对北极地区以及国家的历史、信仰、国情等方面的研究。为此，中国应当鼓励中国北极研究的科研单位积极参与北极地区人文历史的中、长时段研究；

① 《中国的北极政策》，中国政府网，https：//www. gov. cn/zhengce/2018 – 01/26/content_5260891. htm，最后访问日期：2023 年 5 月 13 日。

② 朱献珑：《回答时代之问，区域国别学大有可为》，中国共产党新闻网，http：//theory. people. com. cn/n1/2023/0411/c40531-32661241. html，最后访问日期：2023 年 5 月 13 日。

鼓励北极研究人才深入北极国家进行访学、交流与深造，以此为中国北极社科研究增加第一手资料，进而丰富中国在北极研究中的知识资本。

（三）扩展中国参与北极人的安全治理的参与主体

总的来看，人的安全概念的提出在一定程度上分化了主权国家作为安全主体的唯一论断，从而使其概念的政治性有所减轻。在中国参与北极地区人的安全事务进程中，这有利于降低中国参与的限制门槛，扩大中国参与的内容议题。同时，人的安全的非国家本位性为非国家行为体参与北极人的安全事务提供了机遇。中国可以鼓励国内科研团队、高校、企业等社会群体与北极国家和其他北极利益相关国家在文化教育、基础设施建设、经贸往来等领域开展对话合作；同时，也欢迎北极国家高校、企业等来华合作与对话，通过“人民对接人民”来实现中国与北极国家在人的安全合作上的互利共赢。

五　结语

得益于全球化、北极安全问题的溢出以及冷战后北极地区治理体系的转型等客观条件，北极地区在国际社会中已经成为一个拥有较高开放性和协调性的区域子系统，这也为人的安全概念在北极地区的普及提供了有利环境。在北极人的安全上，作为一种安全目标，人的安全已经成为北极国家的政策共识。为此，中国也应当扩展参与北极安全治理的既有边界，积极了解北极人的安全治理进程。通过坚持完善参与北极治理的既有身份，采取多角度、多主体、多学科的思路，以此来有效深入北极地区人的安全治理进程，进而为促进北极地区的善治提供有效范本。

附　录　2022北极地区发展大事记

1月

2022年1月1日　世界上最强大的核动力破冰船“Arktika”号抵达位于俄罗斯北极地区东部的城镇佩韦克（Pevek），这是该破冰船首次驶过北方海航道的东部地区，并完成在北极航线上的首次航行。破冰船的拥有者俄罗斯国家原子能公司（Rosatom）认为，随着越来越多破冰船建造工作的开展或完成，利用北方海航道航行的困难或将被克服。

2022年1月6日　F-35战斗机从挪威埃文斯空军基地（Evenes Air Station）出发，为北约执行“快速反应警报”（QRA）任务，来自博德空军基地（Bodø Air Base）的最后两架F-16战斗机也参与其中，并执行其最后一次任务。至此，博德空军基地正式结束其作为战斗机基地的历史，这标志着挪威正式关闭其北极圈以北的主要空军基地。

2022年1月12日　俄罗斯诺瓦泰克公司与中国新奥天然气股份有限公司、浙江省能源集团有限公司签署了供应“北极LNG-2”项目液化天然气的长期协议。其中，与新奥天然气股份有限公司的协议规定，诺瓦泰克公司向中国舟山的液化天然气接收站每年供应60万吨液化天然气，为期11年；与浙江省能源集团有限公司的协议规定，诺瓦泰克公司向浙能集团在中国的液化天然气接收站每年供应100万吨液化天然气，为期15年。

2022年1月19日　韩国总统候选人尹锡悦与俄罗斯驻韩大使安德烈·

库利克在韩国首尔举行会面。双方就韩俄关系表示，今后两国应当在气候变化等国际问题上加强合作，在包括俄罗斯远东开发事业和北极航线开发事业等更多领域加强投资互动，促进双边经济合作与文化交流。

2022 年 1 月 20 日　美国《基础设施投资和就业法案》为包括诺姆港（Nome）在内的 4 个阿拉斯加北极港口扩建项目提供 2.5 亿美元的联邦资金。扩建后的诺姆港将成为美国北极地区唯一的深水港口，并可能成为北方航运的中心。

2022 年 1 月 28 日　俄罗斯联邦安全委员会副主席德米特里·梅德韦杰夫（Dmitry Medvedev）在接受包括塔斯社在内的俄罗斯媒体采访时表示，俄罗斯必须阻止其他国家限制其在北极地区活动的企图。他强调，由于地理位置的原因，俄罗斯在北极地区包括北方海航道、能源开发等方面拥有特殊的权利，应重视俄罗斯在北极地区的诸多利益，并与其他国家在经济开发、环境保护等领域展开积极的合作。

2月

2022 年 2 月 1 日　俄罗斯“北极一公顷”计划开始向全国推广。所有俄罗斯公民可以向政府提出申请在北极地区免费拥有一公顷土地。同时，北极地区已被俄罗斯政府设定为自由贸易区，投资者还可以获得税收方面的优惠。

2022 年 2 月 2 日　挪威议会北极合作代表团成员向挪威诺贝尔奖委员会提名北极理事会为 2022 年诺贝尔和平奖候选者。保守党成员巴德·卢德维格·托尔海姆（Bård Ludvig Thorheim）认为：“在世界上还有其他地区的和平受到威胁的时候，北极理事会的存在展示出了国家之间合作与信任的必要性。”

2022 年 2 月 4 日　俄罗斯总统普京抵达北京，出席北京冬奥会开幕式及相关活动。双方发表《中华人民共和国和俄罗斯联邦关于新时代国际关系和全球可持续发展的联合声明》，双方同意进一步深化北极可持续发展务实合作，双方呼吁各国加强可持续交通领域合作，积极开展交通能力建设和知识交流，包括智能交通、可持续交通、发展运营北极航道等，助力全球疫后复苏。

2022 年 2 月 14 日　北极理事会批准了俄罗斯方面发起的一项有关应对永久冻土层下未知病毒的生物安全项目。俄罗斯外交部巡回大使兼北极理事会高级官员委员会主席尼古拉·科尔丘诺夫（Nikolay Korchunov）表示："北极气候变暖可以激活被永久冻土层隐藏的病毒，作为北极理事会主席国，俄罗斯提出此计划，希望通过协同努力应对这一威胁。"

2022 年 2 月 15 日　俄罗斯北方舰队在巴伦支海进行军事演习。参加演习的舰艇包括"彼得大帝"号导弹巡洋舰和"戈尔什科夫海军上将"号护卫舰等 20 余艘。海上演习的总体目标是练习北方舰队的行动，以保护俄罗斯在世界大洋中的国家利益，以及应对来自海上的军事威胁。

2022 年 2 月 22 日　美国阿拉斯加国民警卫队将启动"北极鹰-爱国者"联合演习。美国阿拉斯加国民警卫队计划在埃尔门多夫-理查森联合基地（JBER）、安克雷奇（Anchorage）、科迪亚克（Kodiak）和诺姆（Nome）等地启动 2022 年"北极鹰-爱国者"联合演习，以此来提高国民警卫队在北极的行动能力，参加演习的部队包括美国现役空军、陆军和海军陆战队以及加拿大皇家空军和陆军预备役等。

2022 年 2 月 25 日　瑞典驻渥太华大使馆以及芬兰驻渥太华大使馆表示两国将不会出席第三届"北极 360"（Arctic 360）北极基础设施投资年度会议。此消息是对加拿大智库麦克唐纳-劳里埃研究所（MLI）高级研究员马库斯·科尔加（Marcus Kolga）的推文回应，科尔加在推文中把俄乌冲突爆发后俄罗斯方面的担忧做了揭示。

3月

2022 年 3 月 3 日　北极七国发布"暂停北极理事会会议"的联合声明。声明谴责俄罗斯对乌克兰的军事行动，指责俄罗斯的行为公然违反以国际法为基础的主权和领土完整核心原则，七国将暂停参加北极理事会及其附属机构的所有会议。声明依然强调北极理事会在促进合作方面具有的持久价值，并重申对该机构及其工作的支持，后续将以其他形式继续开展必要合作。

2022 年 3 月 9 日　俄罗斯与巴伦支海欧洲-北极圈理事会的合作暂停。芬兰、丹麦、冰岛、挪威、瑞典和欧盟发布联合声明，谴责俄罗斯对乌军事行动，表示俄罗斯公然违反国际法，违反基于规则的多边主义以及巴伦支海欧洲-北极圈理事会的原则和目标，暂停与俄罗斯的合作。声明依然强调巴伦支海欧洲-北极圈理事会在促进合作方面具有的价值，并重申对该机构及其工作的支持。

2022 年 3 月 14 日　挪威发起“2022 寒冷反应”（Cold Response 2022）军事演习。这是冷战结束以来规模最大的防御性演习，演习持续至 2022 年 3 月 31 日。来自 27 个国家的 30000 多名士兵以及一些民间机构参加了演习，主要在挪威东南部、中部和北部地区进行，旨在保卫挪威及其盟国免受外部威胁。俄罗斯拒绝作为观察员参与此次演习。

2022 年 3 月 17 日　印度地球科学部发布《印度的北极政策：建立可持续发展伙伴关系》。文件概述了北极对印度的重要性以及印度在北极的研究历史，在此基础上提出了印度北极政策的六大支柱：科研、气候和环保、经济和人类发展、交通运输与互联互通、治理和国际合作、国家能力建设。旨在促进印度对北极地区的了解，加强印度在北极地区开展的合作，应对气候变化，实现印度的北极利益。

2022 年 3 月 24 日　贝索斯和盖茨投资的矿产勘探公司开始在格陵兰钻探关键金属。在俄乌冲突爆发后，西方对俄罗斯的制裁导致用于生产不锈钢和电动汽车电池的镍价格上涨了一倍多，因为俄罗斯供应了全球约 10%的镍。在此背景下，杰夫·贝索斯和比尔·盖茨等亿万富翁联合成立的矿产勘探公司开始在格陵兰钻探镍、铜、钴和铂等金属。

2022 年 3 月 26 日　北极科学高峰周（ASSW）在挪威的特罗姆瑟以线上线下相结合的方式举行。主要包括国际北极科学委员会和北极商界、科学界的会议及第六届北极观测峰会，会议持续至 2022 年 4 月 1 日。北极科学高峰周的地方组织委员会于 2022 年 3 月 9 日发布声明，拒绝代表俄罗斯机构、组织和企业的个人参加 2022 年北极科学高峰周。

2022 年 3 月 29 日 英国国防部发布《英国在高北地区的防务贡献》。文件指出，包括北极在内的高北地区对英国的安全、能源供应和环境至关重要。北极冰层消融带来的经济利益加剧了该地区的竞争，作为距离北极最近的国家，英国将推动北约在北极的行动，利用既有区域论坛支持北极盟友和伙伴，加强与关键盟友和伙伴在北极地区的双边合作，以维护该地区的稳定与安全。

4月

2022 年 4 月 5 日 美国总统拜登任命尼库什·卡洛（Nikoosh Carlo）为美国北极研究委员会的第七位委员。尼库什·卡洛曾担任阿拉斯加北极政策委员会执行主任、部门间北极研究政策委员会秘书处的高级顾问等要职，在研究北极公共政策方面拥有丰富的经验，她期待美国的北极研究规划能以原住民社区的优先事项为驱动力，包括环境保护和再生经济。

2022 年 4 月 7 日 “遇见北极研讨会”（Arctic Encounter Symposium）在安克雷奇召开。来自北极国家的研究人员、政府官员、原住民组织领导人，以及对北极感兴趣的非北极国家，如英国和日本，参与了会谈。研讨会话题包括北极健康、资源开发和环境保护，会议持续至 4 月 8 日。俄罗斯未派代表出席会议。

2022 年 4 月 11 日 “永久冻土路径”（Permafrost Pathways）研究项目正式启动。该项目由伍德韦尔气候研究中心和哈佛大学肯尼迪政府学院的北极倡议研究所等机构共同发起，会聚了来自气候、环境领域的专家、政府官员等利益相关者，旨在向决策者提出应对北极永久冻土融化影响的综合战略，项目资金来源为私人资助。

2022 年 4 月 13 日 俄罗斯北极地区发展会议召开。西方的制裁致使俄罗斯在北极的经济发展项目缺乏资金和技术支持。对此，俄罗斯总统普京在北极地区发展会议上表示，俄罗斯一方面需要继续扩大破冰船队，发展卫星监测系统和通信网络，增强本国的设备制造能力和科研能力；另一方面欢迎北极域外国家参与北极地区的合作，俄罗斯将北极视为实现对话和建设性合作的疆域，而非地缘政治阴谋区。

2022年4月24日 北欧国家削减从俄罗斯进口的电力资源。在俄罗斯对乌克兰采取特别军事行动后，芬兰国家输电网运营商Fingrid决定将与俄罗斯跨境连接的输电容量限制在最大900兆瓦，正常跨境电力容量为1300兆瓦。该措施旨在保障芬兰电力系统的安全，挪威也在削减从俄罗斯进口的电力资源。

2022年4月25日 拜登政府推翻了特朗普任内一项有争议的阿拉斯加石油开发政策。特朗普政府2020年宣布允许开发80%以上的石油储量，包括野生动物保护区，而阿拉斯加的石油产量在1988年达到峰值后一直在下降。美国内政部下属的土地管理局恢复了奥巴马任内对阿拉斯加北坡国家石油储备区的管理政策，以加强对北极生态系统和原住民社区环境的保护。

5月

2022年5月3日 韩国海洋水产部长官候选人赵承焕表示："将扩大韩国在南极和北极在内的多个领域的极地研究活动，并为今后北极航线的进一步发展做好铺垫，这一举措旨在协助韩国船运公司能够更加积极地利用北极航线开展运营活动。"基于该计划，韩国海洋水产部将推进建造新一代破冰船等极地研究基础设施的工作，还将在北极地区利用微型卫星等设备构建综合观测网。

2022年5月10日 美国阿拉斯加陆军部队在挪威北部进行北极防御行动训练，约400名美国阿拉斯加陆军士兵参与其中。美军少将布莱恩·艾夫勒（Brian Eifler）表示，美国陆军对增强其北极军事力量越来越感兴趣，有一支能在北极行动或具备在北极作战潜力的强大部队，会增强美国的威慑力。

2022 年 5 月 10 日　格陵兰和丹麦正式就北极能力一揽子计划的原则达成一致意见。该协议所包含的军事教育项目将有利于格陵兰人获得更多机会参与当地防务。格陵兰将获得高科技的监视能力，并将在格陵兰及其周边地区获得更强的防务能力。双方还将研究丹麦国防部如何在一揽子计划的框架之外使用格陵兰航空公司（Air Greenland）的飞机。

2022 年 5 月 20 日　俄罗斯国防部部长谢尔盖·绍伊古（Sergei Shoigu）表示，芬兰和瑞典加入北约的举动将增加俄罗斯西部边境附近面临的军事威胁，俄罗斯正在采取“适当的反制措施”。俄罗斯将通过在西部军区组建 12 个单位和师来应对这些威胁，并且正在努力提高其部队的战斗力。

2022 年 5 月 25 日　挪威国家石油公司（Equinor）表示，由于俄乌冲突，它已经退出了在俄罗斯的石油和天然气合资企业，将资产转让给其长期合作伙伴俄罗斯石油公司（Rosneft）。挪威国家石油公司还签署了一项协议，退出了在俄罗斯北极地区的“Kharyaga”石油项目。

6月

2022 年 6 月 1 日　美国总统拜登在华盛顿举行的美国海岸警卫队指挥权交接仪式上表示，气候变化不仅给北极地区带来前所未有的环境剧变，也可能导致该地区发生潜在冲突。美国阿拉斯加陆军部队也正在经历身份转变，更加关注该州和美国的北极身份。

2022 年 6 月 1 日　俄罗斯北方舰队司令亚历山大·莫伊谢耶夫上将在“彼得大帝”号巡洋舰上指出，西方指责俄罗斯将北极军事化，以证明加强北约在该地区军事存在的必要性。莫伊谢耶夫强调，俄罗斯在北极开展活动完全是为了确保国家安全，并一直在国际法框架内行动，俄罗斯北方舰队将对北约在北极地区不断增加的军事活动做出充分回应。

2022 年 6 月 3 日　挪威议会投票通过了一项新的与美国的防御协议，以及如何实施该防御协议的法律提案，允许美国在北方地区拥有广泛的权力。根据协议，美国将拥有无条件进入和使用四个“协议区域”的权力。在这些地区，美国可以进行训练和演习，部署部队和储存设备、物资和其他装备。该协议还单独允许美国进入和使用特别协议后的部分区域，也有权对挪威公民行使权力。

2022 年 6 月 8 日　除俄罗斯外的北极理事会 7 个成员国发表了有限恢复北极理事会合作的联合声明，宣布 7 个成员国计划在不涉及俄罗斯参与的项目中有限地恢复北极理事会的工作。声明称：“我们仍坚信北极理事会在环境合作方面的长远价值，并重申对这一论坛及其重要工作的支持。”

2022 年 6 月 9 日　丹麦与其海外自治领地法罗群岛达成协议，在北极和北大西洋周围建立雷达系统以监视空域，这是丹麦为确保地区情报安全而采取的最新举措，这将有利于北约和美国的安全。该雷达的覆盖范围高达 400 公里（248 英里），预计将耗资近 5600 万美元，大约需要 5 年才能投入使用。

2022 年 6 月 25 日　台湾地区在北极圈内的首个永久性极地研究工作站正式启用，该站旨在支持基础科学研究的发展，并为极地地区的可持续发展做出贡献。台湾科技事务主管部门在一份声明中表示，设立该工作站是为了观察北冰洋的冰川运动、海流和海浪、地表地质和地形演变。

7月

2022 年 7 月 4 日　韩国破冰科考船“Araon”号自仁川港出发，计划将进行为期 92 天的北极航海科考，将针对北极白令海等地出现的气候异常变化及其产生原因和影响进行调研，还将开展海洋调查，旨在进一步确认生活在北极公海的水产生物资源信息。

2022 年 7 月 5 日　北约 30 个成员国的代表签署芬兰和瑞典加入北约的议定书。芬兰、瑞典原本奉行不结盟政策，但于 2022 年 5 月正式申请加入北约。根据规程，北约成员国签署芬兰、瑞典入约议定书后，下一步是所有成员国议会批准这个议定书。这也将使北极地区局势更加复杂。

2022 年 7 月 14 日　美国海军上将琳达·法甘（Linda Fagan）在美国议会表示，美国海岸警卫队的破冰船能力必须增强，以对抗俄罗斯在北极的活动。“我们是一个北极国家”，法甘表示，“获得在北极、阿拉斯加附近水域建立持久存在的能力和实力绝对是当务之急”。近年来，美国相较俄罗斯等其他北极强国，极地安全护卫舰与破冰船实力明显不足，而全球变暖使海岸警卫队对美国的国家安全越来越重要，因此需要更精良的装备来应对这一挑战。

2022 年 7 月 22 日　俄罗斯外交部巡回大使、北极理事会高级官员委员会主席尼古拉·科尔丘诺夫表示，北极理事会的未来取决于其成员国，以及它们为确保其在高纬度地区的利益而采取的解决方案。他在“北极理事会：国际平台的未来设想”圆桌会议上发表了讲话。与会者是来自芬兰、中国、印度和俄罗斯的国际北极界的专家代表。尼古拉·科尔丘诺夫在谈到欧洲国家、美国和加拿大暂停与俄罗斯的合作时说：“如果北极理事会不能满足 2035 年前俄罗斯北极地区发展战略中规定的国家利益，那么我们将面临评估这种形式的可行性和有效性的需要。”

2022 年 7 月 25 日　美国联邦参议员丽莎·穆尔科斯基（Lisa Murkowski）和丹·沙利文（Dan Sullivan）在给内政部部长德布·哈兰德（Deb Haaland）的信中呼吁拜登政府迅速推进威洛石油项目（Willow Oil Project）。威洛石油项目是康菲石油公司（Conoco Phillips）在北坡（North Slope）的一个项目，每天可以生产超过 18 万桶石油，每年可为国家带来数十亿美元的收入。然而由于石油开采造成的环境污染与生态破坏等负面效应，该项目遭到部分人的反对。

2022 年 7 月 26 日　俄罗斯宣布将收购目前由法国公司和挪威公司所持有的北极油田的股权，并已批准俄罗斯国有扎鲁别日石油公司（Zarubezhneft）收购两国公司在北极 Kharyaga 石油项目股权的提议。通过此举，俄罗斯国有扎鲁别日石油公司将获得该项目 90%的股份，其余股份由另一家俄罗斯公司持有。此次收购是应对撤资策略的一部分，此前外国公司表示，由于俄罗斯在乌克兰的军事行动，它们将退出俄罗斯市场。同日，俄罗斯能源巨头俄罗

斯石油公司（Rosneft）表示，该公司已开始在布赫塔塞维尔港建设一个北极石油码头，这是其庞大的东方石油项目（Vostok Oil）的一部分，旨在促进东北航道的开发。

8月

2022 年 8 月 3 日　美国联邦参议院提出了一项涵盖国家安全、航运、研究和北极贸易的广泛法案——《北极承诺法案》，以制衡俄罗斯在上述领域的主导地位。该法案是由阿拉斯加州共和党参议员丽莎·穆尔科斯基和缅因州无党派参议员安格斯·金（Angus King）共同发起的，两人都是美国联邦参议院北极核心小组的主席。

2022 年 8 月 4 日　俄罗斯政府继续致力于建设北方海航道基础设施，这是对俄罗斯和全球都具有关键意义的重要运输走廊。该计划总共有 150 多个项目。其中包括液化天然气和凝析油、石油、煤炭码头以及修建海岸设施和水利设施。还计划同时对交通枢纽建设进行规划，建造“领袖”级破冰船，以及发展北极造船和修船设施。该计划的投资总额接近 1.8 万亿卢布。

2022 年 8 月 11 日　俄罗斯诺瓦泰克公司在北极地区的大型液化天然气项目严重依赖西方技术，而目前开发的项目全面停止将威胁到最新的项目——“北极 LNG-2”。在 Baker Hughes、Saipem 和 Technip 这些公司退出后，诺瓦泰克公司将无法按计划完成该项目。土耳其动力船制造商 Karpowership 公司正在与诺瓦泰克公司谈判，拟交付 4 台涡轮机用于天然气液化过程。

2022 年 8 月 12 日　泰德·史蒂文斯北极安全研究中心在安克雷奇的埃尔门多夫-理查森联合基地成立。该中心由退休的美国空军少将兰迪·丘奇·基（Randy Church Kee）领导，他曾担任阿拉斯加大学北极领域意识中心执行主任和美国北极研究委员会委员。

2022 年 8 月 18 日　两架瑞典 JAS Gripen、一架挪威 F-35 和一架美国 B-52 战略轰炸机在北极圈上空飞行，随后与挪威陆军部队一起在特罗姆瑟以东的塞特穆恩射击场进行了训练。同时，俄罗斯强大的北方舰队正在巴伦支海-北极地区进行现场射击演习。根据挪威、瑞典、芬兰的部署计划，未来 10 年内，这 3 个北欧国家将总共拥有约 250 架 F-35 战斗机。

2022 年 8 月 25 日 美国和土耳其希望他们的卫星可以使用挪威在北极的斯瓦尔巴群岛的卫星站。然而，挪威政府拒绝了这一请求，并解释说，他们认为卫星收集的数据将主要用于军事目的。这是挪威国家通信管理局（National Communications Authority）十多年来第一次拒绝别国使用斯瓦尔巴群岛上的斯瓦尔巴卫星站的请求。美国卫星 EWS 快速重探光学云成像仪（Rapid Revisit Optical Cloud Imager）是由美国空军资助的。拥有这颗卫星的公司甚至在其网站上表示，其目标是进一步发展军事技术。这家美国公司还被拒绝使用挪威在南极洲的 Trollsat 站，该站也只能用于和平目的。

9月

2022 年 9 月 1 日 挪威能源集团表示，挪威国家石油公司（Equinor）已经退出俄罗斯市场。这标志着一家国际石油和天然气公司首次全面且有序地退出俄罗斯，同时道达尔能源（Total Energies）和埃克森美孚（Exxon Mobil）等其他能源公司面临的退出俄罗斯市场的压力也越来越大。

2022 年 9 月 16 日 俄罗斯核动力潜艇在北冰洋举行“乌姆卡-2022”（Umka-2022）军事演习。俄罗斯国防部表示，“鄂木斯克”（Omsk）号和“新西伯利亚”（Novosibirsk）号两艘核动力潜艇从楚科奇海发射了反舰巡航导弹，击中了 400 公里外的目标。此外，俄罗斯的“堡垒”海岸导弹系统还向距离楚科奇半岛 300 公里以外的海基目标发射导弹。俄罗斯称，此次北极演习是对俄罗斯“以军事手段保卫俄罗斯北极地区的能力和准备情况”的一次考验。

2022 年 9 月 26 日 俄罗斯的“北溪 1 号”和“北溪 2 号”管道因发生水下破裂造成泄露，大量天然气流入丹麦和瑞典海岸附近的波罗的海。德国政府表示正在与丹麦政府取得联系，并与当地执法部门合作以查明管道内压力变化的原因。

2022 年 9 月 27 日 美国国防部宣布成立新的北极战略与全球复原力办公室。该部门由国防部副助理部长艾瑞斯·弗格森（Iris Ferguson）领导。她此前曾任美国空军北极和气候安全问题的高级顾问及空军作战部副参谋长。在她的领导下，北极战略与全球复原力办公室将负责筹划各军种在北极应优先发展的能力，促进与盟友和合作伙伴的合作关系，并对新近成立的泰德·史蒂文斯北极安全研究中心和埃尔门多夫-理查森联合基地进行监管。

10月

2022 年 10 月 7 日 美国发布了一项新的《北极地区国家战略》报告，这是美国近十年来首次专门针对这一迅速变化的地区提出的战略。文件阐述了美国未来十年在北极地区的议程，提出了北极地区安全、气候变化和环境保护、经济可持续发展、国际合作与治理四大战略支柱。美国新北极战略的重点是地缘政治和气候变化，并设想与该地区的盟友进行更好的合作，包括与北极理事会的合作。

2022 年 10 月 12 日 美国发布《2022 年美国海岸警卫队战略》，为美国海岸警卫队未来四年的行动重点提供了框架。其中三个优先事项分别为改革人事管理模式、提高核心竞争优势、优化任务执行机制，以使美国海岸警卫队能够满足不断变化的形势需求，并在为国家服务中保持“永远忠诚”。

2022 年 10 月 13 日 为期 4 天的 2022 年北极圈论坛大会在冰岛首都雷克雅未克的哈帕会议中心拉开帷幕。北极圈论坛主席、冰岛前总统格里姆松（Ólafur Grímsson）在开幕式致辞中表示，本年有近 70 个国家和地区的 2000 多人参会，这有力地表明了全球各界人士都拥有共同愿望，为世界当前面临的种种挑战寻求解决方案。冰岛总理雅各布斯多蒂尔（Katrin Jakobsdottir）在开幕式讲话中呼吁在北极问题上加强合作。

2022 年 10 月 13 日 格陵兰总理埃格德（Mute B. Egede）和冰岛总理雅各布斯多蒂尔在雷克雅未克签署了促进双边关系与合作的协议。该协议聚焦经济、气候变化和文化等关键领域，并将性别平等确定为双方政府的优先合作事项。合作协议的签署将继续拉近格陵兰和冰岛的双边关系。

2022 年 10 月 24 日 丹麦自治领地法罗群岛自治政府发布其北极政策文件《法罗群岛在北极》。在《法罗群岛在北极》中，法罗群岛将以北极伙伴的身份，加强在北极理事会的作用，并为有关促进法罗群岛和北极地区发展、了解和进步的决策进程奠定相关基础。法罗群岛的北极政策涵盖了北极地区的稳定与安全，国际合作，环境、自然与气候，研究、知识发展与教育，灾害预防与应对，海洋生物资源，经济机遇与可持续发展，文化与社会等八项主题。

2022 年 10 月 27 日 美国国务卿安东尼·布林肯（Antony J. Blinken）访问加拿大，并与加拿大外交部部长梅兰妮·乔利（Mélanie Joly）进行会谈。双方各自阐述了两国在北极地区的优先事项，包括应对气候变化、关注非北极国家在北极的行动、支持北极地区原住民等内容，并就深化北极合作关系的问题达成一致。

11月

2022 年 11 月 3 日 加拿大皇家海军部署了第二艘北极巡逻舰——“玛格丽特·布鲁克”（Margaret Brooke）号，官方预计这艘巡逻舰将有效增强加拿大皇家海军的海上能力，并能够应对未来近海以及北极水域的防御挑战。

2022 年 11 月 15 日 俄罗斯和加拿大表示将不会接受国际海事组织（International Maritime Organization）2024 年的重油禁令。其中，俄罗斯表示对重油的使用期限将至少延迟 5 年。

2022 年 11 月 23 日 俄罗斯新型核动力破冰船“乌拉尔”号下水，俄罗斯总统普京表示，“乌拉尔”号破冰船将在 2022 年 12 月正式投入使用，此举对于俄罗斯来说将具有重大的战略意义。

2022 年 11 月 24 日 美国民主党人玛丽·佩尔托拉（Mary Peltola）成

功当选为美国众议院议员，任期两年，成为国会中第一位阿拉斯加原住民，接替已故众议院议员唐·杨（Don Young）的工作。

2022 年 11 月 30 日 俄罗斯上院联邦委员会通过一项法律，限制北方海航线航行自由。根据法律规定，在北方海航线内驻扎的外国军舰和其他国家的船只不得超过一艘，外国舰艇必须悬挂本国旗帜在水面航行。该法律旨在“确保俄罗斯联邦在北极地区的国家利益，以及北方海航线的航行安全”。

12月

2022 年 12 月 2 日 连接欧洲和日本的北极数据电缆获得首笔投资。这条海底电缆将通过北美连接欧洲和日本，成为全球互联网基础设施的一部分。开发商表示，这将是首条铺设在北极海床上的海底电缆，耗资约 11.5 亿美元。

2022 年 12 月 7 日 美国众议院交通运输与基础设施委员会举行了“美国海岸警卫队在北极安全、安保和环境责任方面的领导力”听证会。来自美国海岸警卫队、美国北极研究委员会、美国政府问责局、伍德罗·威尔逊中心极地研究所的代表参会，就美国海岸警卫队在北极地区的活动重点以及建议进行作证。

2022 年 12 月 20 日 美国国家海洋和大气管理局发布研究报告，表示气候变化导致北极更温暖、更潮湿并面临更严重的风暴天气。该报告强调了这些巨大变化对当地和原住民生活的影响，需要社区、企业、政府、原住民和非原住民科学家以及决策者共同合作。报告还强调需要开展国际合作，以更好和充分地了解该地区面临的变化和挑战。

2022 年 12 月 23 日 格陵兰表示将停止与俄罗斯的渔业配额互换。格陵兰将不再利用其与俄罗斯签订的渔业协议在巴伦支海捕捞鳕鱼和其他鱼类，俄罗斯渔船也将无法在格陵兰水域获得和过去一样的鱼类捕捞配额。

Abstract

The Russia-Ukraine conflict that occurred at the beginning of 2022 has significantly impacted the world. The international security situation has changed, and the international community has entered a challenging time for international cooperation and a period of turbulence and adjustment. The security situation in this area has also been affected. The military confrontation between Russia and Western countries led by the United States has become increasingly fierce, and the low political issues in the Arctic are showing a trend of "general security." In addition, technological and economic development are the core topics of Arctic governance in 2022. Under the influence of climate change, economic globalization, and geopolitical changes, the Arctic region is facing unprecedented challenges and opportunities.

This report comprehensively combs and analyzes the geographical spillover of the Russia-Ukraine conflict in the Arctic region. The Arctic region has gradually evolved into a "potential corridor for strategic competition" in terms of geopolitical value, and the intentions of actors engaged in geopolitical games around the Arctic have become increasingly apparent. Maintaining global leadership is the core national interest of the United States in the Arctic region. Russia attaches great importance to and maintains its great power status in the Arctic region. The strategic intentions of Canada and the five Nordic countries are relatively conservative. In the context of the Russia-Ukraine conflict, the Arctic is the glue of the US-European Union. Meanwhile, the role of artificial intelligence technology in the Arctic is becoming increasingly prominent, and it is gradually having new impacts on the security situation. Artificial intelligence is widely used for military surveillance in the Arctic, and its development has also accelerated the use of automated weapon systems in the

Arctic region. In the new situation of Arctic security, countries outside the region are more actively participating in Arctic governance, and artificial intelligence also brings new opportunities for Arctic environmental security and human survival security.

In terms of science and technology, the Arctic science and technology governance mechanism presents new changes in which international actors coexist, international cooperation is carried out in different camps, and global issues are increasing in importance in 2022. We are also facing the development trend of the emergence of new bilateral technology governance mechanisms, the suspension of multilateral governance platforms, and the urgent need for negotiation on critical issues. Arctic countries mainly focus on scientific infrastructure, scientific education cooperation, and scientific cooperation in specific fields when carrying out Arctic science diplomacy. Due to the complex geopolitical environment, some specific cooperation projects are progressing slowly, and some scientific cooperation is interrupted. There is a lack of trust in scientific cooperation among Arctic countries, and scientific diplomacy is hindered. Due to the Arctic's unique geographical location and climate environment, scientific research activities in the Arctic region rely heavily on the support of advanced scientific and technological equipment represented by icebreakers, communication systems, and experimental equipment. This makes the competition of Arctic scientific and technological equipment an essential part of Arctic competition.

In terms of economy, the energy policies of Arctic countries have been significantly adjusted due to the influence of the global energy landscape. Various countries are accelerating the research and development of renewable energy technologies and improving the efficiency of clean energy utilization. In the short term, they are increasing the extraction of fossil fuel resources to alleviate the tense energy supply situation. Russia continues to regard the energy economy as an essential strategic support for national development. The renewable energy policies of Nordic countries have played a positive role in reducing carbon emissions in the Arctic region, helping to lead the green transformation of the Arctic shipping sector and promoting the attention of the Arctic Council to new energy technologies such as hydrogen energy. At the same time, they have laid the foundation for Nordic countries to participate in formulating relevant international regulations. The development prospects of Arctic fishery resources and changes in the distribution of fish populations have brought new development opportunities to coastal countries in the Arctic Ocean. The concepts of marine environmental protection, fishery resource conservation, and sustainable utilization also affect the fisheries governance laws and policies of coastal countries in the Arctic Ocean.

Regarding national dynamics and social development, the United States has issued National Strategy for the Arctic Region, which mainly discusses four major issues: security, climate, economy, and cooperation. The report highlights the Biden administration's diplomatic philosophy of reshaping the US global alliance system and focusing on national security in the era of great power competition. The implementation of the Biden administration's Arctic strategy will effectively compensate for the loss of US Arctic influence caused by the Trump administration, and its aggressive Arctic security strategy will undoubtedly have a profound impact on Arctic geopolitics. The concept of human security in the Arctic region involves personal safety, community-level member safety, and national-level citizen safety. It has gradually become an essential part of Arctic countries redefining security in the Arctic region.

Scientific research is vital for extraterritorial countries to participate in Arctic affairs and achieve Arctic interests. In order to address global warming and make reasonable use of the abundant resources in the Arctic region, states from outside the Arctic region urgently need to enhance their understanding of the Arctic and acquire scientific knowledge related to it. The development of scientific diplomacy is conducive to improving the understanding of the Arctic among countries outside the region, deepening the cooperative relationship between countries outside the region and Arctic countries, and enhancing their presence in the Arctic region. In the context of new development trends in Arctic science and technology governance, China, as an essential stakeholder in Arctic affairs, should refine its Arctic research strategy, pay attention to the interests of indigenous peoples, improve the mechanism for conducting Arctic science diplomacy, explore various forms of scientific cooperation, develop international cooperation relations with technological, equipment, and financial advantages, participate in critical issues through multilateral platforms, and actively expand new bilateral dialogue mechanisms in order to safeguard its legitimate rights and interests in the Arctic region and promote "good governance" in the Arctic region.

Keywords: Arctic Law; Science Diplomacy; Arctic Governance; Arctic Strategy; Arctic Policy

Contents

Ⅰ General Report

B.1 The New Situation of Arctic Security in the Special Period of International Cooperation: Challenges and Opportunities

Zhang Jiajia, Dong Yue and Sheng Jianning / 001

Abstract: The geopolitical effects of the Ukrainian crisis have spilled over to the Arctic region. After the crisis, Arctic countries led by the United States and Russia launched new strategic deployment around the Arctic region. The Arctic Council, the most important cooperation mechanism for Arctic governance, also fell into a "standstill" state. The security situation in the Arctic is manifested in the escalation of military confrontation, and the "pan security" of low political issues such as navigation channels, scientific research, and energy utilization. At the same time, the role of artificial intelligence technology in the "strategic new region" of the Arctic is becoming increasingly prominent, and it is gradually having a new impact on the security situation in the Arctic. Although the cooperation in the Arctic region in the special period of international cooperation generally faces a series of challenges, it also brings new opportunities for countries outside the region to participate in Arctic governance, the protection of the rights and interests of Arctic aborigines, and international cooperation.

Keywords: Arctic Region; International Cooperation; Arctic Governance; Artificial Intelligence

Ⅱ Arctic Science and Technology Development

B.2 New Changes and Trends in Arctic Science and Technology Governance Mechanisms *Li Wei*, *Zhang Zhijun* / 023

Abstract: Driven by climate change, geopolitical interests, and increasingly active Arctic scientific organizations, Arctic science is developing faster than ever before. As the crisis in Ukraine continues to affect the Arctic region, the current Arctic science and technology governance is showing new changes: Multiple international actors coexist; international cooperation proceeds in separate camps; and the importance of global issues rises. The development trends include: new bilateral science and technology governance mechanisms emerge; multilateral governance platforms are stalled; and key issues need to be urgently negotiated in the Arctic science and technology governance mechanism. Scientific research is an important way for extra-Arctic countries to participate in Arctic affairs and realize Arctic interests. Under the new development trends of Arctic science and technology governance, China should explore various forms of scientific cooperation, develop international cooperation relationships with the advantages of technology, equipment and financial resources, rely on multilateral platforms to participate in key issues, and actively expand new bilateral dialogue mechanisms.

Keywords: Arctic; Science and Technology Governance; Scientific Research; International Cooperation

B.3 Developments in Science Diplomacy in Arctic Countries *Zhou Wencui* / 044

Abstract: As global warming and sea-level rise continue, the international community is increasingly willing to participate inarctic governance. However, the crisis in Ukraine has affected the security and stability of the arctic region, and the Arctic Council has been stalled, resulting in the formation of a "seven against one" confrontation among arctic countries, which has posed a huge challenge to arctic regional governance. As a low-sensitivity field, science diplomacy is a preferred way for arctic countries to realize sustainable development in the arctic and restart arctic cooperation. Arctic countries' arctic science diplomacy mainly focuses on three aspects, namely, scientific infrastructure, scientific education cooperation, and scientific cooperation in specific fields. Due to the complex geopolitical environment in the arctic, the progress of some specific cooperation projects has been slow, some scientific cooperation has even been interrupted, and there is a lack of trust between arctic countries in scientific cooperation, which hinders scientific diplomacy. As a geographically near-arctic country, it is necessary for China to sort out the latest developments in arctic countries' science diplomacy and grasp the frontiers of scientific research in the arctic region, so as to formulate a diplomacy strategy in line with China's national conditions for the future development of arctic science diplomacy and participation in arctic governance.

Keywords: Arctic Countries; Science Diplomacy; Scientific Cooperation; Arctic Governance

B.4 Arctic Science Diplomacy From the Perspective of Non-Arctic States: Motivations, Characteristics and Implications

Guo Hongqin, *Sun Kai* / 066

Abstract: In order to cope with global warming and rationally utilize the rich resources of the Arctic region, it is urgent for non-Arctic states to enhance their understanding of the Arctic and to acquire scientific knowledge about the Arctic. The development of science diplomacy will not only help to enhance the knowledge of the Arctic among non-Arctic states, but also deepen the cooperative relationship between non-Arctic states and Arctic states, and strengthen their

presence in the Arctic region. Driven by the multiple motivations of responding to Arctic climate change, obtaining the dividends of Arctic resources and enhancing the discourse power in the Arctic region, the Arctic science diplomacy of non-Arctic states, after more than 20 years of development, has gradually been characterized by the diversity of participating subjects, the multiplicity of dimensions and the diversity of implementation methods. With the emergence of resources in the Arctic and changes in the international situation, the science diplomacy carried out by non-Arctic states has seen a new development, which is manifested in an increase in the number of non-Arctic participants, a growing trend of regionalization, and greater flexibility. As one of the non-Arctic states, China should refine its Arctic scientific research strategy, pay attention to the interests of the indigenous peoples and improve the mechanism of Arctic scientific diplomacy, so as to safeguard its legitimate rights and interests in the Arctic and promote "good governance" in the Arctic region.

Keywords: Science Diplomacy; Non-Arctic States; Arctic Policy

B.5 The Development Trend of Arctic Science and Technology Equipment and China's Countermeasures *Zhang Liang* / 092

Abstract: In order to compete for the voice of Arctic governance, countries have made scientific research activities an important part of Arctic participation. Due to the special geographical location and climate environment of the Arctic, scientificresearch activities in the Arctic region rely heavily on the support of advanced scientific and technological equipment represented by Icebreaker, communication systems and experimental equipment, which makes the competition of Arctic scientific and technological equipment an important link in the Arctic competition among countries. At present, in the field of Icebreaker, although all countries have ambitious plans to build Icebreaker, the overall progress is slow, and it is difficult to break Russia's absolute advantage in the short term. In the field of communication systems, there is a significant gap between the needs and capabilities of various countries, and satellite communication and international cooperation will be the key directions for the construction of Arctic communication systems in various countries in the future. In the field of experimental equipment, the trend of equipment autonomy and intelligence is increasingly evident, which provides opportunities for traditional Arctic research vulnerable countries to overtake on bends. As for China, it should increase cooperation with Russia in the field of Icebreaker, and achieve complementary advantages through purchase, lease, joint construction, etc; In terms of communication systems, while strengthening the polar communication capabilities of the Beidou system, we will also strengthen cooperation with EU countries; In the field of intelligent experimental equipment, continue to increase investment and achieve leapfrog development.

Keywords: Arctic Governance; Science and Technology Equipment; Icebreaker; Communication System; Intelligent Experimental Equipment

B.6 Annual Report on the Operation of Scientific Research Stations in Ny-Ålesund in 2022 *Liu Huirong*, *Zhang Di* / 106

Abstract: The Ny-Ålesund, located on the Svalbard archipelago in Norway, is an important site for Arctic scientific research in various States. The region's special legal status, unique geographic location and distinctive natural conditions have greatly facilitated Arctic research, allowing researchers from all States easier access to the research information they need. More than 20 organizations in the region are currently carrying out long-term monitoring and research activities, and a number of research stations have been established, including the Chinese Arctic Yellow River Station. The research stations in Ny-Ålesund are subject to specific legal norms, both at the level of international law and at the level of regional law. These stations are carrying out a number of research activities in 2022, but the research activities vary from station to station in terms of the number of research projects and research areas. As a Near-Arctic State, China has the responsibility to actively participate in Arctic affairs and promote environmental protection and the proper utilization of resources in the Arctic region. To that end, we should pay more attention to the scientific research layout in Ny-Ålesund, which will contribute to Arctic scientific expeditions.

Keywords: Ny-Ålesund; Scientific Research Station; Svalbard; Arctic Scientific Research

Ⅲ Arctic Economic Development

B.7 Adjustment of Energy Policies and Changes in the Energy Supply Structure of Arctic Countries under the New Situation

Liu Huirong, *Zhang Jiefang* / 126

Abstract: The outbreak of the Ukrainian crisis in February 2022 has had a sustained and far-reaching impact on the global energy landscape, and coupled with a series of U. S. -Western economic sanctions, including energy supply control against Russia, the world is plunging into its first global energy crisis. Focusing on the Arctic region, the geopolitics centered on energy security and the unique geographical environment of the Arctic have made the changes in the energy field of Arctic countries particularly significant. This paper compares the dynamics of energy policies and energy supply structures in Arctic countries before and after the outbreak of the crisis to illustrate the interactive effects of national energy initiatives and the changes in the energy sector of Arctic countries under the new situation: Arctic countries accelerate the research and development of renewable energy technologies in the short term, and they are trying to alleviate energy supply tensions by increasing the extraction of fossil fuel resources, while Russia continues to take the energy economy an important strategic pillar of national development. Finally, the paper analyzes the constant and variable factors that have led to energy policy adjustments and changes in the supply structure of Arctic countries. We find that the policy adjustment in the energy sector of the Arctic countries still relies on the background of the global climate crisis and the realistic need to guarantee national energy security, while the butterfly effect triggered by the Ukrainian crisis as a variable factor in the global energy sector has led to dramatic short-term oscillations in the energy initiatives of the Arctic countries, which have had a far-reaching effect in the future.

Keywords: Arctic Countries; Fossil Fuel Energy; Renewable Energy; Energy Policies; Energy Supply Structure

B.8 New Dilemmas and Prospects for Transport on the Northern Sea Route *Liu Huirong*, *Ding Xiaochen* / 156

Abstract: With the evolution of global climate change, regional security situation and geopolitical pattern, the Northern Sea Route, as an important shipping route connecting Europe and Asia, is facing new difficulties and challenges, which are mainly manifested in the reduction of the utilization rate and openness of waterways. In order to cope with the complex external environmental challenges and boost the economy, Russia has taken active actions to strengthen strategic planning for the development and utilization of the Northern Sea Route, increase policy support, and form a comprehensive development trend of all paths and aspects, such as the adjustment of waterway management institutions, the formulation of waterway control rules, the construction of infrastructure such as ports and terminals, and the strengthening of cooperative development. Based on national security considerations, Russia has also issued a decree to strengthen the control and management of the construction and use of the Northern Sea Route and restrict the freedom of navigation. However, neither Western sanctions nor Russia's closed management can change the development trend of cooperation and openness in the Arctic region.

Keywords: Northern Sea Route; International Freight; Opening of Shipping Lanes; Sino-Russian Arctic Cooperation

B.9 New Developments in Arctic Fisheries Governance under New Circumstances and Their Implications

Yu Minna, *Xu Jinlan* / 181

Abstract: Factors such as the escalating Ukraine crisis, climate change and the adoption of the BBNJ Agreement are changing the international seascape of Arctic fishery governance. On the one hand, Arctic fishery has become a valuable platform for international cooperation under the increasingly serious regional conflict and related security situations; on the other hand, changes in the distribution of fishery resources and new developments in international legislation have, to some extent, undermined the stability of current Arctic fishery governance and promoted new changes in the laws and policies of Arctic coastal states. Arctic fishery provides an important platform for China to participate in Arctic affairs. From the perspectives of international politics and law, China should continue to remain well-informed of the situation in the Arctic region, the relevant international legal framework and new developments in the policies and practices of Arctic coastal states. China should conduct dialogue in Arctic fishery with other countries, and expand cooperation to shipping, scientific research, environmental protection and other fields. We should be alert to the potential risks posed by the United States and others with regard to how they deal with Arctic issues and those relating to the South China Sea as a whole in terms of denying China's maritime rights and interests. We should respond with the tool of international law and assume a lead role in the development of relevant international law principles and rules.

Keywords: Arctic Fishery Governance; International Cooperation; Arctic Coastal States

B.10 Advancing the Energy Transition in the Arctic: Renewable Energy Policies and Practices in the Nordic Countries

Li Xiaohan / 199

Abstract: The Arctic is a sensitive and vulnerable region and an outpost of global climate change. As core members of the Arctic Council, the Nordiccountries are highly concerned with Arctic environmental protection and sustainable development. In recent years, the Nordic countries have updated their climate targets and developed renewable energy policies to achieve a decarbonisation transition. These policies emphasise the development of renewable electricity and related infrastructure, the electrification of transport, buildings, industry and other sectors, and also include hydrogen as a key technology pathway. The renewable energy policies of the Nordic countries have played a positive role in reducing carbon emissions in the Arctic, helping to lead the green transformation of the Arctic transport industry, and also promoting the Arctic Council's focus on new energy technologies such as hydrogen energy, while laying the foundation for the Nordic countries to participate in the development of relevant international rules and regulations.

Keywords: Renewable Energy; Energy Transition; Wind Energy; Hydrogen Energy; Nordic Countries

Ⅳ Arctic Country and Region

B.11 An Analysis of the Prospects of Biden Administration's Arctic Policy from the Perspective of U. S. Global Strategy

Yan Xinqi, *Zhang Jiajia* / 232

Abstract: The Arctic policy of the United States is subordinate to the overall foreign policy of the United States, serves the global strategy of the United States, and reflects the global strategy of the United States in different historical stages. On

October 7, 2022, the White House released new Arctic strategy document named the National Strategy for the Arctic Region. The strategy document highlights the Biden administration's foreign policy philosophy of reshaping the U. S. global alliance system and focusing on national security in an era of great power competition. The implementation of the Arctic strategy of the Biden administration will effectively make up for the loss of American Arctic influence caused by the Trump administration, and the offensive Arctic security strategy upheld by the Biden administration will undoubtedly have a far-reaching impact on Arctic geopolitics. With the resurgence of US leadership and influence in the Arctic region, and the possible intensification of military and security competition in the Arctic region, China needs to pay close attention to the implementation of US Arctic policy and take multiple paths to safeguard its legitimate interests in the Arctic region.

Keywords: American Arctic Policy; U. S. Global Strategy; Biden Administration Arctic Policy

B.12 The New Progress of Greenland's Participation in Bilateral Cooperation in the Arctic *Wang Jinpeng*, *Sun Xiaohan* / 247

Abstract: As the world's largest island at the junction of the North Atlantic Ocean and the Arctic Ocean, Greenland has essential strategic value due to its unique geographical location and rich natural resources. In 2022, Greenland was striving to maintain bilateral cooperation with other States in various fields, mainly economy and science. In the economic field, Greenland signed the Declaration of Cooperation which identified the economy as a priority area with Iceland, and began to negotiate with the United Kingdom for a Free Trade Agreement. Besides, it successfully won the control of the maintenance contract for the United States Thule Air Base. In the scientific research field, Greenland established a new research partnership with Iceland by signing a Memorandum of Understanding, and cooperated with Switzerland on scientific research to combat the effects of climate change. Besides, Austria established a permanent polar research station in East Greenland. The new progress of Greenland's participation in bilateral cooperation in the Arctic is mainly driven by internal factors include its rich natural resources and pursuit of economic development, as well as external factors include the impacts of climate change and the challenges of the complex international circumstances. China and Greenland had a certain basis for bilateral cooperation in mineral resources exploitation, infrastructure construction, scientific research, and other fields. China and Greenland can further strengthen bilateral cooperation in economic affairs and scientific research in the future.

Keywords: Greenland; Economic Cooperation; Scientific Research Cooperation

B.13 The Adjustment of EU Arctic Policy and Its Enlightenment for China *Huang Wen*, *Li Yongshi* / 270

Abstract: Since 2008, the European Commission has issued four successive Arctic policies, which set out in some detail the tasks and objectives of the EU's Arctic policy. In 2021, the EU issued its latest Arctic policy document "A Stronger EU Engagement for a Peaceful, Sustainable and Prosperous Arctic," extending its vision of a "geopolitical Europe" to the Arctic. The geopolitical risks arising from the Russia-Ukraine conflict continue to spill over into the Arctic, with significant implications for Arctic governance. Against this background, the EU has encountered more diversified challenges in realizing its Arctic policy objectives: traditional security threats from the Arctic are on the rise, and the US-Russian strategic game has greatly restricted the independence of the EU's Arctic policy. At the same time, Russia's counter-sanctions against European countries have had a negative impact on the EU's international cooperation in the Arctic, and the EU's policy goal of becoming a permanent observer in the Arctic Council is unlikely to be realized. As for China, we should not only firmly promote Arctic scientific research and enhance its comprehensive strength to participate in Arctic affairs, but also flexibly deal with the risks brought about by sanctions against Russia to safeguard China's Arctic interests.

Keywords: European Union; Arctic Policy; China's Arctic Diplomacy

Ⅴ Arctic Social Development

B.14 Rights Protection and Green Colonialism of Arctic Indigenous People

Li Lingzhi, *Guo Peiqing* / 285

Abstract: Since 2021, Arctic countries such as Norway, Sweden and Finland have been increasingly developing mineral resources and building energy infrastructure, despite opposition from indigenous people, even though these developments are aimed at meeting climate targets under the Paris Agreement. According to the indigenous people, the exploitation of the Arctic affects the traditional reindeer economy, the different use of the land will undermine the rights of the indigenous people to cultural practices and destroy the living environment of the indigenous people, and the indigenous people consider this encroachment of indigenous lands in the name of green transformation to be green colonialism. To sum up, the emergence of green colonialism is the inevitable economic development of Arctic countries, which still has some characteristics of neo-colonialism, and the core issue of green colonialism is how to achieve the comprehensive development of indigenous people. In the future, as the Arctic countries' green transformation will continue to advance, the issue of indigenous rights will continue to exist, but indigenous people around the world may unite to safeguard their rights.

Keywords: Arctic Indigenous People; Arctic Countries; Green Colonialism

B. 15 The Issues of Arctic Human Security: Governance and Approaches *Lv Haiyang*, *Sun Kai* / 301

Abstract: After the Cold War, the concept of human security had extended to the Arctic region gradually. This concept primarily encompasses water security, food security, infrastructure security, survival security, and indigenous political security by aggregating security factors at individual dimension, community dimension and national dimension. As the idea of human security has gained widespread attention, the Arctic states are also using it as an important reference object for their security decision-making. China has given shape to the four major development interests during the process of Arctic governance, including scientific research, environmental protection, economic development and social governance, which overlap with the content of Arctic human security governance. Therefore, China should actively respond to the Arctic human security governance process by improving identity design, increasing intellectual capital, and expanding participating entities, and thus improving its governance capacity and providing an effective model for human security governance in the Arctic region.

Keywords: Arctic Security; Human Security; Security Governance

皮 书

智库成果出版与传播平台

❖ 皮书定义 ❖

皮书是对中国与世界发展状况和热点问题进行年度监测，以专业的角度、专家的视野和实证研究方法，针对某一领域或区域现状与发展态势展开分析和预测，具备前沿性、原创性、实证性、连续性、时效性等特点的公开出版物，由一系列权威研究报告组成。

❖ 皮书作者 ❖

皮书系列报告作者以国内外一流研究机构、知名高校等重点智库的研究人员为主，多为相关领域一流专家学者，他们的观点代表了当下学界对中国与世界的现实和未来最高水平的解读与分析。

❖ 皮书荣誉 ❖

皮书作为中国社会科学院基础理论研究与应用对策研究融合发展的代表性成果，不仅是哲学社会科学工作者服务中国特色社会主义现代化建设的重要成果，更是助力中国特色新型智库建设、构建中国特色哲学社会科学“三大体系”的重要平台。皮书系列先后被列入“十二五”“十三五”“十四五”时期国家重点出版物出版专项规划项目；自 2013 年起，重点皮书被列入中国社会科学院国家哲学社会科学创新工程项目。

皮书网

（网址：www.pishu.cn）

发布皮书研创资讯，传播皮书精彩内容
引领皮书出版潮流，打造皮书服务平台

栏目设置

◆ **关于皮书**

何谓皮书、皮书分类、皮书大事记、
皮书荣誉、皮书出版第一人、皮书编辑部

◆ **最新资讯**

通知公告、新闻动态、媒体聚焦、
网站专题、视频直播、下载专区

◆ **皮书研创**

皮书规范、皮书出版、
皮书研究、研创团队

◆ **皮书评奖评价**

指标体系、皮书评价、皮书评奖

所获荣誉

◆ 2008 年、2011 年、2014 年，皮书网均在全国新闻出版业网站荣誉评选中获得“最具商业价值网站”称号；

◆ 2012 年，获得“出版业网站百强”称号。

网库合一

2014年，皮书网与皮书数据库端口合一，实现资源共享，搭建智库成果融合创新平台。

皮书网

“皮书说”
微信公众号

权威报告・连续出版・独家资源

皮书数据库

ANNUAL REPORT(YEARBOOK) DATABASE

分析解读当下中国发展变迁的高端智库平台

所获荣誉

- 2022年，入选技术赋能“新闻+”推荐案例
- 2020年，入选全国新闻出版深度融合发展创新案例
- 2019年，入选国家新闻出版署数字出版精品遴选推荐计划
- 2016年，入选“十三五”国家重点电子出版物出版规划骨干工程
- 2013年，荣获“中国出版政府奖・网络出版物奖”提名奖

皮书数据库

“社科数托邦”
微信公众号

成为用户

登录网址www.pishu.com.cn访问皮书数据库网站或下载皮书数据库APP，通过手机号码验证或邮箱验证即可成为皮书数据库用户。

用户福利

- 已注册用户购书后可免费获赠100元皮书数据库充值卡。刮开充值卡涂层获取充值密码，登录并进入“会员中心”—“在线充值”—“充值卡充值”，充值成功即可购买和查看数据库内容。
- 用户福利最终解释权归社会科学文献出版社所有。

社会科学文献出版社 皮书系列
SOCIAL SCIENCES ACADEMIC PRESS (CHINA)

卡号：226225737734

密码：

数据库服务热线：010-59367265
数据库服务QQ：2475522410
数据库服务邮箱：database@ssap.cn
图书销售热线：010-59367070/7028
图书服务QQ：1265056568
图书服务邮箱：duzhe@ssap.cn